宁夏贺兰山植物图志

李小伟　梁咏亮　主编

中国大百科全书出版社

图书在版编目（CIP）数据

宁夏贺兰山植物图志 / 李小伟，梁咏亮主编 . 北京 : 中国大百科全书出版社， 2025. 1. --（“宁夏贺兰山国家级自然保护区第三次综合科学考察”系列丛书 / 梁咏亮主编）. -- ISBN 978-7-5202-1847-4

Ⅰ . Q948.524.3-64

中国国家版本馆 CIP 数据核字第 2025B2K315 号

出 版 人：刘祚臣
责任编辑：张恒丽
责任校对：杜晓冉
责任印制：李宝丰
出版发行：中国大百科全书出版社
地　　址：北京市西城区阜成门北大街 17 号
网　　址：http://www.ecph.com.cn
电　　话：010-88390718
印　　刷：北京九天鸿程印刷有限责任公司
字　　数：650 千字
印　　张：31
开　　本：787 毫米 ×1092 毫米　1/16
版　　次：2025 年 1 月第 1 版
印　　次：2025 年 1 月第 1 次印刷
书　　号：978-7-5202-1847-4
定　　价：228.00 元

编 委 会

前言

贺兰山位于宁夏回族自治区与内蒙古自治区的交界地带，北起巴彦敖包，南至毛土坑敖包及青铜峡，呈南北走向。该山脉南北纵深绵延约 250 千米，东西宽 20 ~ 40 千米，地理位置具有至关重要的战略意义。主体海拔从 2000 米至 3000 米不等，而主峰敖包疙瘩位于银川西北，海拔 3556.1 米，是宁夏与内蒙古地区的最高峰。山脉东坡地势陡峭，能够俯瞰黄河河套平原、银川盆地及鄂尔多斯高原，相比之下，西坡则较为平缓，与广袤的阿拉善腾格里沙漠相接。贺兰山脉的巍峨耸立，使得这一地区在地理格局和生态风貌上形成了鲜明的界限，成为西北干旱区与东亚季风区之间极为重要的生态过渡带。由于其独特的地理地位，贺兰山不仅对宁夏、内蒙古及其周边地区的气候状况、生态系统格局、生物多样性等方面起着决定性的作用，还为"塞上江南"这一富饶秀美的生态景象赋予了独特的自然条件。

贺兰山脉作为中国自然地理版图上的一条重要分界线，承载着极为重要的生态功能。2016 年 7 月，总书记在视察宁夏时，明确指出贺兰山及其周边地区是西北生态安全的坚实屏障，强调应依托贺兰山、罗山、六盘山等山脉，构筑一道坚不可摧的生态安全防线，致力于保护和修复区域生态环境。2020 年 6 月总书记再次视察时，进一步重申了贺兰山的重要性，指出其作为中国重要的自然地理分界线和西北地区生态安全的关键区域，对维护西北至黄淮地区分布和生态格局发挥着至关重要的作用，对华北和西北的生态安全有着不可或缺的战略意义。贺兰山凭借其独特的地理位置和强大的生态功能，有效地调节区域气候，改善黄土高原及内蒙古草原区的生态环境，同时对大气环流和水资源分布起着关键的调节作用。

贺兰山脉及其毗邻的东阿拉善—西鄂尔多斯地区，被誉为中国八大生物多样性中心之一——阿拉善－鄂尔多斯生物多样性中心的核心区。它不仅是中国北方唯一的生物多样性中心，更是西北干旱区生物多样性的唯一聚集地。贺兰山植物区系历史悠久，具有古老与新生并存的特征。在长期的地质演化过程中，贺兰山及其周围山地的植物区系逐步形成了多样的生态环境，孕育了众多的特有植物类群。这些植物类群在长期地理隔离和气候变化中，逐步进化出了特有种，部分植物群体的形成历史甚至可以追溯至几百万年前。尤其是在贺兰山山麓以及东西两侧的西鄂尔多斯和东阿拉善高原区域，保存了大量的古老特有植物残遗种，为我们揭示这一地区的植物演化历史和地理分布提供了宝贵的第一手资料。

贺兰山不仅是植物多样性的璀璨明珠，也是植被生态学研究的一颗闪耀明珠。在这个巍峨雄伟的山脉中，随着海拔变化，水、热条件呈现显著差异，进而导致山体植物群落多样化的分布格局，垂直分异、坡向分异和南北分异现象十分显著，展现了不同植物群落对生态条件的适应性，也揭示了气候、地形变化和水资源分布在植被形成中的作用，是研究植被过渡带、生态迁移及物种适应机制的理想自然试验场所。

自 2013 年起，研究团队就投身于第四次全国中药资源普查项目之中，深入贺兰山腹地开展植物药用资源调查工作。2018 年，受宁夏贺兰山国家级自然保护区管理局委托，作者团队完成了保护区内林木种质资源调查工作，全面掌握了该地区的林木种类、分布及生态特征。2019 ~ 2021 年，研究团队又承接了宁夏珍稀濒危植物调查工作，进一步充实和完善了贺兰山植物资源数据库。此外，为编纂《宁夏贺兰山植物图志》，作者团队对贺兰山部分区域进行了细致的植物资源考察，详细记录了不同物种的分布和生态信息。2022 年，团队再次受宁夏贺兰山国家级自然保护区管理局委托，开展了宁夏贺兰山植物科考工作，调查区域覆盖了贺兰山宁夏段的各条沟道，进一步丰富了该地区的植物种类和生态等相关信息。

本书系统收录了宁夏贺兰山国家级自然保护区内的维管植物，涉及 85 科、337 属、682 种及种下等级，包括 640 种、14 个亚种、27 个变种和 1 个变型。与朱宗元等主编的《贺兰山植物志》(2012 年）相比，《宁夏贺兰山植物图志》新增了 59 种及种下等级植物，包括 55 种、1 个亚种和 3 个变种。书中所收录的植物覆盖了石松类、蕨类植物、裸子植物和被子植物 4 大类群，每种植物均附有中文名、拉丁学名、科属分类、形态特征、分布区域及生境等详细信息。此外，本书还通过大量彩色图片对每种植物的生境、叶、花、果实等特征进行了全面展示，极大地提升了图志的实用性和可读性，尤其适合非专业读者进行植物识别和学习。

本书的出版为深入研究贺兰山植物资源、物种多样性及山地针叶林生态系统保护策略提供了重要的参考资料，在促进生态保护、资源管理以及科学教育等方面具有重要意义，尤其为植物科研人员、生态学工作者、农林工作者、教师及学生等群体提供了便捷的查询和检索工具。

本书从标本采集、照片拍摄到图志编写，历时数年，凝聚了作者团队大量的心血。然而，由于编者学术水平的局限以及出版周期的紧迫性，书中难免存在某些分类误定或遗漏之处。在此，恳请广大读者及同行提出宝贵意见与建议，以期不断完善本书的内容和质量。我们坚信，本书的出版将对贺兰山植物资源的研究、生态保护及相关领域的学术发展产生积极的推动作用。

目 录

第一章

宁夏贺兰山
国家级自然保护区概况

第一节　地理位置

贺兰山雄踞于宁夏回族自治区与内蒙古自治区的交界地带。东部与宁夏回族自治区紧密相连，西部与内蒙古自治区阿拉善盟接壤，以分水岭为界限，东坡由宁夏回族自治区管辖，西坡则归内蒙古自治区统辖管理。此地位于东经 北纬 38°19′ ～ 39°22′，东经 105°44′ ～ 106°41′，总面积约 2612.44km^2。整座贺兰山体始于内蒙古自治区阿拉善左旗楚鲁温其格，止于宁夏回族自治区中卫市照壁山，呈南北延展之势，近乎略呈弧形走向，全长大约 250km，东西宽 20 ～ 40km，相对高度在 1500 ～ 2000m。主峰名为敖包疙瘩，屹立于贺兰山最宽阔处的中段，位于内蒙古自治区境内，海拔高达 3556.1m。

宁夏贺兰山国家级自然保护区坐落于贺兰山山脉东坡的中段与北段，地跨银川、石嘴山 2 市 6 县（区），总面积约达 1935.34km^2，是宁夏回族自治区内面积最大的自然保护区。其中核心区面积约为 862.4km^2，占保护区总面积的 44.56%；缓冲区面积约为 433.07km^2，占比 22.38%；实验区面积约为 639.87km^2，占比 33.06%。保护区重点保护干旱区山地针叶林森林生态系统，各类资源极为丰富。

第二节　地形地貌

贺兰山在地貌形态方面展现出东仰西倾之姿，东坡山势陡峭异常，断崖层层叠叠、林立密布，山体高耸雄峻、巍峨壮观，而西坡相较而言则显得较为平缓。依照地貌的特征，能够将山体细分为 3 段：古拉本（西坡）—汝箕沟（东坡）以北被划定为北段，其北缘与乌兰布和沙漠紧密相依，南北长度约为 70km，东西宽度约为 40km。这一段大多是遭受侵蚀剥蚀的低山，海拔普遍低于 2000m，山势趋向和缓，风化作用显著，山丘之上存有覆沙。古拉本—汝箕沟往南直至黄渠沟（西坡）—甘沟（东坡）属于中段，南北长度约为 60km，东西宽度为 20 ～ 40km，此乃贺兰山的核心主体所在，主峰以及 3000m 以上的山脊均分布于这一区域。在这里，山体规模宏大，地势险峻陡峭，峰峦起伏交织，峭岩高耸直立，沟谷下切的程度极深。从这里再往南即为南段，南北长度约为 120km，东西宽度为 10 ～ 20km，主要是以海拔 1500m 左右的低缓山丘。

第三节　气　　候

贺兰山坐落于西北内陆地区，高耸于干旱的草原和荒漠当中，具有鲜明的大陆性气候特征。冬季被强劲的蒙古冷高压牢牢掌控，时间长达 5 个月之久，气候寒冷漫长，天气大多晴朗无云、干燥异常且严寒难耐，西北风占据主导。夏季气候炎热，时间较短，秋季清爽凉快，无霜期短暂。

贺兰山呈现出山地气候特征，随着海拔梯度的持续攀升，水、热气候条件呈现出显著的分异状况。东麓的银川气象站（海拔 1110m）和西麓的巴彦浩特气象站（海拔 1560m）多年来的年平均气温及年降水量分别为 9.0℃、190mm 和 7.7℃、200mm。高山气象站（海拔 2902m）多年来的年平均气温和年降水量分别为 -0.8℃和 429.8mm。而主峰（海拔 3556.1m）的年平均气温为 -2.8℃，年降水量可达 500mm。由此能够清晰地看出，贺兰山的年平均气温伴随着海拔的升高而显著降低，但年降水量却是随着海拔的升高而逐步增加。

第四节　土　　壤

贺兰山伴随海拔的持续攀升，其水热条件会出现规律性的更迭变换，与此相应所孕育生成的土壤亦各有差异。主要包括 9 个土类、15 个亚类及 31 个土属。

高山、亚高山草甸土

在贺兰山高山灌丛、高山草甸植被之下发育形成的土壤，分布于 3000m 以上主峰周边区域，面积狭小，地势险峻陡峭，地表多见巨大石块，植被主要是诸如山生柳（*Salix oritrepha*）、鬼箭锦鸡儿（*Caragana jubata*）之类的灌丛。

灰褐土

在温带半湿润气候条件下经由森林、灌丛植被孕育而出的一种土壤。主要分布于海拔 1900 ～ 3000m 的贺兰山中段山地的阴坡与半阴坡，植被主要为青海云杉（*Picea crassifolia*）林、油松（*Pinus tabuliformis*）林以及部分中生植物的灌丛。

栗钙土

在干草原植被的影响下形成的，具有栗色腐殖质层、显著钙积层的地带性土壤。分布于海拔 1600 ～ 1900m（阴坡）和 2000m（阳坡）的山坡或者山麓地段，植被类型主要为西北针茅（*Stipa sareptana* var. *krylovii*）、大针茅（*S. grandis*）和甘青针茅（*S. przewalskyi*）等典型草原群落。

棕钙土

草原向荒漠过渡的一种地带性土壤，在自然地理范畴内包含荒漠草原和草原化荒漠两个植被亚带。贺兰山的棕钙土具备山地棕钙土的性质，鉴于基带为草原化荒漠带，故而这里是半地带性土壤与地带性土壤的混合区域。主要分布在山前洪积扇地带，植被类型以珍珠柴（*Caroxylon passerinum*）、红砂（*Reaumuria songarica*）等草原化荒漠群落为主，亦存在针茅荒漠草原群落。

灰钙土

在荒漠草原植被之下的地带性土壤。主要分布于海拔 1400 ～ 1900m 的山地至山麓一带，植被是以红砂、斑子麻黄（*Ephedra rhytidosperma*）等为主。

新积土

在新的松散堆积物上形成的成土时间极为短暂、发育程度微弱的幼年土壤。在贺兰山，主要分布于低山丘陵之间、山前干河床或者山前洪积扇之上，地形较为平坦。其上生长的植物极少，植被类型主要是旱榆（*Ulmus glaucescens*）疏林、甘蒙锦鸡儿（*Caragana opulens*）灌丛和斑子麻黄等群落。

石质土

接近地表面的土层不足 10cm，基岩裸露面积大于 30%，即被称为石质土。石质土位于山地脊部、陡坡、丘陵的阳坡或半阳坡之上，植被覆盖度极低，水土流失状况严重，并且不断受到外力作用，始终存在成土过程，剖面分化极不明显。

粗骨土

发育于各类型基岩碎屑物之上的幼年土壤。广泛分布于贺兰山中段的阳坡、半阳坡以及南北两端的低山带，植被类型主要为旱榆疏林、杜松（*Juniperus rigida*）疏林及斑子麻黄和松叶猪毛菜（*Oreosalsola laricifolia*）等荒漠群落。

灰漠土

发育在温带荒漠边缘的土壤，处于棕钙土和灰棕漠土之间，植被类型主要为沙冬青（*Ammopiptanthus mongolicus*）、霸王（*Zygophyllum xanthoxylum*）、四合木（*Tetraena mongolica*）和红砂等荒漠群落。

总之，贺兰山的土壤垂直分异现象显著，从基带至主峰，西坡大致是灰漠土—棕钙土—灰褐土—高山、亚高山草甸土；东坡为灰漠土—棕钙土—栗钙土—新积土—粗骨土—高山、亚高山草甸土。

第五节　植　　被

贺兰山坐落于中国草原带与荒漠带的交界处，其植被类型纷繁复杂且丰富多元，依照《中国植被》中的分类原则、单位以及系统，能够将其划分为 12 个植被型，70 余个群系。贺兰山山体规模宏大，呈南北走向之态，从而导致水热组合呈现出较大的差异。因此，贺兰山的植被存在着垂直分异、坡向分异以及水平分异的现象。从坡向分异的角度来看，阴坡依次为荒漠—荒漠草原—典型草原—温性针叶林—寒温性针叶林—高山灌丛、草甸；阳坡依次为荒漠—荒漠草原—典型草原—疏林、灌丛—亚高山灌丛—高山灌丛、草甸。

第二章

宁夏贺兰山植物区系特征

第一节　植物区系基本组成

本书乃是立足于多年相关工作的深厚积累以及大规模的植物调查编纂而成。作者的科研团队先后投身于第四次全国中药资源普查项目、2019 ～ 2021 年宁夏珍稀濒危植物调查、宁夏贺兰山林木种质资源调查以及 2022 ～ 2024 年宁夏贺兰山植物资源科考等工作之中。调查区域囊括了宁夏贺兰山的各条沟道。在本次编目中，石松纲和木贼纲植物的排布遵循蕨类植物系统发育研究组（Pteridophyte Phylogeny Group，PPG）系统，松纲植物的排布参照克里斯滕许斯（Christenhusz）系统，木兰纲植物依照被子植物系统发育研究组Ⅳ（Angiosperm Phylogeny Group Ⅳ，APG Ⅳ）分类系统，对宁夏贺兰山野生维管植物进行了全方位的梳理，并修订了其拉丁学名，同时更新和考证了已记录的维管植物种类及其分布区域。

宁夏贺兰山的维管植物共有 682 种及种下等级，隶属于 85 科 337 属（表 1），其中石松纲有 2 科 2 属 3 种，木贼纲有 6 科 8 属 14 种，松纲有 3 科 4 属 10 种，木兰纲有 74 科 323 属 655 种。由此可以看出，贺兰山维管植物以木兰纲为主，占总种数的 96.04%，石松纲植物所占比例最低，只占总种数的 0.44%。

表 1　宁夏贺兰山维管植物统计表

植物类别	科数	占总科数 /%	属数	占总属数 /%	种数	占总种数 /%
石松纲	2	2.35	2	0.59	3	0.44
木贼纲	6	7.06	8	2.37	14	2.05
松纲	3	3.53	4	1.19	10	1.47
木兰纲	74	87.06	323	95.85	655	96.04
总计	85	100	337	100	682	100

第二节　植物科、属的统计分析

科的统计分析

宁夏贺兰山有种子植物 77 科，其中松纲有麻黄科、松科、柏科 3 科，木兰纲有 74 科。

为了便于统计和分析，按照科内所含种数的多少，将宁夏贺兰山内种子植物科划分为 5 个等级：大科（≥50 种）、较大科（30 ～ 49 种）、中等科（10 ～ 29 种）、小科（2 ～ 9 种）、单种科，并对其进行了统计分析（表 2）。

表 2　宁夏贺兰山种子植物科的统计与分析

级别	科数	占总科数 /%	属数	占总属数 /%	种数	占总种数 /%
大科	3	3.89	90	27.52	214	32.18
较大科	3	3.89	45	13.76	106	15.94
中等科	11	14.29	92	28.13	175	26.32
小科	42	54.55	82	25.08	152	22.86
单种科	18	23.38	18	5.51	18	2.70
合计	77	100	327	100	665	100

在宁夏贺兰山植物区系中，种子植物科内所含属数和种数差异较大，含 30 种以上的大科和较大科虽然只有 6 个，仅占本植物区系总科数的 7.78%，但其属数却占总属数的 41.28%，种数所占的比例高达 48.12%，如菊科、禾本科、豆科、蔷薇科、苋科、毛茛科等，它们在本区有明显的地位优势；中等科分别占本植物区系总科、总属、总种数的 14.29%、28.13% 和 26.32%，如莎草科、十字花科、石竹科、唇形科等；而小科和单种科占相当大的比例，两者合计占本植物区系总科数的 77.93%，但占总属数的 30.59%，占总种数的 25.56%，在本植物区系科的组成中占比较高，如报春花科、天门冬科、茄科、堇菜科、茜草科、鸢尾科等。以上分析结果表明，宁夏贺兰山种子植物区系的种类集中在少数大科和较大科中，区系的优势现象十分明显。宁夏贺兰山种子植物区系的优势科、属，按含种数的多少排序如下表 3。

表 3　宁夏贺兰山种子植物的优势科、属的统计与分析

科名	种数	种所占比 /%	属名	种数	种所占比 /%
菊科	83	12.48	蒿属	21	3.16
禾本科	78	11.73	黄芪属	15	2.26
豆科	53	7.97	葱属	12	1.80
蔷薇科	43	6.47	薹草属	11	1.65
苋科	32	4.81	针茅属	11	1.65
毛茛科	31	4.66	柳属	10	1.50
莎草科	22	3.31	披碱草属	9	1.35
十字花科	22	3.31	早熟禾属	9	1.35
石竹科	21	3.16	棘豆属	9	1.35
唇形科	21	3.16	委陵菜属	9	1.35

属的统计分析

宁夏贺兰山有种子植物 327 属，其中松纲有麻黄属、云杉属、松属、刺柏属 4 属，木兰纲有 323 属。宁夏贺兰山种子植物属可划分为 4 个等级：大属（≥10 种）、中等属（5 ～ 9 种）、小属（2 ～ 4 种）和单种属，并对其进行统计分析（表 4）。

表 4　宁夏贺兰山种子植物属的统计与分析

级别	属数	占总属数 /%	种数	占总种数 /%
大属	6	1.84	80	12.03
中等属	18	5.50	121	18.20
小属	108	33.03	269	40.45
单种属	195	59.63	195	29.32
合计	327	100	665	100

在宁夏贺兰山中，含 10 种（包括 10 种）以上属（大属）有 6 个，占本植物区系总属数的 1.84%；大属和中等属仅有 24 个，却含 201 种，虽占本植物区系总属数的 7.34%，却占总种数的 30.23%；小属共有 108 属，含 269 种，分别占本植物区系总属数和总种数的 33.03% 和 40.45%，如灯芯草属（*Juncus*）、毛茛属（*Ranunculus*）、胡枝子属（*Lespedeza*）、李属（*Prunus*）等；单种属有 195 属，占本植物区系种子植物总属数的 59.63%，占总种数的 29.32%，如云杉属（*Picea*）、松属（*Pinus*）、慈姑属（*Sagittaria*）、角果藻属（*Zannichellia*）等。结果表明，本区种子植物属的分化较大，单种属和小属相对来说比较丰富，大属较少，却种数较多，比较发达。

第三节　宁夏贺兰山植物区系属的组成及分析

吴征镒把中国种子植物属的分布型归纳为 15 个类型和 31 个变型。按照其划分方案，可将本区种子植物 327 属划分为 15 个类型及 13 个变型（表 5）。

表 5　宁夏贺兰山植物区系属的分布区类型及变型

分布区类型及变型	属数	属数占比 /%	种数	种数占比 /%
1. 世界分布	49	14.98	138	20.75
2. 泛热带分布	20	6.11	32	4.81
3. 热带亚洲和热带美洲间断分布	1	0.31	1	0.15
4. 旧世界热带分布	5	1.53	7	1.05
5. 热带亚洲至热带大洋洲分布	1	0.31	1	0.15
6. 热带亚洲至热带非洲分布	5	1.53	5	0.75
7. 热带亚洲（印度—马来西亚）分布	1	0.31	1	0.15
8. 北温带分布	77	23.55	205	30.83
8-2. 北极—高山分布	1	0.31	1	0.15
8-4. 北温带和南温带（全温带）间断分布	24	7.34	50	7.52
8-5. 欧亚和南美洲温带间断分布	2	0.61	3	0.45

续表

分布区类型及变型	属数	属数占比 /%	种数	种数占比 /%
9. 东亚和北美洲间断分布	7	2.14	10	1.51
10. 旧世界温带分布	36	11.01	49	7.37
10-1. 地中海区、西亚和东亚间断分布	4	1.22	8	1.20
10-3. 欧亚和南非洲（有时也在大洋洲）间断分布	2	0.61	2	0.30
11. 温带亚洲分布	19	5.81	49	7.37
12. 地中海区、西亚至中亚分布	16	4.89	19	2.86
12-1. 地中海区至中亚和南非洲、大洋洲间断分布	1	0.31	2	0.30
12-2. 地中海区至中亚和墨西哥间断分布	2	0.61	5	0.75
12-3. 地中海区至温带、热带亚洲，大洋洲和南美洲间断分布	4	1.22	4	0.60
12-4. 地中海区至热带非洲和喜马拉雅间断分布	1	0.31	3	0.45
13. 中亚分布	8	2.44	14	2.11
13-1. 中亚东部（亚洲中部）分布	15	4.59	22	3.31
13-2. 中亚至喜马拉雅分布	3	0.92	4	0.60
14. 东亚分布	14	4.28	19	2.86
14-1. 中国—喜马拉雅（SH）分布	2	0.61	2	0.30
14-2. 中国—日本（SJ）分布	3	0.92	5	0.75
15. 中国特有	4	1.22	4	0.60
合计	327	100	665	100

1. 世界分布

这一类型在宁夏贺兰山共有49属，占本区种子植物总属数的14.98%。这些属大多为草本植物，在中国分布广泛，主要隶属于一些世界广布的大科，包括毛茛属（*Ranunculus*）、蓼属（*Persicaria*）、藜属（*Chenopodium*）、铁线莲属（*Clematis*）、独行菜属（*Lepidium*）、黄芪属（*Astragalus*）、黄芩属（*Scutellaria*）等。这一类型所含属的生活型以旱生草本为主。

2. 泛热带分布

这一类型常见于亚热带山地，温带也有分布，常为乔木或灌木。这一类型共有20属，占本区种子植物总属数的6.11%，主要有麻黄属（*Ephedra*）、大戟属（*Euphorbia*）、蒺藜属（*Tribulus*）、卫矛属（*Euonymus*）、虎尾草属（*Chloris*）、狗尾草属（*Setaria*）等。

3. 热带亚洲和热带美洲间断分布

这一类型在宁夏贺兰山仅有岩茴香属（*Rupiphila*）1属，占本区种子植物总属数的0.31%。此类型在该地区分布甚少，是由于其属生态适应幅度狭窄和贺兰山所处的地理位置明显远离亚洲热带。

4. 旧世界热带分布

这一类型在宁夏贺兰山共有5属7种，占本区种子植物总属数的1.53%，主要有慈姑属（*Sagittaria*）、天门冬属（*Asparagus*）、白饭树属（*Flueggea*）、百蕊草属（*Thesium*）、白前属（*Vincetoxicum*）。

5. 热带亚洲至热带大洋洲分布

这一类型在宁夏贺兰山共有1属，即臭椿属（*Ailanthus*），占本区种子植物总属数的0.31%。

6. 热带亚洲至热带非洲分布

这一类型在宁夏贺兰山有5属，即赤瓟属（*Thladiantha*）、荩草属（*Arthraxon*）、草沙蚕属（*Tripogon*）、大豆属（*Glycine*）、腺毛藜属（*Dysphania*），占本区种子植物总属数的1.53%。

7. 热带亚洲（印度—马来西亚）分布

这一类型在宁夏贺兰山只有苦荬菜属（*Ixeris*）1属，占本区种子植物总属数的0.31%。

8. 北温带分布

这一类型在宁夏贺兰山有77属，占本区种子植物总属数的23.55%，是该地区种类最多的类型，在区系组成中占有重要地位。除葱属（*Allium*）、委陵菜属（*Potentilla*）、棘豆属（*Oxytropis*）等优势属属于这一类型外，绣线菊属（*Spiraea*）、冰草属（*Agropyron*）、针茅属（*Stipa*）等重要属也属于这一类型。

该类型的变型有3个，其中北极—高山分布仅有红景天属（*Rhodiola*）1属；北温带和南温带（全温带）间断分布有荨麻属（*Urtica*）、卷耳属（*Cerastium*）、唐松草属（*Thalictrum*）、景天属（*Sedum*）、野豌豆属（*Vicia*）、亚麻属（*Linum*）、柳叶菜属（*Epilobium*）、柴胡属（*Bupleurum*）、喉毛花属（*Comastoma*）、假龙胆属（*Gentianella*）、獐牙菜属（*Swertia*）、鹤虱属（*Lappula*）、枸杞属（*Lycium*）、婆婆纳属（*Veronica*）、茜草属（*Rubia*）、缬草属（*Valeriana*）、雀麦属（*Bromus*）、冠芒草属（*Pappophorum*）、异燕麦属（*Helictotrichon*）、臭草属（*Melica*）、碱茅属（*Puccinellia*）、李属（*Prunus*）、蝇子草属（*Silence*）、花锚属（*Halenia*）24 属；欧亚和南美洲温带间断分布有赖草属（*Leymus*）和火绒草属（*Leontopodium*）2 属。

9. 东亚和北美洲间断分布

这一类型在宁夏贺兰山有 7 属，占本区种子植物总属数的 2.14%，包括胡枝子属（*Lespedeza*）、野决明属（*Thermopsis*）、罗布麻属（*Apocynum*）和大丁草属（*Leibnitzia*）等。

10. 旧世界温带分布

这一类型在宁夏贺兰山有 36 属，占本区种子植物总属数的 11.01%，包括石竹属（*Dianthus*）、沼委陵菜属（*Comarum*）、草木樨属（*Melilotus*）、西风芹属（*Seseli*）、丁香属（*Syringa*）、青兰属（*Dracocephalum*）等。

该类型的变型有 2 个，其中地中海区、西亚和东亚间断分布有拟芸香属（*Haplophyllum*）、天仙子属（*Hyoscyamus*）、鸦葱属（*Takhtajaniantha*）、漏芦属（*Rhaponticum*）4 属；欧亚和南非洲（有时也在大洋洲）间断分布有百脉根属（*Lotus*）和刺藜属（*Teloxys*）2 属。

11. 温带亚洲分布

这一类型在宁夏贺兰山有 19 属，占本区种子植物总属数的 5.81%，主要有锦鸡儿属（*Caragana*）、披碱草属（*Elymus*）、亚菊属（*Ajania*）、细柄茅属（*Ptilagrostis*）等。

12. 地中海区、西亚至中亚分布

这一类型在宁夏贺兰山有 16 属，占本区种子植物总属数的 4.89%，主要有锁阳属（*Cynomorium*）、糖芥属（*Erysimum*）、红砂属（*Reaumuria*）、盐爪爪属（*Kalidium*）、野胡麻属（*Dodartia*）等。

该类型的变型有 4 个，其中地中海区至中亚和南非洲、大洋洲间断分布有驼蹄瓣属（*Zygophyllum*）1 属；地中海区至中亚和墨西哥间断分布有石头花属（*Gypsophila*）和骆驼蓬属（*Peganum*）2 属；地中海区至温带、热带亚洲，大洋洲和南美洲间断分布有甘草属（*Glycyrrhiza*）、雀儿豆属（*Chesneya*）、扁莎属（*Pycreus*）和牻牛儿苗属（*Erodium*）4 属；地中海区至热带非洲和喜马拉雅间断分布仅有软紫草属（*Arnebia*）1 属。

13. 中亚分布

这一类型在宁夏贺兰山有 8 属，占本区种子植物总属数的 2.44%，主要有迷果芹属（*Sphallerocarpus*）、兔唇花属（*Lagochilus*）、紫菀木属（*Asterothamnus*）、大麻属（*Cannabis*）等。

该类型的变型有 2 个，其中中亚东部（亚洲中部）分布有 15 属，包括脓疮草属（*Panzerina*）、沙蓬属（*Agriophyllum*）、沙冬青属（*Ammopiptanthus*）、栉叶蒿属（*Neopallasia*）等；中亚至喜马拉雅分布有拟耧斗菜属（*Paraquilegia*）、角蒿属（*Incarvillea*）、女蒿属（*Hippolytia*）3 属。

14. 东亚分布

这一类型在宁夏贺兰山有 14 属，占本区种子植物总属数的 4.28%，主要有莸属（*Caryopteris*）、大黄花属（*Cymbaria*）等。

该类型的变型有 2 个，其中中国—喜马拉雅（SH）分布有合耳菊属（*Synotis*）、松属（*Pinus*）2 属，中国—日本（SJ）分布有假还阳参属（*Crepidiastrum*）、扁穗草属（*Blysmus*）和苦参属（*Sophora*）3 属。

15. 中国特有

这一类型在宁夏贺兰山有 4 属，占本区种子植物总属数的 1.22%，包括虎榛子属（*Ostryopsis*）、四合木属（*Tetraena*）、文冠果属（*Xanthoceras*）和紊蒿属（*Elachanthemum*）。

上述分析结果表明，热带分布属不仅数量较少，而且部分属具有温带性质，体现了本区种子植物区系具有明显的温带性质。

第四节　宁夏贺兰山植物区系的基本特点

植物种类较多，区系的优势现象明显

宁夏贺兰山共有维管植物 85 科 337 属 682 种及种下等级，其中木兰纲有 74 科 323 属 655 种，占植物总种数的 96.04%。表明宁夏贺兰山维管植物以木兰纲为主且植物种类相对较为丰富。

在宁夏贺兰山植物区系中，大科和较大科仅占总科数的 7.78%，种数却占到研究区系中总种数的 48.12%，单种科与小科共计 60 科 170 种，分别占总科数与总种数的 77.93%、25.56%。表明该区植物区系大科和较大科是本区系的优势科，区系的优势现象十分明显，植物种类趋向集中分布于大科和较大科。

地理成分复杂，以温带成分为主

宁夏贺兰山植物区系属的分布类型有 15 个，表明植物区系地理成分复杂多样。宁夏贺兰山植物区系在本区和植被中以温带属为主导作用，尤以北温带分布型占绝对优势，有 77 属 205 种，占本区种子植物总属数的 23.55%，占本区种子植物总种数的 30.83%，远高于其他分布类型，这与本区所处的地理位置及气候环境是相符合的。因

此，宁夏贺兰山植物区系应属于温带性质，东亚植物区系成分广泛渗透，并且具有古地中海及亚洲中部荒漠成分。

珍稀濒危植物较少

根据2021年《国家重点保护野生植物名录》，宁夏贺兰山有珍稀濒危植物12种，隶属于9科12属，为斑子麻黄（*Ephedra rhytidosperma*）、阿拉善鹅观草（*Elymus alashanicus*）、蒙古扁桃（*Prunus mongolica*）等。这些珍稀濒危植物生长环境脆弱，随着全球气候变化和土地利用方式的改变，它们绝大多数都面临着灭绝的风险。因此，亟须对这些珍稀濒危植物开展系统的基础研究工作，制订科学合理且行之有效的保护策略，以期最大程度地挽救这些珍贵的植物资源，维护生物多样性的稳定与平衡。

第三章

宁夏贺兰山植物资源及重点保护野生植物

第一节　宁夏贺兰山种子植物生活型分析

宁夏贺兰山有多年生草本植物 392 种，占维管植物总种数的 57.48%，是本地区最多的植物种类，该区域草原群落均由多年生草本建群；有一、二年生草本植物 138 种，占维管植物总种数的 20.24%，常作为群落中优势种、常见伴生种和偶见种出现；有半灌木 23 种，占维管植物总种数的 3.37%；有灌木 89 种，占维管植物总种数的 13.05%；有灌木或乔木 14 种，占维管植物总种数的 2.05%；有乔木 12 种，占维管植物种数的 1.76%；有藤本植物 9 种，占维管植物总种数的 1.32%，为铁线莲属（*Clematis*）、蛇葡萄属（*Ampelopsis*）、赤爬属（*Thladiantha*）和藤蓼属（*Fallopia*）植物；寄生植物极少，仅有 5 种，占维管植物总种数的 0.73%，为锁阳属（*Cynomorium*）、菟丝子属（*Cuscuta*）和列当属（*Orobanche*）植物（表 6）。

表 6　宁夏贺兰山种子植物生活型

生活型	种数	占比 /%
多年生草本	392	57.48
一、二年生草本	138	20.24
半灌木	23	3.37
灌木	89	13.05
灌木或乔木	14	2.05
乔木	12	1.76
藤本	9	1.32
寄生	5	0.73
总计	682	100

第二节　宁夏贺兰山植物资源类型分析

宁夏贺兰山药用植物很多，有 177 种，占维管植物总种数的 25.95%，主要有达乌里秦艽（*Gentiana dahurica*）、天仙子（*Hyoscyamus niger*）、锁阳（*Cynomorium songaricum*）、远志（*Polygala tenuifolia*）、苍耳（*Xanthium strumarium*）、地黄（*Rehmannia glutinosa*）等；其次是饲用植物，有 137 种，占维管植物总种数的 20.08%，主要有矮韭（*Allium anisopodium*）、异针茅（*Stipa aliena*）、寸草（*Carex duriuscula*）、嵩草（*Carex myosuroides*）、长芒草（*Stipa bungeana*）、披碱草（*Elymus dahuricus*）、褐穗莎草（*Cyperus fuscus*）等；园艺植物有 16 种，占维管植物总种数的 2.34%，主要有林地早熟禾（*Poa nemoralis*）、蒙古栒子（*Cotoneaster mongolicus*）、樱草（*Primula sieboldii*）、天山报春（*Primula nutans*）、大苞点地梅（*Androsace maxima*）、灌木铁线莲（*Clematis fruticosa*）等；可食用植物有 3 种，占维管植物总种数的 0.44%，物种有洼瓣花（*Gagea serotina*）、糙莛韭（*Allium anisopodium* var. *zimmermannianum*）、雾灵韭（*Allium stenodon*）；工业用植物有 3 种，占维管植物总种数的 0.44%，物种有菵草（*Beckmannia syzigachne*）、准噶尔栒子（*Cotoneaster soongoricus*）、密齿柳（*Salix characta*）；暂未发现其用途的植物有 114 种，占维管植物总种数的 16.72%，有葶苈（*Draba nemorosa*）、柔毛蓼（*Koenigia pilosa*）、总序大黄（*Rheum racemiferum*）、单脉大黄（*Rheum uninerve*）、蔓茎蝇子草（*Silene repens*）、小缬草（*Valeriana tangutica*）、平卧碱蓬（*Suaeda prostrata*）等。

在所发现的物种里，既有药用价值，又有饲用价值的物种有 141 种，占维管植物总种数的 20.67%，物种有独行菜（*Lepidium apetalum*）、秦艽（*Gentiana macrophylla*）、益母草（*Leonurus japonicus*）、砂蓝刺头（*Echinops gmelinii*）、飞廉（*Carduus nutans*）、苦苣菜（*Sonchus oleraceus*）等；既有药用价值，又有园艺价值的植物有 24 种，占维管植物总种数的 3.51%，物种主要有鄂尔多斯小檗（*Berberis caroli*）、芹叶铁线莲（*Clematis aethusifolia*）、紫花地丁（*Viola philippica*）、拳参（*Bistorta officinalis*）、瞿麦（*Dianthus superbus*）、紫丁香（*Syringa oblata*）等；既有药用价值，又有饲用和园艺价值的物种有 19 种，占维管植物总种数的 2.79%，物种主要有鹅绒藤（*Cynanchum chinense*）、山丹（*Lilium pumilum*）、天山鸢尾（*Iris loczyi*）、细叶鸢尾（*Iris tenuifolia*）、草地早熟禾（*Poa pratensis*）等；既有药用价值，又有饲用和工业价值的物种有 10 种，占维管植物总种数的 1.47%，物种主要有甘草（*Glycyrrhiza uralensis*）、宿根亚麻（*Linum perenne*）、牛蒡（*Arctium lappa*）、黄花蒿（*Artemisia annua*）、狗尾草（*Setaria viridis*）、荩草（*Arthraxon hispidus*）等；既有药用价值，又有食用价值的物种有 6 种，占维管植物总种数的 0.88%，物种有玉竹（*Polygonatum odoratum*）、山刺玫（*Rosa davurica*）、地梢瓜（*Cynanchum thesioides*）、红果龙葵（*Solanum villosum*）、大刺儿菜（*Cirsium arvense* var. *setosum*）、黄精（*Polygonatum sibiricum*）；既有饲用价值，又有工业价值的物种有 6 种，占维管植物总种数的 0.88%，物种有大苞鸢尾（*Iris bungei*）、毛颖芨芨草（*Achnatherum pubicalyx*）、羽茅（*Achnatherum sibiricum*）、白羊草（*Bothriochloa ischaemum*）、小红柳（*Salix microstachya* var. *bordensis*）、野葵（*Malva verticillata*）；既有药用价值，又有工业价值的物种有 4 种，占维管植物总种数的 0.59%，物种有野燕麦（*Avena fatua*）、麻叶荨麻（*Urtica cannabina*）、野西瓜苗（*Hibiscus trionum*）、多裂叶荆

芥（*Schizonepeta multifida*）；既有园艺价值，又有工业价值的物种有 3 种，占维管植物总种数的 0.44%，物种有毛叶水栒子（*Cotoneaster submultiflorus*）、金花忍冬（*Lonicera chrysantha*）、葱皮忍冬（*Lonicera ferdinandi*）；既有饲用价值，又有园艺价值的物种有 4 种，占维管植物总种数的 0.59%，物种有斑子麻黄（*Ephedra rhytidosperma*）、荒漠锦鸡儿（*Caragana roborovskyi*）、内蒙古棘豆（*Oxytropis neimonggolica*）和珍珠柴（*Caroxylon passerinum*）；既有药用价值，又有园艺和工业价值的物种有 3 种，占维管植物总种数的 0.44%，物种有蒙古绣线菊（*Spiraea lasiocarpa*）、水栒子（*Cotoneaster multiflorus*）、虎榛子（*Ostryopsis davidiana*）；既可作为木材，又有园艺和工业价值的物种有 2 种，占维管植物总种数的 0.29%，物种有青海云杉（*Picea crassifolia*）、油松（*Pinus tabuliformis*）；既有药用价值，又有食用和工业价值的物种有 2 种，占维管植物总种数的 0.29%，物种有银露梅（*Dasiphora glabra*）、蒙桑（*Morus mongolica*）；既有药用价值，又有饲用、园艺和工业价值的物种有 2 种，占维管植物总种数的 0.29%，鬼箭锦鸡儿（*Caragana jubata*）、柳兰（*Chamerion angustifolium*）；既有木材价值，又有园艺价值的物种有 1 种，占维管植物总种数的 0.15%，物种有叉子圆柏（*Juniperus sabina*）；既有饲用价值，又有木材价值的物种有 1 种，占维管植物总种数的 0.15%，物种有细枝羊柴（*Corethrodendron scoparium*）；既有饲用价值，又有园艺价值的物种有 1 种，占维管植物总种数的 0.15%，物种有斑子麻黄（*Ephedra rhytidosperma*）；既有食用价值，又有饲用价值的物种有 1 种，占维管植物总种数的 0.15%，物种有盐地碱蓬（*Suaeda salsa*）；既有药用价值，又有食用和饲用价值的物种有 1 种，占维管植物总种数的 0.15%，物种有乳苣（*Lactuca tatarica*）；既有药用价值，又有食用和园艺价值的物种有 1 种，占维管植物总种数的 0.15%，物种有美丽茶藨子（*Ribes pulchellum*）；既有饲用价值，又有园艺和工业价值的物种有 1 种，占维管植物总种数的 0.15%，物种有小叶金露梅（*Dasiphora parvifolia*）（表 7）。

表 7　宁夏贺兰山植物资源类型

资源类型	种数	所占比例 /%
药用	177	25.95
饲用	137	20.08
园艺	16	2.34
食用	3	0.44
工业	3	0.44
木材、园艺	1	0.15
饲用、木材	1	0.15

续表

资源类型	种数	所占比例 /%
饲用、园艺	4	0.59
园艺、工业	3	0.44
药用、饲用	141	20.67
药用、园艺	24	3.51
药用、工业	4	0.59
药用、食用	6	0.88
食用、饲用	1	0.15
饲用、工业	6	0.88
木材、园艺、工业	2	0.29
药用、食用、工业	2	0.29
药用、食用、饲用	1	0.15
药用、食用、园艺	1	0.15
药用、饲用、园艺	19	2.79
药用、园艺、工业	3	0.44
药用、饲用、工业	10	1.47
饲用、园艺、工业	1	0.15
药用、饲用、园艺、工业	2	0.29
无	114	16.72
合计	682	100

第三节　宁夏贺兰山分布的重点保护野生植物

宁夏贺兰山有国家重点保护野生植物 12 种，隶属于 9 科 12 属，其中藻类植物有 1 科 1 属 1 种，松纲植物有 1 科 1 属 1 种，木兰纲植物有 7 科 10 属 10 种（表 8）；有宁夏重点保护野生植物 11 种，隶属于 10 科 11 属，其中松纲植物有 1 科 1 属 1 种，木兰纲植物有 9 科 10 属 10 种（表 9）。

表 8　国家重点保护野生植物

科	属	种	保护等级
念珠藻科	念珠藻属	发菜 *Nostoc flagelliforme*	I
麻黄科	麻黄属	斑子麻黄 *Ephedra rhytidosperma*	II
禾本科	披碱草属	阿拉善鹅观草 *Elymus alashanicus*	II
	冰草属	沙芦草 *Agropyron mongolicum*	II
锁阳科	锁阳属	锁阳 *Cynomorium songaricum*	II
蒺藜科	四合木属	四合木 *Tetraena mongolica*	II
豆科	沙冬青属	沙冬青 *Ammopiptanthus mongolicus*	II
	甘草属	甘草 *Glycyrrhiza uralensis*	II
	大豆属	野大豆 *Glycine soja*	II
蔷薇科	李属	蒙古扁桃 *Prunus mongolica*	II
茄科	枸杞属	黑果枸杞 *Lycium ruthenicum*	II
菊科	革苞菊属	卵叶革苞菊 *Tugarinovia mongolica* var. *ovatifolia*	II

表 9　宁夏重点保护野生植物

科	属	种
麻黄科	麻黄属	中麻黄 *Ephedra intermedia*
兰科	角盘兰属	裂瓣角盘兰 *Herminium alaschanicum*
	绶草属	绶草 *Spiranthes sinensis*
景天科	红景天属	小丛红景天 *Rhodiola dumulosa*
大麻科	朴属	黑弹树 *Celtis bungeana*
荨麻科	荨麻属	贺兰山荨麻 *Urtica helanshanica*
无患子科	文冠果属	文冠果 *Xanthoceras sorbifolium*
石竹科	裸果木属	裸果木 *Gymnocarpos przewalskii*
玄参科	玄参属	贺兰山玄参 *Scrophularia alaschanica*
木樨科	丁香属	羽叶丁香 *Syringa pinnatifolia*
列当科	肉苁蓉属	沙苁蓉 *Cistanche sinensis*

第四章

宁夏贺兰山植物各论

I 石松纲 Lycopodiopsida

一　石松科 Lycopodiaceae

本科共有 3 属 360 ～ 400 种，世界广布，主产于热带地区。中国产 3 属 66 种，全国均有分布。宁夏贺兰山产 1 属 1 种。

石松属 *Lycopodium* L.

石松　*Lycopodium japonicum* Thunb.

匍匐茎蔓生，分枝有叶疏生。直立茎高 15 ～ 30cm，具分枝。营养枝多回分叉，密生叶。叶针形，长 4 ～ 5mm，先端具白色芒状长尾尖，易脱落，表面中脉明显，全缘。孢子枝从第二、三年营养枝上长出，叶疏生，高出营养枝。孢子囊穗常 2 ～ 6 个着生于孢子枝的上部，具柄；孢子叶卵状三角形，先端急尖，具尖尾，边缘具不规则的锯齿；孢子囊肾形，孢子同形，球状四面体形，具密网纹及小突起。

生于海拔约 1500m 的低山阴坡灌丛中，见于南部各沟。

二 卷柏科 Selaginellaceae

本科共有 1 属约 700 种，世界广布，主产于热带地区。中国有 72 种，南北地区均有分布。宁夏贺兰山产 2 种。

卷柏属 *Selaginella* P. Beauv.

红枝卷柏 *Selaginella sanguinolenta* (L.) Spring

植株丛生，长 5 ～ 15cm。茎细而坚实，圆柱形，多次二歧分枝，紫红色。叶近同形，交互对生，长卵形，长约 1mm，宽 0.6 ～ 0.7mm，先端具短尖头，边缘具微锯齿或全缘，背面上部有龙骨状突起。孢子囊穗单生于小枝顶端，四棱柱形；孢子叶宽卵形，基部近圆形，先端急尖；孢子囊圆形，小孢子囊通常位于孢子囊穗的上部，大孢子囊位于其下部；孢子二型。

生于海拔 1400 ～ 2500m 的山坡岩石缝中，见于小口子沟、大口子沟、苏峪口沟、插旗口沟、黄旗口沟、大水沟、榆树沟、贺兰口沟等。

中华卷柏 *Selaginella sinensis* (Desv.) Spring

植株细弱，长 10 ～ 20cm。主茎圆柱形，禾秆色，多回分枝。叶互生，茎下部叶卵状椭圆形，长 1 ～ 1.5mm，宽约 1mm，基部近心形，先端钝，全缘，具缘毛，贴伏于茎上，疏散；上部叶二型，4 列；侧叶长圆形或长卵形，先端钝或具短刺，基部楔形；中叶长卵形，先端钝，基部宽楔形，边缘具疏细齿。孢子囊穗单生于小枝顶端，四棱柱形；孢子叶三角状卵形，边缘具微细锯齿，背部有龙骨状突起；大孢子囊通常少数，位于孢子囊穗的下部；小孢子囊多数，位于孢子囊穗的中上部。

生于海拔 1300 ～ 2300m 的阴坡石缝中，见于苏峪口沟、小口子沟、黄旗口沟、榆树沟、大口子沟、插旗口沟等。

II 木贼纲 Equisetopsida

一　木贼科 Equisetaceae

本科共有 1 属约 15 种，除南极洲外，世界广布。中国有 10 种，南北地区均有分布。宁夏贺兰山产 4 种。

木贼属 *Equisetum* L.

问荆　*Equisetum arvense* L.

多年生草本，高 5 ～ 20cm。根状茎黑褐色，具黑褐色小球茎。生殖枝春季由根状茎上生出，无叶绿素，带紫褐色，有 12 ～ 14 条不明显的棱脊。叶鞘漏斗状，鞘齿广披针形，棕褐色，常 2 ～ 3 片连合成宽三角形，鞘筒淡褐色，与鞘齿等长。孢子囊穗长椭圆形，顶端钝，有柄，孢子成熟后生殖枝枯萎。不育枝在孢子茎枯萎后生出，分枝轮生，棱脊上有横的波状隆起，沟内具 2 ～ 4 行气孔带；叶退化，下部连合成漏斗状的鞘，鞘齿披针形或 2 ～ 3 个齿连合成宽三角形，黑色，边缘膜质，灰白色。

生于山地两侧沟谷，各沟道均有分布。

木贼 *Equisetum hyemale* L.

多年生常绿草本。不育茎和生殖茎直立，高 50 ～ 90cm，较坚硬，不分枝或仅基部具分枝，中心孔大型，表面具 20 ～ 30 条棱脊，较粗糙，各棱脊具 2 行疣状突起，沟内各具 1 行气孔带。叶鞘圆筒形，紧抱于茎上，顶部及基部各有 1 个黑褐色圈，中间灰绿色；鞘齿线状钻形，黑褐色，质厚，具 2 条棱脊，先端尖锐，易脱落。孢子囊穗长圆形，顶端具小尖突，无柄。

生于海拔 1100 ～ 1500m 的浅山沟谷湿地或溪流边，见于归德沟。

犬问荆 *Equisetum palustre* L.

多年生草本。根状茎匍匐，细长，黑褐色。地上茎一年生，同形，不育茎和生殖茎软弱，高 20 ～ 40cm，分枝轮生，稀单一，中心孔小型，具 5 ～ 12 条棱脊，棱脊圆形，较狭窄，表面具横的波状隆起。叶鞘漏斗状，鞘齿宽短，三角形，黑褐色，具宽膜质的边缘，宿存。孢子囊穗长圆形，先端圆钝，具短柄。

生于海拔 2100 ～ 2400m 的林缘、湿地、溪流边，见于苏峪口沟、黄旗口沟。

节节草 *Equisetum ramosissimum* Desf.

多年生硬质草本。地上茎直立，同形，灰绿色，高 30 ～ 120cm，分枝轮生，每轮 2 ～ 5 个小枝，中心孔大型，表面具 6 ～ 20 条纵棱脊，狭而粗糙，各具 1 行疣状突起，或有小横纹，沟内具 1 ～ 4 行气孔带。叶鞘筒形，疏松，长为直径的 2 倍；鞘齿短三角形，灰褐色，近膜质，具易脱落的膜质尖尾。孢子囊穗紧密，长圆形，顶端具小尖突，无柄。

生于海拔 1100 ～ 1800m 的沟谷溪流边，见于苏峪口沟、汝箕沟、小口子沟、马莲口沟、归德沟、响水沟等。

二　凤尾蕨科 Pteridaceae

本科约有 50 属 950 种，泛热带分布。中国有 22 属 231 种，广布于各省区，主产于西南地区。宁夏贺兰山产 1 属 2 种。

粉背蕨属 *Aleuritopteris* Fée

银粉背蕨　*Aleuritopteris argentea* (S. G. Gmel.) Fée

多年生小草本，高 10 ～ 20cm。叶簇生，叶片三角状五角形，长 7 ～ 10cm，宽 5 ～ 8cm，三回羽状分裂；羽片 3 ～ 5 对，基部 1 对最大，近三角形，二回羽裂；小羽片线状披针形至短线形；叶片腹面绿色，背面被淡黄色或乳白色粉末；叶柄栗红色，有光泽，基部被鳞片，无毛。孢子囊群着生于细脉顶端，连续；囊群盖为变质叶边反折而成，膜质。

生于海拔 1350 ～ 2500m 的沟谷岩石缝中，见于苏峪口沟、拜寺口沟、大水沟、插旗口沟、贺兰口沟等。

陕西粉背蕨　*Aleuritopteris argentea* var. *obscura* (Christ) Ching

多年生小草本，高 15 ～ 20cm。叶簇生，叶片五角形，长宽几相等，均为 5 ～ 6cm，基部三回羽裂，中部二回羽裂，顶部一回羽裂；羽片 4 ～ 6 对，对生，基部 1 对最大，近三角形，二回羽裂；一回小羽片 4 ～ 5 对，基部下侧 1 片特长，斜向下，羽状深裂；裂片线状镰刀形；叶脉不明显，无粉末，羽轴两侧有狭翅；叶柄栗黑色，基部疏生鳞片，向上光滑。孢子囊群成熟后为线形，沿裂片边缘分布，连续；囊群盖深棕色，膜质，全缘，不断裂，宽几达中脉或羽轴，彼此几靠合。

生于海拔 1350 ～ 2500m 的沟谷岩石缝中，见于拜寺口沟、苏峪口沟、黄旗口沟、贺兰口沟等。

三　冷蕨科 Cystopteridaceae

本科共有 3 属 30 余种，世界广布，主产于热带、亚热带山地。中国有 3 属 20 种，主产于西南地区。宁夏贺兰山产 2 属 3 种。

羽节蕨属 *Gymnocarpium* Newman

羽节蕨　*Gymnocarpium jessoense* (Koidz.) Koidz.

植株高 25 ～ 50cm。叶疏生，叶柄长 15 ～ 30cm，禾秆色，基部疏生鳞片；叶片三角状卵形，长宽几相等，三回羽状深裂至三回羽状；羽片对生，斜上，下部的卵状三角形，上部的披针形，基部 1 对最大，二回羽状深裂至二回羽状；小羽片约有 7 对，斜上，下部的较上部的稍大，披针形至长圆状披针形，先端尖，基部圆截形，羽状深裂至羽状；羽轴与叶轴以关节相连，连接处密生腺体。孢子囊群小，圆形或近圆形，着生于小脉上部，通常沿小羽轴两侧各有 1 行；无囊群盖。

生于海拔 2400 ～ 2600m 的云杉林下阴湿处或溪流石缝中，见于苏峪口沟、大口子沟。

冷蕨属 *Cystopteris* Bernh.

冷蕨 *Cystopteris fragilis* (L.) Bernh.

陆生小型植物，高 15 ～ 30cm。叶近生或簇生，叶柄长 5 ～ 12cm，禾秆色或红棕色；叶片披针形至长圆状披针形，长 10 ～ 20cm，宽 3 ～ 6cm，二回羽状；羽片长圆状披针形，基部 1 对缩短，第二对最大，向上渐狭，羽状；小羽片长圆形，基部 1 对最大，边缘浅裂；叶脉羽状，不明显。孢子囊群圆形，着生于叶脉中部；囊群盖卵圆形，膜质。

生于海拔 2200 ～ 2900m 云杉林下的岩缝中或阴坡岩石下，见于大口子沟、贺兰口沟。

高山冷蕨 *Cystopteris montana* (Lam.) Bernh. ex Desv.

陆生小型植物，高 20 ～ 30cm。叶近生或远生，叶柄长 15 ～ 22cm，禾秆色，下部疏被鳞片；叶片三角状卵形至三角形，四回羽裂；羽片有短柄，基部 1 对最大，长 5 ～ 8cm，宽约 4cm，三回羽裂；小羽片互生，基部下侧 1 片最大，向上渐小。叶脉羽状，侧脉单一或二叉，伸达齿端。孢子囊群圆形，生于叶脉上；囊群盖灰黄色，膜质。

生于海拔约 2900m 的阴湿岩缝中或高山灌丛下，见于插旗口沟。

四 铁角蕨科 Aspleniaceae

本科共有 2 属 700 余种，世界分布，主产于热带地区。中国有 2 属 108 种，全国广布。宁夏贺兰山产 1 属 1 种。

铁角蕨属 *Asplenium* L.

北京铁角蕨 *Asplenium pekinense* Hance

植株高 8 ～ 20cm。叶簇生，淡绿色，下部疏被与根状茎上相同的鳞片，向上疏被黑褐色的纤维状小鳞片；叶片披针形，长 6 ～ 12cm，中部宽 2 ～ 3cm，先端渐尖，基部略变狭，二回羽状或三回羽裂；羽片 9 ～ 11 对；叶脉两面均明显，上面隆起，小脉扇状二叉分枝，彼此接近，斜向上，伸入齿牙的先端，但不达边缘；叶坚草质，干后灰绿色或暗绿色；叶轴及羽轴与叶片同色，两侧有连续的线状狭翅，下部疏被黑褐色的纤维状小鳞片，向上光滑。孢子囊群近椭圆形，斜向上，每片小羽片有 1 ～ 2 枚，位于小羽片中部，排列不甚整齐，成熟后为深棕色，往往满铺于小羽片下面；囊群盖同形，灰白色，膜质，全缘，开向羽轴或主脉，宿存。

生于海拔 1400 ～ 2100m 的山坡石缝中，见于苏峪口沟、小口子沟、黄旗口沟、甘沟、贺兰口沟、插旗口沟、大水沟等。

五　鳞毛蕨科 Dryopteridaceae

本科约有 25 属 2100 种，世界广布，主产于亚洲东部和新世界。中国有 20 属 552 种，南北地区均产。宁夏贺兰山产 1 属 1 种。

耳蕨属 *Polystichum* Roth

中华耳蕨　*Polystichum sinense* Christ

根状茎短，直立，密被鳞片；鳞片狭披针形，先端长尾尖，边缘具齿牙，深棕色。叶簇生，叶柄长 5 ～ 10cm，禾秆色，密被宽披针形至线状狭披针形的鳞片；叶片狭倒披针形，长 15 ～ 20cm，宽 3 ～ 4cm，二回羽状；小羽片 5 ～ 7 对，互生，长圆形，基部上侧 1 片较大，其余向上各片渐小，先端渐尖，边缘具微齿，基部下侧延成羽轴狭翅；两面被鳞片，叶轴和羽轴下面密生纤维状和狭披针形鳞片。孢子囊群成熟后布满叶背，囊群盖膜质。

生于海拔 1700 ～ 2500m 的林下岩石上或阴湿沟谷石缝中，见于苏峪口沟、黄旗口沟等。

六　水龙骨科 Polypodiaceae

本科共有 80 余属约 1200 种，广泛分布于热带地区。中国有 30 属 259 种，全国各地均有分布。宁夏贺兰山产 2 属 3 种。

槲蕨属 *Drynaria* (Bory) J. Sm.

秦岭槲蕨　*Drynaria baronii* (Christ) Diels

植株高 15 ～ 50cm。叶二型，纸质，沿叶轴和叶脉多少有短毛，不育叶稀少，淡棕色或绿棕色，无柄，矩圆披针形，深羽裂；能育叶的叶柄具有狭翅，基部有关节，叶片阔披针形，长 18 ～ 40cm，中部宽 6 ～ 10cm，深羽裂几达叶轴；裂片先端钝尖，边缘有缺刻状锯齿。叶脉明显，网眼不规则。孢子囊群在主脉两侧各有 1 行，无囊群盖。

生于海拔 1800 ～ 2500m 的灌木林下或阴坡岩石上，见于插旗口沟、黄旗口沟等。

瓦韦属 *Lepisorus* (J. Sm.) Ching

粗柄瓦韦 *Lepisorus crassipes* Ching & Y. X. Lin

植株高 8 ～ 15cm。叶远生或近生；叶柄禾秆色，光滑无毛；叶片线状披针形，长 10 ～ 15cm，中部宽 6 ～ 10mm，向两端渐狭，钝尖头，基部楔形，略不对称，下延，边缘平直，干后两面为灰绿色或深灰绿色，纸质或薄革质，两面均光滑。主脉下面高高隆起，上面仅微微突起或平直，甚至稍下凹，小脉通常不显。孢子囊群椭圆形或近圆形，着生于主脉与叶边之间，下面的大，上面的小，彼此相距上密下疏，等于 1 ～ 2 个孢子囊群体积，幼时被隔丝覆盖；隔丝小鳞片状，有不规则的透明大网眼，边缘有粗长刺，褐色。

生于海拔 1800 ～ 2400m 的沟谷阴湿石缝中，见于苏峪口沟、贺兰口沟、插旗口沟、大水沟等。

有边瓦韦 *Lepisorus marginatus* Ching

陆生小型植物，高 20 ～ 30cm。叶近生或远生，叶柄长 15 ～ 22cm，禾秆色，下部疏被鳞片；叶片三角状卵形至三角形，四回羽裂；羽片有短柄，基部 1 对最大，长 5 ～ 8cm，宽约 4cm，三回羽裂；小羽片互生，基部下侧 1 片最大，向上渐小。叶脉羽状，侧脉单一或二叉，伸达齿端。孢子囊群圆形，生于叶脉上；囊群盖灰黄色，膜质。

生于海拔约 2900m 的阴湿岩缝中或高山灌丛下，见于插旗口沟。

III 松纲 Pinopsida

一　麻黄科 Ephedraceae

本科共有 1 属 40 ～ 50 种，产于北美西部、南美西部和南部、非洲北部和东部、欧亚大陆。中国有 1 属 14 种，产于西北、西南、华北、东北地区。宁夏贺兰山产 1 属 6 种。

麻黄属 *Ephedra* Tourn ex L.

双穗麻黄　*Ephedra distachya* L.

灌木或小半灌木，高可达 25cm。茎常平卧；小枝呈灰绿色，更少见的情况下为黄绿色，枝梢常弯曲或扭曲。叶对生，合生部分达叶长的 1/3 ～ 2/3，游离部分呈三角形，先端钝或近锐尖。雄球花单生或 3 个成簇生于短枝顶端，常具花梗；苞片 4 对；雄蕊柱长约 2mm，伸出，具 7 或 8 个无柄或具短柄的花药。雌球花顶生或腋生于短枝上，狭卵形；苞片 3 或 4 对，具狭窄的膜质边缘，顶端 1 对合生，约达其长度的 1/3，成熟时呈红色且肉质；珠被管长 1 ～ 1.5cm，笔直。种子通常 2 粒，深褐色，有光泽，卵形，表面光滑。花期 5 ～ 6 月，种子于 7 月成熟。

生于海拔约 1500m 的沟谷石缝中，见于三关口。

木贼麻黄 *Ephedra equisetina* Bunge

直立灌木，高可达 1m。木质茎粗长，直立；小枝细，节间短，纵槽纹不明显，蓝绿色或灰绿色。叶 2 裂，大部合生，仅上部约 1/4 分离，裂片短三角形，先端钝。雄球花单生或 3 ～ 4 朵集生于节上，卵圆形或狭卵圆形，苞片 3 ～ 4 对，基部约 1/3 合生，假花被近圆形，雄蕊 6 ～ 8 枚，花丝全部合生，微外露；雌球花常 2 朵对生于节上，狭卵圆形或狭菱形，苞片 3 对，最上面 1 对苞片约 2/3 合生，雌花 1 ～ 2 朵，稍弯曲；雌球花成熟时肉质红色，具短梗。种子 1 粒，具明显的点状种脐与种阜。

生于海拔 1500 ～ 2300m 的阳坡沟谷石缝中，浅山、沟谷均有分布。

中麻黄 *Ephedra intermedia* Schrenk ex C. A. Mey.

灌木，高 20 ～ 80cm。茎直立，粗壮，基部多分枝；小枝对生或轮生，圆筒形，被白粉，呈灰绿色，纵槽纹较细浅。叶 3 裂，常混生有 2 裂，下部 2/3 合生成鞘状，上部裂片钝三角形或三角形。雄球花无梗，数个密集于节上成团状，具 5 ～ 7 对交叉对生或 5 ～ 7 轮 3 片轮生的苞片，雄蕊 5 ～ 8 枚，花丝全部合生；雌球花 2 ～ 3 朵成簇，对生或轮生于节上，具 3 ～ 5 对交叉对生或 3 ～ 5 轮 3 片轮生的苞片，仅基部合生，边缘窄膜质，最上面 1 轮苞片有 2 ～ 3 朵雌花，雌花的珠被管常成螺旋状弯曲。雌球花成熟时肉质红色，种子不外露。

生于海拔 1400 ～ 1600m 的浅山山坡或沟谷中，见于麻黄沟、汝箕沟等处。

膜果麻黄　*Ephedra przewalskii* Stapf

灌木，高 0.5 ～ 2.4m。小枝节间粗长，长 2.5 ～ 5cm，直径 2 ～ 3mm。叶 3 裂，2/3 以下合生，裂片三角形或长三角形。球花通常无梗，多数密集成团状的复穗花序，对生或轮生于节上；苞片膜质，淡黄棕色，中央有绿色纵肋，雌球花成熟时苞片增大成无色半透明的薄膜状；胚珠顶端常窄缩成颈状，伸出苞片外，直立、弯曲或卷曲。种子通常 3 枚，包于膜质苞片内，暗褐红色，长卵圆形，顶端细窄成尖突状，表面常有细密纵裂纹。

生于海拔约 1500m 的山前洪积扇区，见于宁夏贺兰山四合木保护区。

斑子麻黄 *Ephedra rhytidosperma* Pachom.

矮小灌木，植株近垫状，高 5 ～ 20cm。茎具短梗，多瘤节。叶极小，膜质鞘状，中部以下合生，上部 2 裂，裂片宽三角形，先端钝。雄球花在节上对生，长 2 ～ 3mm，无梗，具 2 ～ 3 对苞片，假花被倒卵圆形，雄蕊 5 ～ 8 枚，花丝合生，伸出花被之外；雌球花单生，具 2 对苞片，稀 3 对，下部 1 对形小，上部 1 对较长，中部以下合生，雌花 2 朵，假花被粗糙，具横列碎片状细密突起，珠被管长约 1mm，先端斜直，微弯曲。种子 2 粒，1/3 露出苞片，黄棕色，背部中央及两侧边缘有明显突起的纵肋，肋间及腹面有横列碎片状细密突起。

生于海拔 1900m 以下的山麓或石质山坡，见于中、南部各沟及洪积扇区。

草麻黄 *Ephedra sinica* Stapf

草本状灌木，高 20 ～ 40cm。木质茎极短或成匍匐状；小枝直伸或微曲，绿色，节间长 3 ～ 4cm，直径约 2mm。叶膜质鞘状，上部 2 裂，下部 1/3 ～ 2/3 合生，裂片锐三角形，先端急尖。雄球花呈复穗状，常具总梗，苞片 4 对，雄花具雄蕊 7 ～ 8 枚，花丝合生，有时先端微分离；雌球花单生，在幼枝上顶生，在老枝上腋生，卵圆形或矩圆状卵圆形，具 4 对苞片，雌花 2 朵，直立或先端微弯。雌球花成熟时肉质红色，种子 2 粒，不露出苞片，表面具细皱纹。花期 5 ～ 6 月，种子 8 ～ 9 月成熟。

生于海拔 1600m 以下的浅山山坡或沟谷中，各沟道均有分布。

二　松科 Pinaceae

本科共有 10 ～ 11 属 225 ～ 235 种，产于北半球。中国有 10 属 84 种，全国广布。宁夏贺兰山产 2 属 2 种。

云杉属 *Picea* Dietr.

青海云杉　*Picea crassifolia* Kom.

常绿乔木，高达 35m。树皮灰褐色，成块状脱落。叶在枝上螺旋状着生，枝下面和两侧的叶子向上伸展，多少弯曲或直，四棱状条形，长 1.2 ～ 2.2cm，宽 2 ～ 2.5mm，先端钝，四面有粉白色气孔线。球果圆柱形或矩圆状圆柱形，单生于枝端，幼时紫红色，成熟前种鳞背部绿色，上部边缘仍为紫红色，成熟后褐色。种子斜倒卵圆形，种翅倒卵状，膜质，淡褐色。花期 5 月，球果 9 ～ 10 月成熟。

生于海拔 2100 ～ 3100m 的阴坡、半阴坡及沟谷中，见于中部各山体。

松属 *Pinus* L.

油松　*Pinus tabuliformis* Carr.

常绿乔木，高 30m。树皮灰褐色，裂成较厚的不规则鳞片状。一年生枝淡红褐色或淡灰黄色，无毛，幼时微被白粉。针叶 2 针一束，长 10 ～ 15cm，边缘有细锯齿，两面具气孔线，横切面半圆形，树脂道 5 ～ 10 个，边生，稀角部 1 ～ 2 个中生；叶鞘宿存。雄球花圆柱形，在新枝下部聚生成穗状。球果卵形或卵圆形；种鳞近矩圆状倒卵形，鳞脐具刺。种子卵圆形或长卵圆形。花期 5 月，球果第二年 10 月成熟。

生于海拔 1900 ～ 2300m 的阴坡、半阴坡，见于中部各主要山体，向北不超过汝箕沟，向南不超过红石峡。

三　柏科 Cupressaceae

本科共有 32 属 130 ～ 150 种，世界广布。中国有 12 属 39 种，其中引种栽培 4 属 11 种，全国广布。宁夏贺兰山产 1 属 2 种。

刺柏属 *Juniperus* L.

杜松　*Juniperus rigida* Siebold & Zucc.

常绿灌木或乔木，高达 10m。叶为刺叶，3 叶轮生，条形，先端锐尖，基部有关节，不下延生长，长 1.2 ～ 1.7cm，宽约 1mm，质厚，坚硬，表面凹下成深槽，槽内有 1 条窄白粉带，背面具明显的纵脊。雄球花椭圆形或近球形。球果圆球形，成熟前紫褐色，成熟时淡褐色或蓝黑色，常被白粉。种子近卵形，顶端尖，有 4 条不明显的棱脊。

生于海拔 1600 ～ 2500m 的山坡、沟谷中，见于中部山体。

叉子圆柏 *Juniperus sabina* L.

匍匐灌木，高不及 1m。叶二型，刺叶常生于幼树上，稀在壮龄树上与鳞叶并存，常交互对生，或兼有 3 叶交互轮生，排列紧密，长 3 ～ 7mm，先端刺尖，腹面凹，背面圆，中部有长椭圆形或条形腺体；鳞叶交互对生，排列紧密或稍疏，斜方形或菱状卵形，先端微钝或急尖，背面中部有明显的椭圆形或卵形腺体。球花单性，雌雄异株，稀同株；雄球花椭圆形或矩圆形，雄蕊 5 ～ 7 枚，各具 2 ～ 4 个花药。球果多为倒三角状球形，生于向下弯曲的小枝顶端，成熟前蓝绿色，成熟时褐色至黑色。种子卵圆形，稍扁，具纵脊与树脂槽。

生于海拔 1800 ～ 2600m 的山坡及沟谷中，见于山体中、北部。

Ⅳ 木兰纲 Magnoliopsida

一　泽泻科 Alismataceae

本科共有18属90～100种，世界广布。中国有6属18种。宁夏贺兰山产1属1种。

慈姑属 *Sagittaria* L.

野慈姑　*Sagittaria trifolia* L.

多年生沼生草本。叶基生，挺水；叶片箭形，大小变异很大，叶柄基部鞘状。花序圆锥状或总状，总花梗长20～70cm，花多轮，最下面1轮常具1～2枚分枝；苞片3片，基部多少合生。花单性，下部1～3轮为雌花，上部多轮为雄花；萼片椭圆形或宽卵形，反折；花瓣白色，约为萼片长的2倍。雄蕊多数，花丝丝状，花药黄色。心皮多数，离生。瘦果两侧扁，倒卵圆形，具翅，背翅宽于腹翅，具微齿，喙顶生，直立。花果期5～10月。

生于沟谷、溪流、湿地，见于大武口沟。

二　水麦冬科 Juncaginaceae

本科共有 3 属约 30 种，世界广布。中国有 1 属 2 种，产于西北、西南、华北地区。宁夏贺兰山产 1 属 2 种。

水麦冬属 *Triglochin* L.

海韭菜　*Triglochin maritima* L.

多年生草本，高 15 ～ 50cm。叶全部基生，线形，长 5 ～ 15cm，宽 2 ～ 3mm，基部扩大成鞘状，边缘膜质。花葶直立，总状花序顶生；花多数，密生；花被片 6 片，外轮 3 片宽卵形，内轮 3 片较狭，紫绿色；雄蕊 6 枚，花丝极短；心皮 6 个，合生，柱头 6 裂，羽毛状。蒴果卵状椭圆形。花果期 6 ～ 10 月。

生于沟谷溪流等地，见于拜寺口沟、汝箕沟、插旗口沟等地。

水麦冬　*Triglochin palustris* L.

多年生草本，高 20 ～ 70cm。叶全部基生，线形，长 5 ～ 35cm，宽 1 ～ 3mm，基部扩大成鞘状；叶舌膜质。花葶直立，总状花序顶生；花多数，疏生；花被片 6 片，卵状长圆形，绿紫色；雄蕊 6 枚，无花丝，花药 2 室；心皮 3 个，合生，柱头羽毛状。蒴果长棒状，成熟时开裂为 3 瓣。花果期 5 ～ 9 月。

生于沟谷溪流等地，见于拜寺口沟、汝箕沟。

三　眼子菜科 Potamogetonaceae

本科共有 7 属 90 ～ 100 种，世界广布。中国有 3 属 25 种，产于全国各地。宁夏贺兰山产 2 属 3 种。

眼子菜属 *Potamogeton* L.

眼子菜 *Potamogeton distinctus* A. Benn.

多年生草本。茎较细弱。茎上部叶浮于水面，长椭圆形，长4～8cm，宽1.5～2.5cm，先端渐尖，基部楔形至近圆形，全缘，中肋明显；茎下部叶为沉水叶，狭长椭圆形或线状披针形，长8.5～12cm，宽1.3～2cm，先端渐尖，基部渐狭，全缘。穗状花序，花密集；花梗着生于浮水叶腋。小坚果倒卵形，背部具3条脊，中间的脊呈狭翅状，先端具短喙。花期7～8月，果期8月。

生于沟谷溪流边，见于汝箕沟。

穿叶眼子菜 *Potamogeton perfoliatus* L.

多年生草本。茎稍粗，具分枝。叶全部沉水，互生，花序下的叶对生，质较薄，卵形、三角状卵形或长卵形，长2～5cm，宽1～2.5cm，先端钝圆，基部心形，抱茎，全缘，波状皱褶，无柄；托叶薄膜质，呈筒状抱茎，后破裂为纤维状脱落。穗状花序，花密集；总花梗生于叶腋，与茎同粗。小坚果倒卵形，背部具3条不明显的脊，顶端具短喙。花期7～8月，果期8～10月。

生于沟谷溪流边，见于拜寺口沟。

角果藻属 *Zannichellia* L.

角果藻 *Zannichellia palustris* L.

多年生草本。茎细丝形，具分枝。叶全部沉于水中，细丝形，对生，有时3～4片轮生，长1.5～4cm，宽0.5～1mm，先端尖，基部具鞘状的膜质托叶。花单性，几无梗，雌雄花各1朵，生于同一个佛焰苞内；雄花具1枚雄蕊，花丝细长，花药2室；雌花具2～6个分离心皮，花柱顶具盾状柱头。小坚果2～6个，簇生，长圆形，微弯，扁平，先端具喙，背部具有齿的脊。花果期6～9月。

生于沟谷溪流等地，见于拜寺口沟、汝箕沟。

四 百合科 Liliaceae

本科共有15属约640种，产于北半球温带至北极地区。中国有12属146种，产于全国各地。宁夏贺兰山产2属3种。

顶冰花属 *Gagea* Salisb.

少花顶冰花 *Gagea pauciflora* Turcz.

多年生草本，高达28cm。鳞茎椭圆形。基生叶1片，长10～25cm；茎生叶1～3片，下部1片长6～7cm，披针状线形，比基生叶稍宽，上部的为苞片状，基部边缘具疏柔毛。花1～3朵，近总状花序；花被片条形，绿黄色；雄蕊长为花被片的1/2；子房长圆形，花柱与子房近等长或略短，柱头3深裂。蒴果近倒卵圆形。种子三角状。花期4～6月，果期6～7月。

生于海拔1500～2400m的山地沟谷、灌丛中，见于马莲口沟、苏峪口沟及山前洪积扇区。

洼瓣花 *Gagea serotina* (L.) Ker Gawl.

多年生草本，高 10 ～ 20cm。鳞茎不明显膨大。基生叶 1 ～ 2 片，细条形，长达 15cm，宽约 1mm，常内卷；葶生叶 2 ～ 3 片，甚短且细。花 1 ～ 2 朵；花被片 6 片，倒卵状椭圆形至倒卵状矩圆形，白色，有紫脉，里面基部有折而似成半月形的洼陷；雄蕊 6 枚；子房长椭圆形，花柱约与子房等长。蒴果倒卵形。花期 6 ～ 8 月，果期 8 ～ 10 月。

生于海拔 2200 ～ 2500m 的沟谷及阴坡及灌丛下，见于响水沟。

百合属 *Lilium* L.

山丹 *Lilium pumilum* Redouté

多年生草本，高 20 ～ 50cm。鳞茎圆锥形或长卵形，鳞茎瓣卵形。茎直立。叶散生，狭线形，长 3 ～ 10cm，宽 1 ～ 3mm，具 1 条明显的脉，无柄。花单生或数朵排成总状花序，顶生；花被片 6 片，深橘红色；雄蕊 6 枚，花丝细长；子房圆柱形，柱头 3 裂，开展。蒴果长椭圆形。花期 7 ～ 8 月，果期 8 ～ 9 月。

生于海拔 1700 ～ 2600m 的沟谷灌丛及草甸，见于苏峪口沟、小口子沟、黄旗口沟、汝箕沟、大水沟、甘沟。

五 兰科 Orchidaceae

本科共有 814 属 22000 ～ 27000 种，世界广布，主产于热带和亚热带地区。中国有 194 属近 1400 种，另引种栽培 100 余属，全国广布。宁夏贺兰山产 4 属 4 种。

角盘兰属 *Herminium* L.

裂瓣角盘兰 *Herminium alaschanicum* Maxim.

陆生草本，高 20 ～ 40cm。茎下部密生叶 2 ～ 4 片，其上具 3 ～ 5 片小叶。叶窄椭圆状披针形，长 4 ～ 15cm。花序具多花。苞片披针形，先端尾状；子房扭转；花绿色，垂头钩曲；中萼片卵形，侧萼片卵状披针形或披针形；花瓣直立，中部骤窄呈尾状且肉质增厚，或多或少呈 3 裂，中裂片近线形；唇瓣近长圆形，基部凹入具距，前部 3 裂至近中部，侧裂片线形，中裂片线状三角形，较侧裂片稍宽短；花距长圆状，向前弯曲。花期 6 ～ 9 月。

生于海拔 2200 ～ 2800m 的青海云杉林下、林缘草甸，见于苏峪口沟。

绶草属 *Spiranthes* Rich.

绶草 *Spiranthes sinensis* (Pers.) Ames

陆生草本，高 20 ～ 35cm。茎直立，具纵棱，无毛。基生叶 4 ～ 6 片，线状披针形或披针形，长 4 ～ 13cm，宽 8 ～ 12mm，先端渐尖，基部渐狭成鞘状柄，无毛；茎生叶 2 ～ 4 片，向上渐小。总状花序顶生，多数，密集呈穗状，花序轴被柔毛，螺旋状扭转；苞片卵状披针形，稍长于子房，先端尾状渐尖，无毛；花粉红色，中萼片线状长椭圆形，先端钝，侧萼片披针形，与中萼片等长或稍长；花瓣线状长椭圆形，与中萼片等长，且与其结合成盔，唇瓣与萼片近等长，中部稍缢缩，中部以上边缘具强烈皱波状啮齿，里面中部以上被短柔毛，基部两侧具 1 枚胼胝体。花期 7 ～ 8 月。

生于山麓溪流边，见于归德沟。

火烧兰属 *Epipactis* Zinn

火烧兰 *Epipactis helleborine* (L.) Crantz

陆生草本，高可达 60cm。茎直立或斜升。叶 7 ～ 8 片或更多，下部叶片近圆形，中部叶片椭圆形或卵状椭圆形，向上渐变小且成卵状披针形，先端渐尖，腹面无毛，背面疏被微柔毛，中部叶片长约 12cm，宽约 5cm。总状花序具花 10 余朵；苞片叶状，披针形，与花几等长；花绿色或淡紫色，背萼片卵状披针形，舟状，先端急尖；侧萼片与中萼片相似，且稍大而多少偏斜；花瓣斜卵形，稍短于萼片；唇瓣上下唇几等长，下唇由 2 片侧裂片组成，近于蝙蝠形，先端缢缩，中间凹陷，内有 2 条不整齐的鸡冠状纵褶片，从基部延伸至顶部；上唇卵形或卵状三角形，具 3 条脉；合蕊柱近直立；子房棒状。花期 7 ～ 8 月。

生于海拔 2000 ～ 2400m 的云杉林缘、高山草甸，见于苏峪口沟、甘沟。

鸟巢兰属 *Neottia* Guctt.

北方鸟巢兰 *Neottia camtschatea* (L.) Rchb. F.

腐生直立草本，高 10 ～ 35cm。茎直立，褐色，疏被乳突状短毛，具 3 ～ 4 片叶鞘。总状花序顶生，具多数花，疏散，花序轴密被乳突状短毛；苞片矩圆状卵形或宽卵形，较花梗长；花绿白色，中萼片长椭圆形，先端圆钝，侧生萼片与中萼片等长，歪斜；花瓣线形，与萼片等长，较狭，先端钝或急尖；唇瓣在下方，倒楔形，向基部渐狭，基部上面具 2 枚褶片，先端 2 深裂；裂片披针形，边缘具乳突状细缘毛，裂片间具小尖头；蕊喙宽阔，近半圆形；子房椭圆形或倒卵形，密被乳突状短毛。花期 7 月，果期 8 ～ 9 月。

生于海拔 2200 ～ 2500m 的阴坡云杉林下、林缘河谷溪边，见于苏峪口沟、大水沟、贺兰口沟。

六　鸢尾科 Iridaceae

本科共有 67 属 1750 ～ 1800 种，广布全球，以南非为分布中心。中国有 2（～ 3）属 60 种，另引种栽培约 30 属，逸生 1 属，全国各地均产。宁夏贺兰山产 1 属 5 种。

鸢尾属 *Iris* L.

大苞鸢尾　*Iris bungei* Maxim.

多年生草本。叶线形，长 20 ～ 65cm，宽 3 ～ 5mm，先端渐尖。花茎直立，具 2 ～ 3 片茎生叶，叶片呈苞状或较狭窄，基部鞘状抱茎；苞片 3 片，草质，浅绿色或灰绿色，边缘白色，膜质，狭卵形，具 1 条中脉，平行脉间无横脉相连，内含 2 朵花；花蓝紫色，外轮花被裂片披针形，内轮花被裂片倒卵状披针形；花药浅棕色；花柱顶端裂片披针形。蒴果圆柱状狭长卵形，顶端具喙，具 6 条明显纵肋。花期 5 月，果期 7 ～ 8 月。

生于山麓草原和冲沟内，见于大水沟、大武口沟北、三关口。

野鸢尾　*Iris dichotoma* Pall.

多年生草本。叶剑形，套折状，长 20 ～ 30cm，宽 1.5 ～ 2.5cm，蓝绿色，边缘绿白色，平行脉多数。花葶直立，多二歧分枝，花 3 ～ 5 朵簇生；苞片干膜质，宽卵形。花白色，有紫褐色斑点，外轮 3 片花被裂片近方形，平展，基部渐狭成爪，有黄褐色条纹；内轮 3 片花被裂片较小，倒椭圆状披针形，直立；花柱分枝 3 个，花瓣状，顶端 2 裂。蒴果狭矩圆形。种子椭圆形，暗褐色，两端具翅状物。花期 6 ～ 7 月，果期 7 月。

生于海拔 1800 ～ 2400m 的石质山坡、山脊及石缝中，见于苏峪口沟、小口子沟、黄旗口沟、大水沟等。

马蔺 *Iris lactea* Pall.

多年生草本。叶基生，线形或宽线形，长 18 ～ 50cm，宽 4 ～ 6mm，先端渐尖，基部鞘状，常带紫红色。苞片 3 ～ 5 片，草质，黄绿色，边缘膜质，白色，线状披针形，长 4 ～ 11cm，宽 8 ～ 12mm，先端长渐尖，内含 2 ～ 4 朵花；花蓝紫色，外轮花被裂片倒披针形，先端钝或急尖，内轮花被裂片狭倒披针形，先端钝或急尖，基部渐尖；花药黄色；花柱分枝扁平，花瓣状，先端裂片狭三角形。蒴果圆柱形，具 6 条纵肋，顶端具喙。花期 5 ～ 6 月，果期 7 ～ 8 月。

生于海拔 1400 ～ 2100m 的浅山沟谷中，见于汝箕沟、归德沟、贺兰口沟、苏峪口沟、小口子沟。

天山鸢尾　*Iris loczyi* Kanitz

多年生丛生草本。叶丝形，直立，长 20 ～ 40cm，宽约 2mm，先端渐尖，基部鞘状。花茎直立，基部具鞘状叶；苞片 3 片，狭披针形，先端渐尖，中脉明显，内含 1 ～ 2 朵花；花蓝紫色，花被伸出苞片，外轮花被裂片长椭圆形，内轮花被裂片倒披针形；花药先端钝；花柱分枝，顶端裂片半圆形。果实长倒卵形至圆柱形，顶端具短喙，具 6 条明显的纵肋。花期 4 ～ 5 月，果期 7 ～ 8 月。

生于海拔 1600 ～ 2300m 的草原、石质山坡，见于苏峪口沟、插旗口沟、黄旗口沟、大水沟。

细叶鸢尾　*Iris tenuifolia* Pall.

多年生丛生草本。叶丝形，扭曲，长 15 ～ 35cm，宽 2 ～ 3mm。花茎直立；苞片 4 片，草质，边缘膜质，中脉明显，内含 2 ～ 3 朵花；花被管不伸出苞片；外轮花被裂片倒披针形，先端尖，基部渐狭，内轮花被裂片狭倒披针形，直立；花药黄色，先端尖；花柱顶端裂片矩圆形。蒴果宽椭圆形，红褐色，先端具短喙。花期 4 ～ 5 月，果期 7 ～ 8 月。

生于海拔 1400 ～ 2100m 的山坡草地，见于大水沟、马莲口沟、插旗口沟、苏峪口沟。

七　石蒜科 Amaryllidaceae

本科约有 75 属 1460 种，分布于全世界，以南非、南美和北半球温带为分布中心。中国有 7 属约 160 种，产于全国各省区。宁夏贺兰山产 1 属 12 种。

葱属 *Allium* L.

矮韭　*Allium anisopodium* Ledeb.

多年生草本。叶半圆柱状或有时因中央纵棱隆起而呈三角状狭线形，光滑或叶缘及纵棱具细糙齿，较花葶短或近等长。花葶圆柱状，具纵棱，光滑，下部被叶鞘；总苞单侧开裂；伞形花序半球形，松散，基部无小苞片；花被片淡紫色，外轮的卵状长椭圆形，内轮的倒卵状长椭圆形，先端平截；花丝近等长，内轮花丝基部扩大为卵圆形，扩大部分为花丝长的 1/2，外轮花丝基部稍扩大；子房卵球形，基部无凹穴，花柱与子房近等长。花期 7 ～ 8 月。

生于海拔 1800 ~ 2300m 的沟谷、灌丛及草原群落，见于苏峪口沟、贺兰口沟、黄旗口沟。

糙莛韭　*Allium anisopodium* var. *zimmermannianum* (Gilg) Wang et Tang

本变种与矮韭的区别主要在于小花梗、花葶及叶沿纵棱均具明显细糙齿，尤以花葶具细糙齿易于区别。

生境同正种。

贺兰韭 *Allium eduardii* Stearn

多年生草本。叶半圆柱状，较花葶短，腹面具纵沟，直径约 1mm。花葶圆柱状，下部被叶鞘；总苞单侧开裂，具比裂片长近 3 倍的喙；伞形花序半球形，花较疏散；花梗近等长，基部具小苞片；花被片淡紫红色至紫色，椭圆状卵形至椭圆状披针形，先端具反折的小尖头，内轮花被片较外轮稍长；花丝等长，略长于花被片，内轮花丝基部扩大，扩大部分长为花丝的 1/5 ～ 1/4，每侧各具 1 个锐齿，外轮花丝锥形；子房近球形，基部不具凹穴，花柱远比子房长，伸出花被外。花期 8 月。

生于海拔 2100 ～ 2600m 的石质山坡岩石缝，见于拜寺口沟、苏峪口沟、黄旗口沟。

阿拉善韭 *Allium flavovirens* Regel

多年生草本。叶半圆柱状，中空，腹面具沟槽，长于花葶或近等长。花葶圆柱状，中下部被叶鞘；总苞 2 裂，具狭长喙，宿存；伞形花序球形，花多而密集或疏松；小花梗近等长，无小苞片；花白色或淡黄色；花被片矩圆形或卵状矩圆形；花丝等长，长为花被片的 1.5 ～ 2 倍，外轮的锥形，内轮的基部扩大，每侧各具 1 个钝齿；子房近球形，基部具凹陷的蜜穴；花柱伸出。花期 8 月，果期 9 月。

生于海拔 2000 ～ 2800m 的石质山坡，见于苏峪口沟、响水沟等。

甘肃韭 *Allium kansuensis* Regel

多年生草本。鳞茎圆柱状，细长，数个簇生；外皮暗褐色，破裂成纤维状，呈网状但不明显。叶半圆柱形，腹面具沟槽，与花葶近等长。花葶圆柱状；总苞单侧开裂或2裂；伞形花序半球形。小花梗极短或近于无梗，短于花被，花天蓝色或粉红色；外轮花被片矩圆形，先端渐尖，内轮花被片矩圆状卵形，先端钝圆；花丝近等长，长为花被片的2/3，内轮花丝基部扩大成卵圆形，无齿，扩大部分为花丝的2/3；子房近球形，基部具凹陷的蜜穴，花柱长于子房，不伸出花被外。花果期6～9月。

生于海拔1800～2900m的石质山坡或草原群落，见于苏峪口沟、黄旗口沟、汝箕沟。

蒙古韭 *Allium mongolicum* Regel

多年生草本，具根状茎。鳞茎圆柱形，外皮黄褐色，破裂成松散的纤维状。叶圆柱形至半圆柱形，通常较花葶短，稀较花葶长。花葶粗壮，下部被叶鞘；总苞单侧开裂；伞形花序球形或半球形，具多而密的花；花梗近等长；花被片淡红色至紫红色，外轮的卵形，先端钝圆，内轮的卵状椭圆形或卵形，先端钝圆；花丝等长，内轮花丝基部近1/2扩展成卵形或卵球形，花柱不伸出花被外。花期7月。

生于海拔1600～1800m的山麓或荒漠草原群落，见于洪积扇区。

碱韭　*Allium polyrhizum* Turcz. ex Regel

多年生草本，具根状茎。鳞茎圆柱形，丛生，外皮黄褐色，破裂成纤维状，呈近网状。叶半圆柱形，较花葶短，稀近等长或稍短，长 5 ～ 35cm，直径 0.5 ～ 1mm。花葶圆柱状，基部被叶鞘；总苞 2 ～ 3 裂；伞形花序半球形，具多花；花梗等长；花被片淡紫红色或紫红色，外轮的卵状椭圆形，稍狭，先端钝，内轮的椭圆形，先端钝圆；花丝等长，较花被片稍长或等长，基部合生，内轮花丝分离部分基部扩展，每侧各具 1 个尖齿，外轮花丝分离部分锥形；子房卵球形。花期 7 月。

生于山麓荒漠草原，见于洪积扇区。

青甘韭　*Allium przewalskianum* Regel

草本，具根状茎。鳞茎柱状圆锥形，簇生，外皮红色，稀为褐色，破裂成纤维状，呈网状。叶基生，具 4 ～ 5 棱的棱柱形，沿棱具细齿。花葶圆柱形。总苞单侧开裂，近与花序近等长，宿存；伞形花序半球形至球形，具多花；花梗与花被近等长或为其长的 2 ～ 3 倍，无苞片；花淡红色至紫红色；花被片 6 片，内轮的矩圆形至矩圆状披针形，外轮的卵形或狭卵形；花丝伸出花被至长为其 1.5 ～ 2 倍，在基部合生并与花被贴生，内轮花丝基部扩大成矩圆形，两侧各具 1 个齿；子房近球形；花柱伸出花被。花果期 6 ～ 9 月。

生于海拔 2300 ～ 2500m 的石质山坡或灌丛下，见于苏峪口沟、甘沟、大水沟等。

朝鲜韭 *Allium sacculiferum* Maxim.

草本。鳞茎长卵形或卵形，常单生，外皮老时深褐色，破裂成纤维状或呈不明显的网状。花葶圆柱形，中空，1/4 ～ 1/3 具叶鞘。叶 3 ～ 5 片散生，三棱状条形，有时基部为中空管状，比花葶短。总苞比花序短，具短喙；伞形花序球形，多花，密集；花梗等长，长为花被的 2 ～ 4 倍，具苞片；花紫红色到蓝紫色；花被片 6 片，椭圆形，先端钝，外轮的舟状，比内轮的短；花丝锥形，基部近等宽，长为花被片的 1.5 倍，仅基部合生并与花被贴生；子房近球形，基部具 3 个有盖的凹穴；花柱伸出花被。花期 8 ～ 9 月。

生于沟谷阳坡，见于大窑沟。

雾灵韭 *Allium stenodon* Nakai & Kitag.

多年生草本，具根状茎。鳞茎狭卵状圆柱形，外皮黑褐色至黄褐色，破裂成纤维状，有时略呈网状。叶线形，扁平，与花葶近等长，边缘向下反卷，背面颜色较腹面淡。花葶圆柱状，中部以下被叶鞘；总苞单侧开裂，具短喙；伞形花序具多花，稍松散；花梗近等长，基部无小苞片；花被片淡红色、淡紫色至紫色，内轮的卵状长椭圆形，外轮的卵形，较内轮稍短；花丝等长，长为花被片的 1.5 ～ 2 倍，内轮花丝基部扩大，每侧具 1 个齿片，齿片顶端常具 2 至数个不规则的小齿；子房卵形，基部具 3 个有盖的凹穴，花柱伸出花被外。花果期 8 ～ 10 月。

生于海拔 2000 ～ 2500m 的林缘、灌丛下，见于苏峪口沟、响水沟。

细叶韭 *Allium tenuissimum* L.

多年生草本。鳞茎近圆柱状，丛生，外皮紫褐色至灰褐色，膜质，顶端常不规则破裂，内皮膜质，紫红色。叶半圆柱状至近圆柱状，长 30 ～ 45cm，粗 0.5 ～ 1mm，与花葶近等长，光滑，稀沿棱具细糙齿。花葶圆柱状；总苞单侧开裂；伞形花序半球形，花梗近等长，基部无小苞片；花被片白色或淡红色，外轮的倒卵状矩圆形，先端钝，内轮的倒卵状楔形，先端截形或钝圆状平截；花丝等长，内轮花丝基部扩展为倒卵圆形，扩展部分长为花丝的近 1/2，外轮花丝下基部略扩展；子房卵形，基部无凹穴，花柱与子房近等长。花期 7 ～ 8 月。

生于海拔 2000 ～ 2300m 的石质山坡，见于苏峪口沟、小口子沟、甘沟。

白花葱　*Allium yanchiense* J. M. Xu

草本。鳞茎单生或数枚聚生，窄卵状，外皮暗灰色，纸质，顶端纤维状。叶圆柱状，中空，短于花葶，粗 1 ～ 2mm，光滑或沿纵棱具极细糙齿。花葶中生，圆柱状，下部叶鞘光滑或具极细糙齿；总苞 2 裂，宿存；伞形花序球状，花多而密集。花梗近等长，与花被片近等长或为其 2 倍，具小苞片；花白色或淡红色，有时淡绿色；花被片中脉淡红色，外轮的长圆状卵形，常比内轮稍短，内轮的长圆形或卵状长圆形，先端钝圆或微凹，有时具不规则小齿；花丝等长，比花被片长 1/5 ～ 1/2，锥形，基部合生，并与花被片贴生；子房卵圆形，腹缝基部具有帘的凹陷蜜穴，花柱伸出花被。花果期 8 ～ 9 月。

生于海拔 1800 ～ 2200m 的石质山坡、沟谷草原或灌丛下，见于马莲口沟。

八　天门冬科 Asparagaceae

本科共有 120 ～ 140 属约 2300 种，世界各地均有分布。中国有 23 属 250 余种，全国各地均产。宁夏贺兰山产 3 属 7 种。

天门冬属 *Asparagus* L.

攀缘天门冬　*Asparagus brachyphyllus* Turcz.

多年生攀缘草本，高 50 ～ 100cm。茎单一或 2 ～ 3 个丛生，常呈“之”字形弯曲，分枝平展或上部稍向下，具纵条棱，棱上具软骨质齿；叶状枝每 4 ～ 10 个成簇，近圆柱形，直伸或稍呈弧形，具纵棱，棱上具软骨质齿。鳞片状叶膜质，卵形或披针形。单性，雌雄异株，紫褐色，花通常 2 朵腋生，花梗稍粗壮，中部稍上处具关节。浆果红色。花期 5 ～ 6 月，果期 7 ～ 8 月。

生于海拔 1900 ～ 2200m 的山地灌丛或石缝中，见于甘沟。

戈壁天门冬　*Asparagus gobicus* Ivanova ex Grubov

半灌木，高 20 ～ 40cm。茎直立，灰白色，中部以下具条状剥落的白色薄膜，中上部强烈成“之”字形弯曲，具纵条棱，棱上微被软骨质齿；分枝斜升、平展或下倾；叶状枝每 3 ～ 8 个成簇，近圆柱形，具纵棱，微具软骨质齿，长 5 ～ 25mm，直径约 1mm，较刚硬；鳞片状叶卵状披针形，基部具短距。花 1 ～ 2 朵腋生，花梗关节位于中部稍上处；雄花花丝中部以下贴生于花被片上。浆果红色。花期 5 月，果期 6 ～ 7 月。

生于山麓草原化荒漠或荒漠草原群落中，见于苏峪口沟、甘沟以及山前洪积扇区。

北天门冬　*Asparagus przewalskyi* N. A. Ivanova ex Grubov & T. V. Egorova

多年生草本，高 20 ～ 50cm。茎单生或 2 ～ 3 个疏丛生，细弱，不分枝，上部弯曲下垂；叶状枝 5 ～ 8 个成簇，扁半圆柱形，开张，向上常呈镰状弯曲，光滑，长 1.5 ～ 3cm，宽 0.7 ～ 1mm。鳞片状叶膜质，卵状披针形，基部无刺。花 2 朵，着生于中下部叶状枝腋中，花梗近顶部具关节；花被钟形，鲜时绿白色，干后棕色；雄蕊 6 枚，花丝等长。浆果熟时红色。花期 5 ～ 6 月，果期 7 ～ 8 月。

生于山麓草原化荒漠或荒漠草原，见于山前洪积扇区。

舞鹤草属 *Maianthemum* Web.

舞鹤草　*Maianthemum bifolium* (L.) F. W. Schmidt

多年生草本，高 10 ～ 20cm。基生叶 1 片，狭卵形或卵状披针形；茎生叶 2 片，稀 3 片，三角状卵形或三角状狭卵形；叶柄被糙毛。总状花序顶生；花单生或双生；苞片小，三角形或三角状卵形，膜质；花梗细；花被片白色或淡黄色，卵状椭圆形，先端钝；雄蕊 4 枚；子房宽卵形，花柱与子房近等长。浆果球形。花期 6 月，果期 7 ～ 8 月。

生于海拔 2400 ～ 2500m 的林缘或林下，见于苏峪口沟。

黄精属 *Polygonatum* Mill.

热河黄精　*Polygonatum macropodum* Turcz.

草本。根状茎粗壮，圆柱形，直径 1 ～ 2cm。茎直立或斜升。叶互生，叶片卵形、卵状椭圆形至椭圆状披针形，长 5 ～ 9cm，先端渐尖。花序叶腋生，近伞房状，具 4 ～ 12 朵花；花梗无苞片或微小钻形；花被白色或带红色；花丝着生于花冠筒近中部，具 3 个狭翅。浆果深蓝色。花果期 6 ～ 9 月。

生于海拔 2000 ～ 2500m 的林缘、灌丛下及山地沟谷，见于苏峪口沟、大水沟。

玉竹　*Polygonatum odoratum* (Mill.) Druce

多年生草本。茎直立，高 20 ～ 40cm，光滑，基部具膜质鳞片。叶互生，椭圆形、卵状椭圆形或卵状长椭圆形，长 3.5 ～ 10cm，宽 1.5 ～ 5cm，全缘；具短柄。花单一或双生于叶腋；花被黄绿色至白色，顶端 6 裂，裂片卵形，先端钝；雄蕊 6 枚，花丝丝状，贴生于花被筒中部；子房长椭圆形，花柱细长，与雄蕊等长。浆果球形，成熟时黑色。花期 5 ～ 6 月，果期 7 月。

生于海拔 1800 ～ 2200m 的林缘或灌丛中，见于苏峪口沟、黄旗口沟、插旗口沟、大口子沟。

黄精　*Polygonatum sibiricum* Redouté

多年生草本，高 10 ～ 20cm。基生叶 1 片，狭卵形或卵状披针形；茎生叶 2 片，稀 3 片，三角状卵形或三角状狭卵形；叶柄被糙毛。总状花序顶生；花单生或双生；苞片小，三角形或三角状卵形，膜质；花梗细；花被片白色或淡黄色，卵状椭圆形，先端钝；雄蕊 4 枚；子房宽卵形，花柱与子房近等长。浆果球形。花期 6 月，果期 7 ～ 8 月。

生于海拔 2400 ～ 2500m 的林缘或林下，见于苏峪口沟。

九　香蒲科 Typhaceae

本科共有 2 属 30 余种，广布于各大洲的温带和热带区域，中国有 2 属 23 种，全国各地均产。宁夏贺兰山产 1 属 2 种。

香蒲属 *Typha* L.

长苞香蒲　*Typha domingensis* Pers.

多年生草本，高 1 ～ 1.5m。茎直立，圆柱形，基部具残存叶鞘。叶线形，长 60 ～ 100cm，宽 7 ～ 12mm，基部鞘状抱茎，开裂，鞘口膜质。雌雄花序相离，间距 2 ～ 4cm；雌花的小苞片与柱头等长；柱头线状矩圆形，长于基部的白色柔毛。花期 6 ～ 7 月，果期 8 ～ 9 月。

生于沟谷湿地及沼泽地，见于大武口沟、归德沟。

小香蒲 *Typha minima* Funck ex Hoppe

多年生草本，高 50 ～ 70cm。茎直立，细瘦，基部具数叶鞘，叶鞘长短不等，披针状渐尖，边缘膜质，无叶片或叶片不发育；茎生叶具叶片，叶片狭线形，长 25 ～ 70cm，宽 1.5 ～ 2.5mm。雌雄花序相离，间距 0.5 ～ 3cm；雌花序椭圆形，雌花具小苞片，小苞片与基部白色柔毛近等长，稍长于基部白色柔毛。花期 6 ～ 7 月，果期 8 ～ 9 月。

生于沟谷、沼泽地、水塘边，见于大武口沟。

十　灯芯草科 Juncaceae

本科共有 7 属 360 ～ 400 种，世界广布。中国有 2 属 92 种，全国各地均产。宁夏贺兰山产 1 属 4 种。

灯芯草属 *Juncus* L.

小花灯芯草 *Juncus articulatus* L.

多年生草本，高 15 ～ 40cm。茎密丛生，直立。叶基生和茎生，短于茎，基生叶 1 ～ 2 片，茎生叶 1 ～ 2 片；叶片扁圆筒形，顶端渐尖呈钻状，具有明显的横隔，绿色。花序由 5 ～ 30 个头状花序组成，排列成顶生复聚伞花序，头状花序半球形至近圆球形，有 5 ～ 10 朵花；叶状总苞片 1 片，苞片披针形或三角状披针形，锐尖，黄色，背部中央有 1 脉；花被片披针形，淡红褐色；雄蕊 6 枚，长约为花被片的 1/2；花柱极短，圆柱形；柱头三分叉，线形。蒴果三棱状长卵形。种子卵圆形，黄褐色，表面具纵条纹及细横纹。花期 6 ～ 7 月，果期 8 ～ 9 月。

生于沟谷、溪边湿地、山麓水库、涝坝边，见于汝箕沟、大水沟、归德沟。

小灯芯草 *Juncus bufonius* L.

一年生草本，簇生。茎直立或斜升，基部常为红褐色，高 5 ～ 20cm。叶基生和茎生，叶片线形，扁平，长 3 ～ 9cm，宽约 1mm。花序呈二歧聚伞状，每分枝上常顶生和侧生 2 ～ 4 朵花；总苞片叶状，较花序短；花长 4 ～ 6mm，淡绿色；先出叶卵形，膜质，花被片 6 片，披针形，外轮 3 片顶端短尾尖，边缘膜质，内轮 3 片短，顶端急尖或稍钝；雄蕊 6 枚，长约为花被片的 1/2，花药长为花丝的 1/3 ～ 1/2。蒴果三角状矩圆形。种子倒卵形。花期 5 ～ 7 月，果期 6 ～ 9 月。

生于浅山沟谷、湿地，见于苏峪口沟、拜寺口沟、大水沟等。

栗花灯芯草　*Juncus castaneus* Smith

多年生草本，高 15 ～ 40cm。茎直立，单生或丛生。叶基生和茎生，基生叶 2 ～ 4 片，长 6 ～ 25cm，宽 3 ～ 6mm，顶端尖，边缘常内卷或折叠；茎生叶 1 片或缺，较短；叶片扁平或边缘内卷。花序由 2 ～ 8 个头状花序排成顶生聚伞状；叶状总苞片 1 ～ 2 片，线状披针形，顶端细长，常超出花序；头状花序含 4 ～ 10 朵花；苞片 2 ～ 3 片，披针形，常短于花；花被片披针形，外轮的稍长于内轮，暗褐色至淡褐色；雄蕊 6 枚，短于花被片。蒴果三棱状长圆形。种子长圆形，黄色。花期 7 ～ 8 月，果期 8 ～ 9 月。

生于山地沟谷、溪水边湿地，见于汝箕沟。

扁茎灯芯草 *Juncus gracillimus* (Buchenau) V. I. Krecz. & Gontsch.

多年生草本，簇生。根状茎横走。茎高 30 ～ 80cm。叶基生和茎生，叶鞘边缘膜质，有叶耳，叶片细长，边缘常稍卷，窄条形，长 10 ～ 16cm，宽 0.5 ～ 1mm。聚伞花序，花在分枝上单生；总苞片叶状；先出叶卵形，膜质；花被片 6 片，卵状矩圆形，顶端钝，内轮 3 片稍宽，背部褐色，边缘色淡，近膜质；雄蕊 6 枚，长约为花被片的 2/3，花药比花丝稍长或几乎等长。蒴果卵形，褐色。种子椭圆形。花期 5 ～ 7 月，果期 6 ～ 8 月。

生于山地沟谷、溪水湿地等，见于拜寺口沟。

十一　莎草科 Cyperaceae

本科共有 88 属 5000 ～ 5300 种，世界广布。中国有 33 属 865 种，全国各地均产。宁夏贺兰山产 8 属 22 种。

扁穗草属 *Blysmus* Panz.

华扁穗草　*Blysmus sinocompressus* Tang & F. T. Wang

多年生草本，高 5 ～ 26cm。具根状茎。秆直立，丛生，扁三棱形，基部具褐色的残存叶鞘，秆下部生叶。叶通常短于秆，宽 1.5 ～ 3mm，平展或内卷，边缘疏具细小齿。苞叶较花序短或稍长。穗状花序，单一，顶生，长圆形或狭长圆形，扁形；小穗 3 至 10 余个，排列成 2 列或近 2 列，密集，最下部 1 ～ 3 个小穗较疏远，卵状披针形；鳞片近 2 行排列，长卵圆形，先端急尖，锈褐色，膜质，背部具 3 ～ 5 条脉，中脉龙骨状突起，绿色；下位刚毛 3 ～ 6 条，卷曲，长约为小坚果的 3 倍，具倒生刺；雄蕊 3 枚；柱头 2 个，长为花柱的 2 倍。小坚果宽倒卵形，平凸状，深褐色。花果期 6 ～ 9 月。

生于山沟河溪边、山口湿地，见于苏峪口沟气象站、响水沟、马莲口沟、拜寺口沟。

薹草属 *Carex* L.

祁连薹草 *Carex allivescens* V. I. Krecz.

多年生草本，高 15 ~ 20cm。具匍匐根状茎。秆直立，纤细，三棱形，上部微粗糙，下部生叶，基部具红棕色叶鞘。叶片扁平，短于或长于秆，宽 2 ~ 4mm，腹面及边缘粗糙。小穗 3 ~ 4 个，顶生小穗雄性，矩圆状圆柱形，鳞片倒卵形或倒卵状椭圆形，先端圆钝或急尖，具 1 条脉，淡锈色或苍白色，边缘宽膜质；侧生小穗雌性，矩圆状倒披针形，上部小穗接近，基部小穗远离，小穗具柄；苞片叶状，稍短于花序或近等长，具膜质鞘；雌花鳞片卵形，先端渐尖，具 1 条脉，淡锈色，边缘宽膜质；花柱基膨大，柱头 3 个。果囊椭圆形，略三棱形，下部褐色，上部色淡，全体被短柔毛，先端渐狭成短喙，喙口具 2 个微齿。小坚果倒卵形，三棱状。花果期 6 ~ 8 月。

生于海拔 2600 ~ 3000m 的高山灌丛或林缘下，见于苏峪口沟、响水沟。

短鳞薹草 *Carex augustinowiczii* Meinsh. ex Korsh.

多年生草本。秆丛生，高 30 ~ 50cm，三棱形，纤细，稍粗糙，基部叶鞘无叶片，紫红褐色，稍细裂成纤维状。叶稍短于秆或与秆近等长，宽 2 ~ 3mm，绿色，柔软；苞片最下部的 1 片叶状，其余的为刚毛状。小穗 3 ~ 5 个，稍疏离，顶生 1 个雄性，圆柱形；侧生小穗雌性，稀基部具极少雄花，圆柱形；最下部的 1 个小穗具短柄，其余近无柄。雌花鳞片长圆形，中间淡绿色，两侧暗血红色或紫红色；花柱细长，基部不增大，柱头 3 个。果囊长于鳞片，卵状披针形或长圆状披针形，不明显三棱状，淡灰绿或黄绿色，具多条细脉，基部近楔形，柄极短，顶端渐窄为喙，喙口微凹。小坚果椭圆形，三棱状。花果期 5 ~ 6 月。

生于海拔约 2400m 的溪流湿地，见于响水沟。

褐果薹草　*Carex brunnea* Thunb.

多年生草本。根状茎丛生。秆高 20 ～ 90cm，纤细，三棱柱形，基部具深褐色呈纤维状分裂的枯死叶鞘。叶短于或长于秆，宽 2 ～ 3mm，粗糙。小穗多数，疏远，单生或 2 ～ 5 个并生，雄雌顺序，圆柱形，疏生花；穗梗直立；下部苞片叶状，具长苞鞘，上部的刚毛状；雌花鳞片椭圆形，锈色，顶端渐尖或锐尖，具短尖，中肋粗糙；花柱基部增大，柱头 2 个，稍长于果囊。果囊近圆形或宽卵形，平凸状，长于鳞片，膜质，栗褐色，有多数脉，上部被短粗毛，顶端聚缩成中等长的喙，喙顶端具 2 个小齿。小坚果卵形，平凸状。

生于海拔 3100 ～ 3500m 的高山草甸与灌丛，见于山脊两侧以及贺兰口沟。

扁囊薹草 *Carex coriophora* Fisch. et C. A. Mey. ex Kunth

多年生草本。根状茎短，具匍匐茎。秆高 50 ～ 70cm，三棱形，平滑，叶鞘淡褐色，纤维状。叶短于秆，长约为秆的 1/3，宽 3 ～ 5mm，淡绿色，先端渐尖，质硬，上端边缘粗糙；苞片叶状，短于花序，具鞘。小穗 3 ～ 5 个，顶生 1 ～ 2 个为雄性，长圆形；其余小穗雌性，椭圆形或长圆形，密生花；小穗柄纤细，弯曲或下垂，平滑。雌花鳞片长圆形或披针形，下部淡锈色，上部紫褐色，背面中间黄绿色，具白色膜质窄边缘；花柱细，直立，基部不膨大，柱头 3 个。果囊长于鳞片，宽椭圆形，极扁，三棱状，褐色，具淡绿色边缘，无毛，无脉或具不明显细脉，有时上部两侧边缘疏生小刺，具短柄，喙短，圆柱形，喙口白色膜质，具 2 个微齿。小坚果疏松地包于果囊中，淡黄色。花果期 6 ～ 8 月。

生于海拔 2400 ～ 2800m 的沟谷溪流湿地，见于苏峪口沟。

寸草 *Carex duriuscula* C. A. Mey.

草本。根状茎细长、匍匐。秆高 5 ～ 20cm，纤细，平滑，基部叶鞘灰褐色，裂成纤维状。叶短于秆，宽 1 ～ 1.5mm，内卷成针状，边缘稍粗糙；苞片鳞片状。穗状花序卵形或球形；小穗卵形，密生，雄雌顺序，具少数花。雌花鳞片宽卵形或椭圆形，锈褐色，边缘及先端白色膜质，具短尖；花柱基部膨大，柱头 2 个。果囊宽椭圆形或宽卵形，平凸状，革质，锈色或黄褐色，成熟时稍有光泽，多脉，基部有海绵状组织，柄粗短，喙短，喙缘稍粗糙，喙口白色膜质，斜截。小坚果稍疏松地包于果囊中，近圆形或宽椭圆形。花果期 4 ～ 6 月。

生于山麓荒漠草原及山地草原，山体各个沟道均有分布。

细叶薹草　*Carex duriuscula* subsp. *stenophylloides* (V. I. Krecz.) T. V. Egorova

多年生草本。秆高 5 ～ 20cm，纤细，平滑，基部叶鞘灰褐色，裂成纤维状。叶短于秆，宽 1 ～ 1.5mm，内卷成针状，边缘稍粗糙；苞片鳞片状。穗状花序卵形或球形；小穗 3 ～ 6 个，卵形，密生，雄雌顺序，少花。雌花鳞片宽卵形或椭圆形，锈褐色，边缘及先端白色膜质，具短尖；花柱基部膨大，柱头 2 个。果囊卵形或卵状椭圆形，平凸状，革质，锈色或黄褐色，成熟时稍有光泽，多脉，基部有海绵状组织，柄粗短，喙较长，喙缘稍粗糙，喙口白色膜质，斜截。果囊较大，长 3.5 ～ 4.5mm，卵形或卵状椭圆形，顶端渐狭成较长的喙。花果期 4 ～ 6 月。

生于海拔 1400 ～ 2400m 的沟谷林缘，见于拜寺口沟、苏峪口沟等处。

点叶薹草 *Carex hancockiana* Maxim.

草本。秆丛生，高 30 ～ 80cm，纤细，三棱形，上部稍粗糙，基部叶鞘无叶片，紫红色，细裂成网状。叶片短于或长于秆，宽 2 ～ 5mm，平展，边缘粗糙，背面密生小点；苞片叶状，长于花序，无鞘。小穗 3 ～ 5 个，顶生 1 个，雌雄顺序，圆柱形，长 1 ～ 2cm，密生花；小穗柄纤细，常下倾；侧生小穗雌性，长圆形，上部的渐短。雌花鳞片卵状披针形，紫褐色，中部淡绿色，具宽的白色膜质边缘，3 条脉；柱头 3 个。果囊长于鳞片，椭圆形或倒披针形，肿胀，成熟后平展，黄绿色，脉不明显，基部渐窄，顶端具短喙，喙口具 2 个齿。小坚果倒卵形，三棱状。花果期 6 ～ 7 月。

生于海拔 2000 ～ 2400m 的山地林缘或溪流边，见于苏峪口沟、插旗口沟、黄旗口沟。

大披针薹草 *Carex lanceolata* Boott

多年生草本。秆高 10 ～ 30cm，纤细，扁三棱状。叶宽 1 ～ 2.5mm，花后延伸。小穗 3 ～ 6 个，疏远；雄小穗顶生，矩圆形；雌小穗侧生，矩圆形，花疏生；基部小穗具梗；穗轴曲折；苞鞘淡绿色，边缘膜质，苞片针状；雌花鳞片披针形或倒卵状披针形，顶端锐尖，中间淡绿色，两侧紫褐色，具白色宽的膜质边缘；花柱短，柱头 3 个。果囊倒卵状椭圆形，有三棱，密被短柔毛，脉明显隆起，顶端具极短的喙，喙口近截形。小坚果倒卵状椭圆形，有三棱，棱面凹，顶端具喙。

生于海拔 1900 ～ 2400m 的山地林缘或灌丛中，见于苏峪口沟。

膨囊薹草　*Carex lehmannii* Drejer

多年生草本。秆高 15 ～ 70cm，纤细，三棱形，基部具紫棕色鞘。叶与秆近等长，叶片线形，宽 2 ～ 5mm，平软。总苞片叶状，长于花序。顶生穗状花序雌雄同体，长圆形，长 5 ～ 8mm；侧生穗状花序雌性，卵形或长圆形；上部穗状花序具短花序梗或近无柄，最下部的具花序梗。雌性颖片深紫色或深棕色，宽卵形，具 1 条脉，先端钝或亚尖。花柱短，柱头 3 个。果囊黄绿色，长于颖片，倒卵形或倒卵状椭圆形，膨大，先端突然收缩成短喙，喙口微缺或截形。小坚果倒卵形、三棱形。花果期 7 ～ 8 月。

生于海拔 2400 ～ 2600m 的林缘或沟谷溪边，见于苏峪口沟兔儿坑。

黄囊薹草 *Carex korshinskyi* Kom.

草本。根状茎细长，匍匐或斜升。秆密丛生，高 15 ～ 35cm，纤细，扁三棱形，上部微粗糙，基部具少数淡黄褐或红褐色无叶片的鞘，残存老叶鞘常裂成纤维状。叶宽 1 ～ 2mm，稍坚挺，腹面和边缘粗糙，具叶鞘；苞片鳞片状，最下部苞片有的具长芒。小穗 2 ～ 3 个，上部的雌小穗靠近顶生雄小穗，最下部的雌小穗稍疏离，雄小穗顶生，棒形或披针形，无柄；雌小穗侧生，卵形或近球形，密生几朵至 10 余朵花，无柄。雌花鳞片卵形，先端急尖，褐色，边缘白色透明，具 1 条中脉；花柱基部稍增粗，柱头 3 个。果囊斜展，后期稍叉开，椭圆形或倒卵形，鼓胀三棱形，革质，鲜黄色，平滑，有光泽，喙短，喙口斜截或微缺。小坚果紧包于果囊内，椭圆形，三棱形，灰褐色，顶端具小短尖。花果期 7 ～ 9 月。

生于海拔 2000 ～ 2400m 的林缘或灌丛中，见于苏峪口沟、黄旗口沟、插旗口沟、甘沟。

欧亚薹草 *Carex oederi* Retz.

多年生丛生草本。秆直立，钝三棱形，光滑，高 5 ～ 20cm，宽约 0.5mm。基部叶通常比茎长，宽 1.75 ～ 2mm，扁平，稍硬；鞘淡白色，后来变褐色。穗（3 ～）4 ～ 5 个，长 4 ～ 7mm，顶端雄性花，直立，粗约 2mm；侧面雌花或雌雄同株，张开或稍张开，粗 5 ～ 6mm，略密，上部无梗或有极短的梗，下部短且常被包裹在苞叶内，最下面的有时远离或分散。下部的苞片叶状或近叶状，短抱茎，上部较小，几不抱茎。雌花鳞片舟状卵形，顶端稍尖或钝，白色或淡黄色，侧面无脉络，中脉带有 1 条中央脉，向上汇合到尖端。果囊椭圆形或卵形，近三棱形，淡绿黄色或黄色，膜质，多脉，光滑，基部几乎无梗，顶端渐狭呈喙状；喙长约 1mm，喙口具 2 个小齿。花柱基部略微增粗，花柱头 3 个。瘦果卵状，褐色，三棱形，具细短的喙。花果期 5 ～ 6 月。

生于海拔 1400 ～ 1600m 的沟谷溪流边，见于居士沟。

嵩草　*Carex myosuroides* Vill.

多年生草本。根状茎短。秆密丛生，高 10 ～ 50cm，直径 1mm 以下，基部具褐色有光泽的宿存叶鞘；先出叶卵形或长圆形，长 2 ～ 3.5mm，膜质，下部白色，上部栗褐色，腹面边缘分离至 2/3，背面具微粗糙的 2 个脊，脊间无脉。穗状花序线状圆柱形；支小穗多数，顶生的雄性，侧生的雄雌顺序，基部雌花以上具 1 朵雄花；雌花鳞片长圆形或披针形，先端钝或渐尖，纸质，栗褐色，有光泽，有宽的白色膜质边缘；花柱基部稍增粗，柱头 3 个，有时 2 个。小坚果倒卵圆形或长圆形，三棱状，有时为双凸状，暗灰褐色，有光泽，几无柄，具短喙。花果期 5 ～ 9 月。

生于海拔 2800 ～ 3400m 的高山灌丛草甸，见主峰下山脊两侧。

高原嵩草 *Carex coninux* (F. T. Wang & Tang) S. R. Zhang

多年生草本。根状茎短。秆密丛生，低矮，高 2 ～ 12cm，基部具褐色宿存叶鞘，先出叶长圆形，长 4 ～ 5.5mm，膜质，淡褐色，腹面边缘分离至基部，背面有微粗糙的 2 个脊，脊间有 1 ～ 2 条短脉；穗状花序椭圆形或长圆形；支小穗少数，密生，顶生的雄性，侧生的雄雌顺序，基部雌花以上具 3 ～ 4 朵雄花；雌花鳞片长圆形或披针形，先端钝或锐尖，纸质，两侧褐色淡褐色，有白色膜质的边缘，中间绿色，有 3 条脉，基部 1 片鳞片具短芒；花柱基部不增粗，柱头 2 个。小坚果倒卵圆形或长圆形，双凸状或平凸状，几无柄，具短喙，暗灰褐色，有光泽。花果期 5 ～ 10 月。

生于海拔 2900 ～ 3200m 的高山草甸，见于山脊两侧。

高山嵩草 *Carex parvula* O. Yano

垫状草本。秆高 1 ～ 35cm，基部具密的褐色宿存叶鞘。先出叶椭圆形，长 2 ～ 4mm，膜质，褐色，先端白色，腹面边缘分离达基部，背面具粗糙的 2 个脊；穗状花序雄雌顺序，稀雌雄异序，椭圆形；支小穗 5 ～ 7 个，密生，顶生及上部的 2 ～ 3 个雄性，侧生的雌性，稀全为单性；雌花鳞片宽卵形，先端圆或钝，具短尖或短芒，纸质，褐色，具白色的窄膜质边缘，中部淡黄绿色，有 3 条脉；花柱短，基部不增粗，柱头 3 个。小坚果椭圆形或倒卵状椭圆形，扁三棱状。花果期 6 ～ 8 月。

生于海拔 2800 ～ 3500m 的高山草甸及岩石缝中，见于苏峪口沟。

荸荠属 *Eleocharis* R. Br.

卵穗荸荠　*Eleocharis ovata* (Roth) Roem. & Schult.

一年生草本。秆多数丛生，高 10 ～ 50cm，圆柱状，细瘦。叶缺如，只在秆的基部具 1 ～ 3 个叶鞘，叶鞘的上部淡绿色或麦秆黄色，下部微红色，鞘口斜，先端急尖或具小尖头。小穗卵形，锈色，含多数花；小穗基部有 2 片无花鳞片，最下面 1 片抱小穗基部近一周或达一周的 3/4；其余鳞片全有花，小，卵形，背面绿色，具 1 条脉，两边红色，边缘膜质；下位刚毛 6 条，具倒刺；柱头 2 个；花柱基为扁三角形，长为小坚果的 1/3，宽为小坚果的 1/2。小坚果倒卵形。花果期 8 ～ 12 月。

生于山地沟谷、溪水边，见于汝箕沟。

三棱草属 *Bolboschoenus* (Asch.) Palla

扁秆荆三棱　*Bolboschoenus planiculmis* (F. Schmidt) T. V. Egorova

多年生草本。秆直立，单生，高 25 ～ 80cm，三棱形，较细弱，平滑，具秆生叶。叶鞘较长，叶片扁平，较秆短或长，宽 3 ～ 5mm，先端渐尖。叶状苞片 1 ～ 3 片，长于花序，边缘粗糙。长侧枝聚伞花序头状，具 2 ～ 3 个辐射枝和 1 ～ 9 个小穗；小穗卵形、卵状长圆形；鳞片膜质，长圆形或椭圆形，褐色或深褐色，疏被柔毛，中肋稍宽，先端稍缺刻状撕裂，具芒；下位刚毛 4 ～ 6 个，生倒刺，长为小坚果的 1/2 ～ 2/3；雄蕊 3 枚；花柱细长，柱头 2 个。小坚果宽倒卵形或三角状宽倒卵形，扁平。花果期 7 ～ 9 月。

生于山麓低洼湿地或沟谷溪流，见于大武口沟、拜寺口沟、马莲口沟。

水葱属 *Schoenoplectus* (Rchb.) Palla

水葱 *Schoenoplectus tabernaemontani* (C. C. Gmel.) Palla

多年生草本。秆直立，丛生，高 40 ～ 120cm，圆柱形，平滑。秆下部具 3 ～ 4 个叶鞘；叶片扁平，线形，长 1.5 ～ 6.5cm，宽 2 ～ 4mm，边缘粗糙。苞片 1 片，较花序短，钻形。长侧枝聚伞花序简单或复出，假侧生，具 5 ～ 15 个辐射枝，长短不等，边缘粗糙；小穗单生或 2 ～ 5 个簇生，狭卵形、卵形或卵状椭圆形，具多数花；鳞片卵状椭圆形或椭圆形，顶端微凹，背面具 1 条中脉，在顶端延伸呈芒尖，两侧棕褐色，具深褐色小突点，边缘狭膜质，具短缘毛；下位刚毛 6 条，与小坚果等长，具倒生刺毛；雄蕊 3 枚；柱头 2 个。小坚果倒卵形。花果期 6 ～ 9 月。

生于山麓低洼湿地或沟谷溪流，见于大武口沟。

三棱水葱　*Schoenoplectus triqueter* (L.) Palla

多年生草本。秆散生，粗壮，高 20 ～ 90cm，三棱形，基部具 2 ～ 3 个鞘，鞘膜质，横脉明显隆起，最上面 1 个鞘顶端具叶片。叶片扁平，长 1.3 ～ 5.5cm，宽 1.5 ～ 2mm。苞片 1 片，三棱形。简单长侧枝聚伞花序假侧生，有 1 ～ 8 个辐射枝；辐射枝三棱形，粗糙，辐射枝顶端有 1 ～ 8 个簇生的小穗；小穗卵形或长圆形，密生许多花；鳞片长圆形、椭圆形或宽卵形，膜质，黄棕色，背面具 1 条中肋，稍延伸出顶端呈短尖，边缘疏生缘毛；下位刚毛 3 ～ 5 条，几等长或稍长于小坚果，全都生有倒刺；雄蕊 3 枚；花柱短，柱头 2 个，细长。小坚果倒卵形，平凸状，成熟时褐色，具光泽。花果期 6 ～ 9 月。

生于山麓低洼湿地或沟谷溪流，见于大武口沟。

莎草属 *Cyperus* L.

褐穗莎草　*Cyperus fuscus* L.

一年生草本。秆直立，丛生，高 6 ～ 20cm，三棱形。秆下部具少数叶，叶鞘短，紫红色，叶片较秆稍短或稍长，宽 1.5 ～ 3mm，扁平或有时向内对折；苞片 2 ～ 3 片，叶状，远长于花序。长侧枝聚伞花序复出或简单，具 3 ～ 5 个辐射枝，长短不等，第二次辐射枝短，基部具 2 片膜质鳞片；小穗线状披针形，具 8 ～ 18 朵花，扁平，5 ～ 15 个小穗排列成稍疏松的头状花序；鳞片覆瓦状排列，宽卵形，先端具小突尖，中部黄绿色，两侧褐色，具 3 条不明显的脉；雄蕊 2 枚；柱头 3 个。小坚果椭圆形，三棱形，光滑。花果期 7 ～ 9 月。

生于沟谷溪水边、山前水塘、涝坝中，见于汝箕沟、大水沟。

花穗水莎草 *Cyperus pannonicus* Jacq.

多年生草本。秆密丛生，高 8 ～ 15cm，扁三棱形，平滑，基部具 1 片叶。叶鞘较长，叶片极短，刚毛状，长不超过 2.5cm，宽约 1mm。苞片 3 片，其中 1 片长，2 片短，基部稍扩大，边缘膜质。长侧枝聚伞花序简单，具 2 ～ 6 个无柄小穗，聚集成头状，呈假侧生；小穗椭圆形，稍膨胀，具 10 ～ 30 朵花；鳞片覆瓦状排列，卵圆形，先端尖，背面黄绿色，具不明显的多数脉，两侧暗红色；雄蕊 3 枚，柱头 2 个。小坚果椭圆形，平凸状，黄色，光滑。花果期 7 ～ 9 月。

生于沟谷溪水边、山口沟渠积水地，见于插旗口沟口、苏峪口沟、马莲口沟。

扁莎属 *Pycreus* P. Beauv.

红鳞扁莎　*Pycreus sanguinolentus* (Vahl) Nees ex C. B. Clarke

一年生草本。秆丛生，高 5 ～ 25cm，扁三棱形，平滑。叶鞘红褐色，具纵肋；叶片条形，扁平，短于秆，宽 1 ～ 2mm。苞片 2 ～ 3 片，叶状，不等长，长为花序的 1 ～ 2 倍；长侧枝聚伞花序短缩成头状或具 1 ～ 4 个不等长的辐射枝，辐射枝着生多数小穗；小穗长卵形或矩圆形，具 5 ～ 15 朵花；鳞片覆瓦状排列，卵圆形，背部绿色，具 3 条脉，两侧具淡绿色的宽槽，外侧紫红色，边缘白色膜质；雄蕊 3 枚。柱头 2 个。小坚果倒卵形，双凸状灰褐色，具细点。花果期 7 ～ 9 月。

生于沟谷溪边、山前水库、涝坝中，见于黄旗口沟、汝箕沟、马莲口沟。

十二　禾本科 Poaceae

本科共有 791 属 11000 余种，世界广布。中国有 226 属近 1800 种，另引种栽培 30 余属，全国广布。宁夏贺兰山产 36 属 78 种。

臭草属 *Melica* L.

细叶臭草　*Melica radula* Franch.

多年生草本，高 30 ～ 40cm。秆直立，较细弱，基部密生分蘖。叶鞘长于节间；叶舌短；叶片长 5 ～ 12cm，宽 1 ～ 2mm，通常纵卷成线形。圆锥花序极狭窄，具稀少的小穗或几成总状；小穗通常含 2 朵孕性小花，顶生不孕外稃结成球形或长圆形；颖几等长，长圆状披针形，先端尖，第一颖具 1 条明显的脉（侧脉不明显），第二颖具 3 ～ 5 条脉，外稃披针形，先端稍钝，具 7 条脉，背部颗粒状粗糙；内稃短于外稃，脊具短纤毛。花果期 6 ～ 8 月。

生于海拔 1500 ～ 2300m 的低山丘陵、沟谷，见于苏峪口沟、黄旗口沟。

臭草　*Melica scabrosa* Trin.

多年生草本，高 30 ～ 70cm。秆直立或基部膝曲，丛生，基部常密生分蘖。生于下部的叶鞘长于节间，而上部者短于节间；叶舌透明，膜质，顶端撕裂而两侧下延；叶片质较薄，长 6 ～ 15cm，宽 2 ～ 7mm。圆锥花序狭窄，分枝直立或斜向上升；小穗柄短，线形弯曲，上部被微毛；小穗含 2 ～ 4 朵孕性小花，顶部由数个不孕外稃集成小球形；颖几等长，膜质，具 3 ～ 5 条脉，背部中脉常生微小纤毛；外稃具 7 条脉，背部颗粒状粗糙；内稃短于外稃或上部花中与其等长，先端钝，脊具微小纤毛。花果期 6 ～ 8 月。

生于海拔 1800 ～ 2400m 的阳坡岩石缝中，见于插旗口沟、苏峪口沟、黄旗口沟、小口子沟。

抱草 *Melica virgata* Turcz. ex Trin.

多年生草本，高 30 ～ 70cm。秆直立，丛生。叶鞘通常长于节间，无毛；叶舌干膜质；叶片质较硬，长 7 ～ 15cm，宽 2 ～ 4mm，腹面疏生柔毛，背面微粗糙，通常内卷。圆锥花序细长，小穗柄先端稍膨大，被微毛；小穗具 2 ～ 3 朵孕性小花，成熟后呈紫色；颖不相等，先端尖，第一颖卵形，具 3 ～ 5 条不明显的脉，第二颖宽披针形，具明显的 5 条脉；外稃披针形，顶端钝，具 7 条脉，背部颗粒状粗糙且具长糙毛；内稃略短于外稃或与其等长，脊具微细纤毛。花果期 7 ～ 8 月。

生于海拔 2000 ～ 2400m 的石质山坡草地，见于插旗口沟、苏峪口沟。

针茅属 *Stipa* L.

狼针茅 *Stipa baicalensis* Roshev.

多年生草本，高 55 ～ 100cm。秆粗壮，直立，丛生，具 3 ～ 4 节，基部密生分蘖及残存枯萎叶鞘。秆生叶舌厚膜质，披针形，先端尖，两侧下延与叶鞘边缘结合；叶片纵卷成针形。圆锥花序基部常为叶鞘所包被，开展，分枝细弱；小穗灰绿色或成熟后呈紫褐色；颖近等长，膜质，先端丝状，第一颖具 3 条脉，第二颖具 5 条脉；外稃顶端关节处生 1 圈短毛，其下无刺毛，背部具成纵行分布的贴生短毛，基盘尖锐，密被柔毛；芒二回膝曲，扭转，无毛。花果期 6 ～ 8 月。

生于海拔 2000 ～ 2500m 的林缘、灌丛或山坡草地，见于苏峪口沟、黄旗口沟、贺兰口沟。

阿尔巴斯针茅 *Stipa albasiensis* L. Q. Zhao & K. Guo

多年生草本，密集丛生。秆高 15 ～ 30cm，具 2 ～ 3 节，低节间具毛。基生叶为秆长的 1/2 ～ 3/4；叶鞘短于节间，粗糙或具毛；叶片针状，卷曲，外表光滑；基生叶的叶舌钝圆，具稀疏的短睫毛，秆叶的叶舌圆形，具短睫毛。圆锥花序紧缩，长 6 ～ 9cm；具 1 ～ 2 个小穗。小穗浅灰绿色；外稃狭披针形，与内稃等长或略长，边缘和顶端膜质，顶端渐尖成脆弱的细丝状延伸；芒坚硬，易脱落，长 5.5 ～ 7cm，全被毛，一回膝曲，芒柱长 1.4 ～ 1.8cm，扭曲，芒柱下半部毛长约 0.5mm，上半部毛长 1 ～ 2mm，芒针长 4 ～ 5.5cm，线状或镰状，具羽毛状毛，毛长 2 ～ 3mm。颖果长 7 ～ 9mm，具纵向线状毛，顶端具毛环。花果期为 5 ～ 7 月。

生于石质山坡或山前洪积扇上，见于三关口、滚钟口、苏峪口附近洪积扇上。

异针茅　*Stipa aliena* Keng

多年生草本。秆高 20 ～ 40cm，具 1 ～ 2 节。叶鞘光滑，长于节间；叶舌顶端钝圆或 2 裂，背部具微毛，基生叶舌较短；叶片纵卷成线形，腹面粗糙，背面光滑，基生叶长为秆高的 1/2 或 2/3。圆锥花序较紧缩，分枝斜向上升；小穗灰绿色带紫色；颖披针形，先端细渐尖，具 5 ～ 7 条脉；外稃背部遍生短毛，具 5 条脉，基盘尖锐，密生短毛，芒二回膝曲，扭转，第二芒柱与第一芒柱几等长，被微毛，芒针无毛；内稃与外稃等长，具 2 条脉，背部具短毛。颖果圆柱形，具浅腹沟。花果期 7 ～ 9 月。

生于海拔 3000m 以上的高山草甸或灌丛中，见于主峰附近。

短花针茅 *Stipa breviflora* Griseb.

多年生草本，高 26 ～ 44cm。秆直立或有时基部膝曲，丛生，基部具残存枯萎的叶鞘。叶鞘短于节间，多无毛；叶舌膜质，圆钝；叶片纵卷成针状，茎生叶长 4 ～ 7cm，分蘖的叶片长可达 20cm。圆锥花序稍开展，下部为叶鞘所包被，分枝细瘦，光滑，小穗灰绿色或淡紫褐色；颖近等长，具 3 条脉，先端长渐尖；外稃具 5 条脉，顶端关节周围有短毛，其下具短硬毛，背部具排列成纵行的短毛，基盘尖，密生柔毛；芒二回膝曲，扭转，全体被白色柔毛。花果期 5 ～ 6 月。

生于浅山山坡草地，为东坡习见植物。

长芒草 *Stipa bungeana* Trin.

多年生草本，高 40 ～ 60cm。秆直立，丛生，具 2 ～ 5 节，基部具分蘖和残存枯萎的叶鞘。叶鞘短于节间，无毛；叶舌膜质，卵状披针形，先端尖，两侧下延与叶鞘边缘结合；叶片纵卷成针形，秆生者长 3 ～ 6cm，分蘖者长可达 15cm。圆锥花序开展，分枝细长，2 ～ 5 个丛生；小穗灰绿色或成熟后呈淡紫色；颖等长或第一颖稍短，先端延伸成细芒状，膜质；顶端关节处具 1 圈短毛，其下微具刺毛，基盘尖锐，密被柔毛；芒二回膝曲，扭转，无毛。花果期 5 ～ 8 月。

生于山麓干沟、河床、浅山石质山坡，为东坡习见植物。

沙生针茅　*Stipa caucasica* subsp. *glareosa* (P. A. Smirn.) Tzvelev

多年生草本，高 25 ~ 36cm。秆直立，丛生，具 1 ~ 2 节，基部密生分蘖及残存枯萎的叶鞘。叶鞘被微毛或无毛；秆生叶舌具纤毛或无毛；叶片纵卷成针状，粗糙，秆生叶长 2 ~ 5cm，分蘖叶长达 20cm 以上，无毛。圆锥花序的基部通常包于疏松的叶鞘内，分枝简短，多数仅具 1 个小穗；颖近等长，膜质，尖披针形，基部具 3 ~ 5 条脉，革质，草黄色或带紫色，背面具排列成纵行的短毛，顶端关节处具 1 圈短毛，基盘尖锐，一回膝曲，芒柱扭转；内稃与外稃等长，具 1 条脉，背部略被短柔毛。花果期 5 ~ 7 月。

生于冲沟或干河床外缘沙砾地，见于东坡北端各沟道。

大针茅 *Stipa grandis* P. A. Smirn.

多年生草本，高 50 ～ 100cm。秆直立，丛生，粗壮，基部丛生分蘖及残存枯萎叶鞘。秆生叶舌膜质，先端圆，两侧下延与叶鞘边缘结合；叶片纵卷成针状，秆生者长达 50cm。圆锥花序稍开展，基部常为叶鞘所包被，分枝细弱，向上伸；小穗淡绿色或成熟后呈紫色；颖近等长，膜质，狭披针形，先端丝状，第一颖具 3 条脉，第二颖具 5 条脉；外稃具 5 条脉，顶端关节处生 1 圈短毛，其下无刺毛，背部具成纵行分布的贴生短毛，基盘长约 4mm，尖锐，密生柔毛，芒二回膝曲，扭转，无毛，边缘微粗糙，芒针丝状，卷曲。花果期 6 ～ 8 月。

生于海拔 1800 ～ 2400m 的干燥山坡，见于苏峪口沟、大水沟、汝箕沟、甘沟等。

甘青针茅 *Stipa przewalskyi* Roshev.

多年生草本，高 40 ～ 90cm。秆直立或斜升，丛生，具 2 ～ 3 节，光滑，基部丛生分蘖及残存枯萎叶鞘。叶鞘松弛，短于节间或下部的长于节间，无毛；秆生叶舌披针形，两侧下延与叶鞘边缘结合；叶片纵卷成针状，秆生者长 3 ～ 19cm，分蘖者长可达 30cm，腹面被微毛，背面微粗糙。圆锥花序，分枝并生；小穗灰绿色，成熟后变紫色；两颖近等长，披针形，先端膜质尖尾状，第一颖具 3 条脉，第二颖具 5 条脉；外稃具 5 条脉，顶端关节处生 1 圈短毛，其下具微刺毛，背部具成纵行分布的短毛，基盘尖锐，密被毛；芒二回膝曲，扭转，角棱上具短刺毛。花果期 5 ～ 6 月。

生于海拔 1600 ～ 2000m 的石质山坡、沟谷草地，见于苏峪口沟、大水沟、汝箕沟、甘沟等。

西北针茅 *Stipa sareptana* var. *krylovii* (Roshev.) P. C. Kuo & Y. H. Sun

多年生草本，高 30 ～ 80cm。秆直立，丛生，具 3 ～ 4 节，基部具多数分蘖和残存的叶鞘，无毛。叶鞘短于节间，无毛；秆生叶舌膜质，先端尖，两侧下延与叶鞘边缘结合；叶片纵卷成针状。圆锥花序，其下部为叶鞘所包被，分枝 2 ～ 4 个，细弱，丛生；小穗草绿色，成熟时变紫色；颖近等长，膜质，狭披针形，具 2 ～ 5 条脉，先端细丝形，外稃常具 5 条脉，顶端关节处具 1 圈短毛，其下无明显刺毛，背部具成纵行分布的短毛，基盘尖锐，密生柔毛；芒二回膝曲，扭转，无毛，芒针卷曲；内稃与外稃等长，具 2 条脉，无脊。花果期 5 ～ 7 月。

生于海拔 1800 ～ 2000m 的林缘草地，为东坡习见植物。

戈壁针茅 *Stipa tianschanica* var. *gobica* (Roshev.) P. C. Kuo & Y. H. Sun

多年生草本，高 19 ～ 35cm。秆直立或斜升，丛生，基部密生分蘖及残存枯萎的叶鞘。叶鞘通常短于节间，光滑；叶舌膜质，具纤毛；叶片内卷成针形，长 4 ～ 6cm，分蘖者长达 16cm。圆锥花序，基部常包于疏松的叶鞘内；分枝简短，细弱，具 1 ～ 2 个小穗；小穗灰绿色或淡黄色，颖尖披针形，边缘透明膜质，先端延伸成丝状，两颖等长或第一颖稍长，第一颖具 1 条脉，第二颖具 3 条脉；外稃具 5 条脉，草质，背部具排列成纵行的短毛；基盘尖，呈喙状，密生白色短柔毛；芒一回膝曲，芒柱扭转，无毛，芒针具白色长柔毛；内稃具 2 条脉，无脊，被外稃紧紧包裹。花果期 5 ～ 6 月。

生于海拔 2000 ～ 2200m 的石质山坡，为东坡习见植物。

石生针茅 *Stipa tianschanica* var. *klemenzii* (Roshev.) Norl.

多年生草本，高 40 ～ 55cm。秆直立，丛生，基部密生分蘖及残存枯萎的叶鞘。叶鞘通常短于节间，无毛或被微毛；叶舌膜质，具白色纤毛；叶片常内卷成针形。圆锥花序长 7 ～ 15cm；颖等长，尖披针形，边缘膜质，先端延伸成丝状，第一颖具 1 条脉，第二颖具 3 条脉；外稃（连同基盘）背部具排列成纵行的短毛；基盘尖成喙状，密生白色细柔毛；芒一回膝曲，芒柱扭转，长 2.5 ～ 3cm，无毛，芒针长达 10cm，具长 5mm 的柔毛。花果期 4 ～ 7 月。

生于山麓或石质山坡，为东坡习见植物。

细柄茅属 *Ptilagrostis* Griseb.

细柄茅　*Ptilagrostis mongholica* (Turcz. ex Trin.) Griseb.

多年生草本，高 20 ～ 60cm。秆直立或基部稍倾斜，密丛生，光滑或上部具纵行排列的微毛。叶鞘紧密裹茎，粗糙或光滑，具狭膜质边缘；叶舌膜质，先端钝或锐尖；叶片内卷，长 2 ～ 4cm，脉及边缘微粗糙。圆锥花序开展，分枝细弱，呈毛细管状，常成对孪生，有时单生，分枝腋间或小穗柄基部通常膨大；小穗带灰色或暗紫色，小穗柄细长；颖膜质，几等长，先端尖或稍钝，具 3 ～ 5 条脉，边脉甚短；外稃具 5 条脉，上部几无毛，下部被柔毛，基盘稍钝圆，被短柔毛，芒自顶端裂齿间伸出，遍生短柔毛，中部膝曲，下部扭转；内稃与外稃等长，背部圆形，散生柔毛。花果期 7 ～ 8 月。

生于海拔 2900m 以上的高山灌丛草甸，见于山脊两侧。

中亚细柄茅 *Ptilagrostis pelliotii* (Danguy) Grubov

多年生草本，高 15 ～ 30cm。秆直立，丛生，具 2 ～ 4 节，基部具纤维状残存的叶鞘。叶片纵卷成针状，长 3 ～ 4cm，分蘖叶长可达 11cm；叶鞘紧密裹茎，平滑，先端及边缘具短柔毛。圆锥花序开展，分枝通常成对，细弱，小穗柄微弯曲；小穗含 1 朵花，枯黄色或淡绿色；颖狭披针形，近等长，膜质；外稃长 2 ～ 4mm，全体被白色柔毛，具 5 条脉，芒自顶端裂齿间伸出，羽毛状，弯曲或呈镰刀状；内稃披针形，膜质；雄蕊 3 枚，几不外露，花药无毛；花柱 2 个，略叉开，羽毛状。花果期 6 ～ 9 月。

生于低山丘陵或石质山坡，为东坡习见植物。

羽茅属 *Achnatherum* P. Beauv.

醉马草 *Achnatherum inebrians* (Hance) Keng ex Tzvelev

多年生草本，高 40 ～ 100cm。秆直立，丛生，无毛或节下贴生微毛；叶鞘短于节间，稍粗涩；叶舌膜质，较硬，长约 1mm；叶片质地较硬，直立，通常卷折，长 10 ～ 30cm，宽 2 ～ 7mm。圆锥花序紧缩成线形，直立，成熟时抽出甚长；小穗灰绿色，成熟后褐铜色或带紫色；颖近等长，先端尖常破裂，膜质，具 3 条脉；外稃顶端具 2 个微齿，背部遍生柔毛，具 3 条脉，被柔毛；芒中部以下稍扭转；内稃具 2 条脉，脉间被柔毛。花果期 7 ～ 8 月。

生于海拔 1800 ～ 2200m 的沟谷或林缘草地，为东坡习见植物。

朝阳芨芨草　*Achnatherum nakaii* (Honda) Tateoka ex Imzab

多年生草本，高 50 ～ 70cm。秆直立，丛生，无毛。叶鞘幼时边缘具睫毛，后无毛，上部边缘膜质；叶舌截平，顶端具短裂齿；叶片直立，宽 2 ～ 5mm，两面无毛，通常内卷。圆锥花序较疏松，每节具 2 ～ 3 个分枝；小穗圆柱形或披针形，草绿色、灰绿色或浅紫色；颖几相等或第一颖稍短，膜质，具 3 条脉，顶端圆钝，透明，背面密被微毛；外稃狭卵形或披针形，密被柔毛，具 3 条脉；基盘密生白色柔毛；一回膝曲或不明显二回膝曲，密被微柔毛或小刺毛，中部以下扭转；内稃与外稃等长或稍短。花果期 7 ～ 10 月。

生于海拔 1800 ～ 2000m 的石质山坡，见于黄旗口沟、甘沟、大水沟等。

京芒草 *Achnatherum pekinense* (Hance) Ohwi

多年生草本。秆直立，光滑，疏丛，高 60 ～ 100cm，具 3 ～ 4 节，基部常宿存枯萎的叶鞘，并具光滑的鳞芽。叶鞘光滑，上部者短于节间；叶舌较硬，平截，具裂齿；叶片扁平或边缘稍内卷，腹面及边缘微粗糙，背面平滑。圆锥花序开展，长 12 ～ 25cm，分枝细弱，2 ～ 4 枚簇生，中部以下裸露，上部疏生小穗；小穗草绿色或变紫色；颖膜质，几等长或第一颖稍长，披针形，先端渐尖，背部平滑，具 3 条脉；外稃顶端具 2 个微齿，背部被柔毛，具 3 条脉，脉于顶端汇合，基盘较钝；芒长 2 ～ 3cm，二回膝曲，芒柱扭转且具微毛；内稃与外稃近等长，背部圆形，具 2 条脉，脉间被柔毛；花药黄色，长 5 ～ 6mm，顶端具毫毛。花果期 7 ～ 10 月。

生于沟谷溪边、干河床，见于小口子沟。

毛颖芨芨草 *Achnatherum pubicalyx* (Ohwi) Keng ex P. C. Kuo

多年生草本，高 70 ～ 120cm。秆直立，少数丛生，上部微粗糙，下部光滑。叶鞘边缘狭膜质；叶舌截平，顶端不规则齿裂；叶片长 20 ～ 40cm，宽 3 ～ 8mm，腹面密生短柔毛，背面粗糙，边缘常内卷。圆锥花序较紧密，不成穗状，每节具 3 ～ 4 个分枝；小穗草绿色或带紫色；颖膜质，具 3 条脉，背部贴生短毛，第二颖毛较密；外稃背部密生长柔毛，具 3 条脉，基盘密生白色柔毛；芒一回膝曲，中部以下扭转，密生短毛或小刺毛；内稃与外稃等长或稍短于外稃。花果期 7 ～ 10 月。

生于海拔 2000 ～ 2400m 的山地林缘、灌丛沟谷中，见于大水沟、贺兰口沟、苏峪口沟、黄旗口沟。

钝基草 *Achnatherum saposhnikovii* (Roshev.) Nevski

多年生草本，高 40 ～ 60cm。秆丛生，直立，细瘦，基部具残存叶鞘，无毛。叶鞘通常短于节间，紧密抱茎，无毛；叶舌膜质；叶片直立，内卷成锥形，长 3 ～ 10cm。圆锥花序紧密，长 4 ～ 7cm，宽 7 ～ 8mm，分枝长达 2cm，粗糙；小穗具短柄；颖披针形，先端渐尖，粗糙，具 3 条脉，中脉粗糙；外稃遍生短毛，先端 2 裂，具 3 条脉，边脉于近顶端与中脉汇合并向上延伸成短芒，芒与稃体近等长，基盘具毛；内稃与外稃等长或略短于外稃，具 2 条脉，脉间具短毛。花果期 6 ～ 9 月。

生于浅山砾石质山坡，见于三关口。

羽茅 *Achnatherum sibiricum* (L.) Keng ex Tzvelev

多年生草本。秆直立，平滑，疏丛，高 60 ～ 150cm，具 3 ～ 4 节，基部具鳞芽。叶鞘松弛，光滑，上部者短于节间；叶舌厚膜质，平截，顶端具裂齿；叶片扁平或边缘内卷，质地较硬，腹面与边缘粗糙，背面平滑，长 20 ～ 60cm，宽 3 ～ 7mm。圆锥花序较紧缩，分枝 3 至数枚簇生；小穗草绿色或紫色；颖膜质，长圆状披针形，背部微粗糙，具 3 条脉，脉纹上具短刺毛；外稃顶端具 2 个微齿，被较长的柔毛，背部密被短柔毛，具 3 条脉；基盘尖，具毛；芒长 18 ～ 25mm，一回或不明显的二回膝曲；内稃背部圆形，无脊，具 2 条脉，脉间被短柔毛。颖果圆柱形。花果期 7 ～ 9 月。

生于海拔 2000 ～ 2400m 的山地灌丛、干旱山坡，为东坡习见植物。

芨芨草属 *Neotrinia* (Tzvelev) M. Nobis, P. D. Gudkova & A. Nowak

芨芨草 *Neotrinia splendens* (Trin.) M. Nobis, P. D. Gudkova & A. Nowak

多年生草本，高 50 ～ 250cm。秆直立，粗壮，密丛生，基部具分蘖或残存枯萎的黄褐色叶鞘。叶鞘无毛，边缘膜质；叶舌膜质，先端尖，两侧下延与叶鞘边缘结合，叶片纵卷，长 19 ～ 48cm，无毛。圆锥花序开展，分枝细弱，斜升；小穗灰绿色或带紫色；颖膜质，披针形或椭圆形，先端尖或锐尖，具 1 ～ 3 条脉，第一颖略短于或较第二颖短 1/3；外稃具 5 条脉，背部密生柔毛，基盘钝圆，被柔毛，顶端具 2 个裂齿，芒自裂齿间伸出，直立或微弯曲，不扭转，粗糙，易断落；内稃具 2 条脉，间脉有毛。花果期 6 ～ 8 月。

生于山麓盐湿地、盐碱地及干河床上，为东坡习见植物。

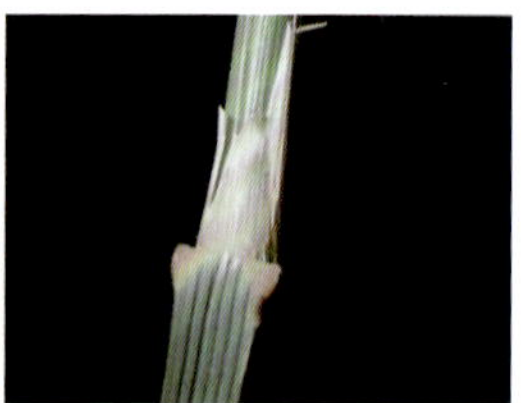

雀麦属 *Bromus* L.

无芒雀麦 *Bromus inermis* Leyss.

多年生草本。秆疏丛，高 0.5 ～ 1.2m，无毛或节下具倒毛。叶鞘闭合，无毛或有短毛；叶片扁平，长 20 ～ 30cm，宽 4 ～ 8mm，先端渐尖，两面与边缘粗糙，无毛或边缘疏生纤毛。圆锥花序，较密集，花后开展；分枝微粗糙，着生 2 ～ 6 个小穗，3 ～ 5 个轮生于主轴各节。小穗具 6 ～ 12 朵花；小穗轴节间生小刺毛；颖披针形，具膜质边缘，第一颖具 1 条脉，第二颖具 3 条脉。外稃长圆状披针形，具 5 ～ 7 条脉，无毛，基部微粗糙，先端无芒，钝或浅凹缺；内稃膜质，短于外稃，脊具纤毛。颖果长圆形，褐色。花果期 7 ～ 9 月。

生于海拔 1500 ～ 2000m 的林缘、灌丛或草甸，见于苏峪口沟、贺兰口沟、黄旗口沟、小口子沟等。

披碱草属 *Elymus* L.

阿拉善鹅观草　*Elymus alashanicus* (Keng) S. L. Chen

多年生草本。秆疏丛，质刚硬，高 40 ～ 60cm。叶鞘基生者常碎裂成纤维状；具鞘外分蘖，且幼时为膜质鞘所包，有时横走或下伸成根茎状；叶片坚韧，内卷成针状，长 5 ～ 8cm，两面均被微毛或背面平滑无毛。穗状花序劲直，瘦细，具贴生小穗 3 ～ 7 个；小穗淡黄色，全部无毛，含 3 ～ 6 朵小花，小穗轴光滑无毛；颖长圆状披针形，先端锐尖以至具短芒，或有时为膜质而钝圆，通常具 3 条脉，边缘膜质，两颖不等长，第一颖长不超过下方小花的 1/2；外稃披针形，平滑，具狭膜质边缘，先端锐尖或急尖；内稃先端凹陷，脊微糙涩，或下部近于平滑。花果期为夏末。

生于海拔 1600 ～ 2200m 的石质山坡，见于苏峪口沟、贺兰口沟、黄旗口沟、小口子沟、大口子沟等。

毛盘草 *Elymus barbicallus* (Ohwi) S. L. Chen

草本。秆高 70 ～ 100cm，直立，节与叶鞘均平滑无毛。叶片长 15 ～ 20cm，宽 6 ～ 8mm，扁平，粗糙，无毛。穗状花序绿色，长 18 ～ 22cm；小穗排列疏松，贴生，长 20 ～ 25mm，含 5 ～ 8 朵小花；颖披针形，先端渐尖，第一颖具（3）4 ～ 5 条脉，长 7 ～ 8mm，第二颖具 5 ～ 6 条脉，长 8 ～ 9mm；外稃宽披针形，上部具细弱的 5 条脉，近基部与边缘以及脉上稍粗糙，第一外稃长 8 ～ 10mm，芒长 20 ～ 30mm；内稃几与外稃等长，顶端圆形或微凹，脊上部具短纤毛，脊间上部亦疏生短小硬毛。

生于海拔 2400m 的沟谷、林缘，见于大口子沟。

披碱草 *Elymus dahuricus* Turcz.

多年生草本，高 50 ～ 80cm。秆直立，丛生。叶鞘光滑无毛，大都长于节间；叶舌截平；叶片长 15 ～ 25cm，宽 5 ～ 9mm，腹面疏被长柔毛，背面无毛。穗状花序直立，各节着生 2 个小穗，近顶端及基部各节着生 1 个小穗；小穗含 3 ～ 5 朵花；颖披针形或线状披针形，先端长渐尖至具短芒，具 3 ～ 5 条脉；外稃披针形，具 5 条脉，全体被短小糙毛，第一外稃顶端延伸成芒，向外开展，内稃与外稃等长，先端截平，脊上被纤毛。花果期 5 ～ 11 月。

生于海拔 1900 ～ 2400m 的沟谷、林缘、灌丛或干河床上，见于苏峪口沟、黄旗口沟、小口子沟、插旗口沟等。

圆柱披碱草　*Elymus dahuricus* var. *cylindricus* Franch.

多年生草本，高 60 ～ 80cm。叶鞘无毛，上部叶鞘短于节间；叶舌极短；叶片长 5 ～ 12cm，宽达 5mm，腹面粗糙，背面平滑，两面无毛。穗状花序直立，每节通常具 2 个小穗，小穗绿色或稍带紫色，通常含 2 ～ 3 朵花，仅 1 ～ 2 朵花发育；颖披针形至线状披针形，具 3 ～ 5 条脉，先端渐尖或具短芒；外稃披针形，全体被微小短毛，第一外稃具 5 条脉，顶端具芒，直立或稍开展；内稃与外稃等长，先端圆钝，脊上被纤毛，脊间被微小短毛。花果期 7 ～ 9 月。

生于海拔 1800 ～ 2500m 的沟谷、林缘及灌丛中，为东坡习见植物。

岷山鹅观草　*Elymus durus* (Keng) S. L. Chen

草本。秆成疏丛或单生，直立，高 55 ～ 80cm。基部叶鞘有时可被倒生柔毛。叶片质较硬，扁平或内卷，腹面微粗糙或稀疏被短毛，背面较平滑，长 6 ～ 20cm，分蘖者长可达 25cm，宽 1 ～ 4.5mm。穗状花序下垂；小穗绿色，含 3 ～ 7 朵小花，可带紫色，具短柄；颖披针形，先端尖或渐尖或具小尖头，第一颖具 3 ～ 5 条脉，第二颖具 3 ～ 7 条脉，脉上粗糙；外稃披针形，具明显的 5 条脉，脉间粗糙，第一外稃先端芒粗壮、反曲，粗糙；内稃与脊上具硬纤毛，脊间被微毛；花药黑色。

生于海拔约 2200m 的山地阴坡，见于苏峪口沟、响水沟。

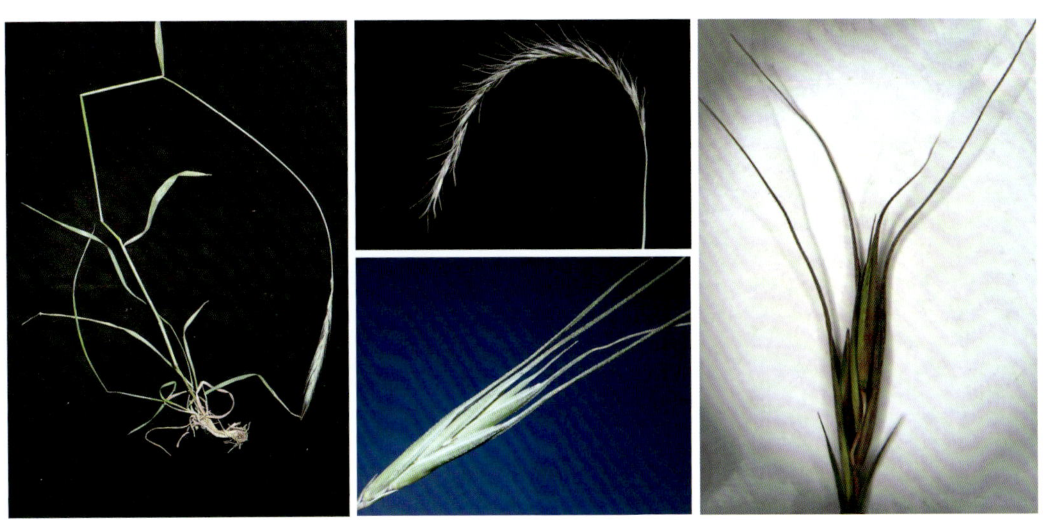

垂穗披碱草 *Elymus nutans* Griseb.

多年生草本，高 40 ～ 60cm。秆直立。叶鞘除基部者外均短于节间，基部叶鞘密被长柔毛，上部叶鞘无毛；叶片长 6 ～ 8cm，宽 3 ～ 5mm，两面粗糙，腹面疏被白色长柔毛。穗状花序较紧密，小穗的排列多少偏于一侧，通常先端下垂，穗轴每节通常具 2 个小穗；小穗成熟后带紫色，含 3 ～ 4 朵花；小穗轴密生微毛；颖长圆形，先端渐尖或具短芒，具 3 ～ 4 条脉；外稃披针形，具 5 条脉，全部被微短毛，第一外稃顶端具芒，开展或外曲，内稃等长于外稃，先端钝圆或截平，脊上具纤毛，脊间疏被短微毛。花果期 7 ～ 10 月。

生于海拔 1500 ～ 2200m 的林缘、灌丛及石质山坡，为东坡习见植物。

老芒麦 *Elymus sibiricus* L.

多年生草本，高 60 ～ 90cm。秆直立。叶鞘光滑无毛；叶片扁平，长 10 ～ 22cm，宽 5 ～ 11mm，两面粗糙，背面无毛，腹面生细柔毛。穗状花序较疏松，下垂，通常每节着生 2 个小穗，有时基部和上部各节仅着生 1 个小穗；小穗灰绿色或带紫色，含 3 ～ 5 朵花，小穗轴节间长 1.5 ～ 1.8mm，密生微毛；颖狭披针形，长 4 ～ 5mm，具 3 ～ 5 条脉，脉上粗糙，先端渐尖或具短芒；外稃披针形，全部密生微毛，具 5 条脉；内稃与外稃近等长，先端 2 裂，脊上全部具小纤毛。花果期 6 ～ 9 月。

生于海拔 2200 ～ 2500m 的草甸、林缘，为东坡习见植物。

肃草 *Elymus strictus* (Keng) S. L. Chen

多年生草本。秆直立，疏丛，高 50 ～ 100cm，全株无毛。叶鞘无毛；叶片有白霜或被粉，长 3.5 ～ 16cm，宽 0.1 ～ 0.8cm，质地硬，腹面被短柔毛，背面无毛。穗状花序直立，每节具 1 个小穗，成熟时或带紫色，具 5 ～ 7 条脉，先端锐尖或具短尖头；芒近直立，稍下弯，粗糙。内稃与外稃等长，沿着脊具短缘毛，在脊之间上部被微柔毛或无毛，先端微缺或截形。花药通常黄色。花果期 7 ～ 10 月。

生于浅山石质山坡及沟谷、干河床，见于苏峪口沟、插旗口沟等。

麦蕒草 *Elymus tangutorum* (Nevski) Hand.-Mazz.

多年生草本。植株较高大粗壮，秆高可达 120cm，基部呈膝曲状。叶鞘光滑；叶片扁平，长 10 ～ 20cm，宽 6 ～ 14mm，两面粗糙或腹面疏生柔毛，背面平滑。穗状花序直立，较紧密；小穗稍偏于一侧，穗轴边缘具小纤毛，通常每节具有 2 个小穗；小穗绿色稍带有紫色，含 3 ～ 4 朵小花；颖披针形至线状披针形，具 5 条脉，脉明显而粗糙或被短硬毛，先端渐尖，具短芒；外稃披针形，全体无毛或仅上半部被有微小短毛，具 5 条脉，脉在上部明显，第一外稃顶生 1 个直立粗糙的芒；内稃与外稃等长，先端钝头，脊上具纤毛。花果期 7 ～ 9 月。

生于海拔约 2500m 的石质山坡、岩石缝中，见于苏峪口沟。

赖草属 *Leymus* Hochst.

赖草 *Leymus secalinus* (Georgi) Tzvelev

多年生草本，高 45 ～ 90cm。秆直立，质坚硬，具 2 ～ 3 节，上部密生短柔毛，花序下尤密。叶鞘短于节间；叶舌膜质，截平；叶片长 8 ～ 30cm，宽 4 ～ 7mm，两面密生短毛或腹面粗糙，扁平或干时内卷。穗状花序直立，穗轴被柔毛，每节常着生 2 ～ 3 个小穗；小穗含 4 ～ 8 朵小花，小穗轴被微柔毛；颖锥形，先端狭窄呈芒状，具 1 条脉，上半部粗糙，第一颖短于第二颖；外稃披针形，下部两侧被柔毛，先端延伸成芒，上部具 5 条脉，基盘被毛，第一内稃与外稃等长，先端微 2 裂，上半部脊上具短纤毛。花果期 6 ～ 10 月。

生于山麓盐碱地、河床、盐湿草甸，为东坡习见植物。

冰草属 *Agropyron* Gaertn.

冰草 *Agropyron cristatum* (L.) Gaertn.

多年生草本，高 25 ～ 60cm。秆疏丛生，基部节常膝曲，具 2 ～ 3 节，无毛或上部被倒生长柔毛。叶鞘紧密裹茎，边缘狭膜质，短于节间；叶舌干膜质，顶端截平，具微小齿；叶片扁平或边缘内卷，腹面被长柔毛或粗糙，背面疏被柔毛或光滑，长 6 ～ 10cm，宽 1.5 ～ 4mm。穗状花序直立，穗轴节间密生短柔毛；小穗紧密排列成 2 行，呈篦齿状，具 7 ～ 8 朵花；颖舟形，边缘膜质，背面被长柔毛；外稃背面被柔毛，基盘圆钝，内稃与外稃等长，脊上具短纤毛，顶端 2 裂；花药黄色。花果期 6 ～ 9 月。

生于海拔 1400 ～ 2100m 的干燥山坡、疏林、灌丛，为东坡习见植物。

沙芦草　*Agropyron mongolicum* Keng

多年生草本，高 25 ～ 75cm。秆直立或基部节膝曲。叶鞘紧密裹茎，短于节间，无毛；叶舌干膜质，先端截平，具小纤毛；叶片内卷或扁平，长 5 ～ 22cm，宽 2 ～ 3mm，先端渐尖，腹面及边缘粗糙，背面光滑。穗状花序；穗轴节间光滑；小穗具 5 ～ 8 朵花，小穗轴无毛；两颖不等长，先端尖，边缘膜质，具 3 ～ 5 条脉；外稃先端尖或具小尖头，具 5 条脉，内稃与外稃等长或略长于外稃，先端钝，脊上具短纤毛；花药黄色，线形。花果期 7 ～ 8 月。

生于浅山沟谷、干河床等地，见于苏峪口沟、黄旗口沟、甘沟。

剪股颖属 *Agrostis* L.

巨序剪股颖　*Agrostis gigantea* Roth

多年生草本，高 30 ～ 130cm，具根状茎或秆的基部偃卧。秆平滑。叶鞘短于节间；叶舌干膜质，长圆形，先端齿裂；叶片扁平，线形，边缘和脉粗糙。花序长圆形或尖塔形，疏松或紧缩，长 10 ～ 25cm，宽 3 ～ 10cm，每节具 5 至多数分枝，稍粗糙，基部不裸露，有小穗在基部腋生。小穗草绿色或带紫色，穗梗粗糙，小穗颖片舟形，两颖等长或第一颖稍长，先端尖，背部具脊，脊的上部或颖的先端稍粗糙；外稃先端钝圆，无芒；基盘两侧簇生长达 0.2 ～ 0.4mm 的毛；内稃长为外稃的 2/3 ～ 3/4，长圆形，顶端圆或微有不明显的齿。花果期 7 ～ 10 月。

生于沟谷溪边，见于大水沟、汝箕沟。

细弱剪股颖 *Agrostis capillaris* L.

多年生草本，高 20 ～ 25cm。秆丛生，具 3 ～ 4 节，基部膝曲或弧形弯曲，上部直立，细弱。叶鞘一般长于节间，平滑；叶舌干膜质，先端平；叶片窄线形，质厚，长 2 ～ 4cm，宽 1 ～ 1.5mm，边缘和脉上粗糙，先端渐尖。圆锥花序近椭圆形，开展，每节具 2 ～ 5 个分枝，分枝斜向上升，细瘦，稍波状弯曲，平滑，基部无小穗；小穗紫褐色，穗梗近平滑；两颖近等长或第一颖稍长，椭圆状披针形，先端急尖，脊上粗糙；外稃先端平，中脉稍突出，无芒，基盘无毛；内稃较大，长为外稃的 2/3；花药金黄色。花期 8 月。

生于海拔 1500 ～ 2300m 的沟谷或溪流湿地，见于苏峪口沟、大水沟、黄旗口沟、插旗口沟、居士沟等。

拂子茅属 *Calamagrostis* Adans.

拂子茅 *Calamagrostis epigejos* (L.) Roth

多年生草本，高 40 ～ 100cm。具细长横走的根状茎。秆直立，无毛。叶鞘短于节间或基部者长于节间，稍粗涩；叶舌膜质，先端尖而常撕裂；叶片长 10 ～ 25cm，宽 5 ～ 8mm，腹面粗糙，背面光滑。圆锥花序紧密，圆柱形，下部具间断；小穗灰绿色或稍带紫色；颖近等长或第二颖稍短，先端长渐尖，具 1 条脉或第二颖具 3 条脉，主脉粗糙；外稃透明膜质，长约为颖的 1/2，先端齿裂，芒自背面中部或稍上处伸出，内稃长为外稃的 2/3，基盘上的长柔毛与颖近等长；雄蕊 3 枚，花药黄色。花果期 6 ～ 9 月。

生于山地沟谷、溪流湿地，为东坡习见植物。

假苇拂子茅 *Calamagrostis pseudophragmites* (Haller f.) Koeler

多年生草本，高 25 ～ 127cm。秆直立，无毛。叶鞘短于节间或下部的长于节间，无毛；叶舌膜质，顶端圆形，常撕裂；叶片线形，长 7 ～ 30cm，宽 2 ～ 6mm，腹面及边缘粗糙，背面较平滑。圆锥花序开展，分枝被短纤毛；颖不等长，线状披针形，脊上糙涩，第一颖具 1 条脉，先端长渐尖，第二颖具 3 条脉；外稃透明膜质，边缘粗糙，芒自顶端伸出，粗糙，内稃长为外稃的近 1/2；基盘具柔毛；雄蕊 3 枚，花药黄色。花果期 6 ～ 9 月。

生于山麓溪流湿地，为东坡习见植物。

棒头草属 *Polypogon* Desf.

长芒棒头草 *Polypogon monspeliensis* (L.) Desf.

一年生草本，高 40 ～ 50cm。秆直立，具 4 ～ 5 节，无毛。叶鞘疏松裹茎，稍短于节间或下部的长于节间，无毛；叶舌厚膜质，不规则撕裂为狭披针形；叶片长 6 ～ 13cm，宽 5 ～ 9mm，腹面粗糙，背面光滑，两面无毛。圆锥花序穗状；颖等长或第二颖微短，倒卵状长椭圆形，具 1 条脉，先端 2 浅裂，芒自裂口处伸出，粗糙，或第一颖的芒稍短；外稃无毛，先端具微齿，中脉延伸成与稃体近等长且易脱落的细芒。花果期 7 ～ 9 月。

生于海拔 1300 ～ 1500m 的沟谷溪边湿地，见于大水沟、插旗口沟、马莲口沟。

落须草属 *Oryzopsis* Michx.

中华芨芨草 *Oryzopsis chinense* Hitchc.

多年生草本，高 40 ～ 70cm。秆密丛生，直立，具 3 ～ 4 节，平滑无毛。叶鞘短于节间，无毛或边缘疏生短纤毛；叶舌近于无；叶片常密集于秆的下部，茎生者长 3.5 ～ 10cm，基生者长可达 30cm，宽 0.8 ～ 2mm，内卷成针状，背面平滑无毛，腹面微粗糙。圆锥花序开展，分枝细长，孪生，主枝上部分生小枝呈三叉状；颖膜质，近等长，先端尖，具 3 ～ 5 条脉，侧脉仅位于下部或基部；外稃被短毛，易脱落。花果期 6 ～ 7 月。

生于浅山石质山坡或岩石缝，见于插旗口沟、甘沟、大水沟等。

异燕麦属 *Helictotrichon* Bess.

藏异燕麦 *Helictotrichon tibeticum* (Roshev.) Holub

多年生草本。秆直立，丛生，高 15 ～ 70cm，具 2 ～ 3 节，花序以下茎被微毛。叶鞘紧密裹茎，常短于节间，被稠密短毛或光滑无毛；叶舌顶端具纤毛；叶片质硬，常内卷如针状，粗糙或腹面被短毛，长 1 ～ 5cm，宽 1 ～ 2mm，基部分蘖者长达 30cm。圆锥花序紧缩呈穗状，黄褐色或深褐色，主轴和分枝与小穗柄均被微毛；小穗含 2 ～ 3 朵小花，通常第三朵小花退化；小穗轴节间两侧具白柔毛；颖披针形，无毛仅脊上粗糙，第一颖具 1 条脉，第二颖较第一颖稍长，具 3 条脉；外稃质较硬，顶端 2 齿裂，背部粗糙或具短纤毛，第一外稃常具 7 条脉，基盘具长柔毛，芒自稃体中部稍上处伸出，粗糙，膝曲，芒柱稍扭转；内稃略短于外稃，具 2 个脊；颖果长圆形，顶端具茸毛。花果期 7 ～ 8 月。

生于海拔 2500 ～ 3000m 的高山草甸灌丛或石质山坡上，见于山脊两侧。

燕麦属 *Avena* L.

野燕麦　*Avena fatua* L.

一年生草本，高 60 ～ 120cm。秆直立，光滑。叶鞘松弛，光滑或基部被微毛；叶舌透明膜质；叶片扁平，长 10 ～ 30cm，宽 4 ～ 12mm，微粗糙或腹面与边缘疏生微毛。圆锥花序开展，长 10 ～ 25cm，分枝具角棱，粗糙；小穗含 2 ～ 3 朵小花，其柄弯曲下垂，顶端膨胀；小穗轴节间密生淡棕色或白色硬毛，其节脆硬易断落；颖草质，几相等，通常具 9 条脉；外稃质地坚硬，第一外稃背面中部以下具淡棕色或白色硬毛，基盘密生短髭毛，芒膝曲，芒柱棕色，扭转。花果期 5 ～ 9 月。

生于山地林缘、沟谷、山麓农田或村舍附近，见于苏峪口沟、大水沟。

羊茅属 *Festuca* L.

紫羊茅 *Festuca rubra* L.

多年生草本，具短根茎或根头。秆直立，平滑无毛，高 30 ～ 60cm，具 2 节。叶鞘粗糙，基部者长于节间，而上部者短于节间；叶舌平截，具纤毛，叶片对折或边缘内卷，稀扁平，长 5 ～ 20cm，宽 1 ～ 2mm，腹面具较稀疏的毛。圆锥花序狭窄，疏松，花期开展；分枝粗糙；小穗淡绿色或深紫色；小穗轴节间被短毛；颖片背部平滑或微粗糙，边缘窄膜质，顶端渐尖，第一颖窄披针形，具 1 条脉，第二颖宽披针形，具 3 条脉；内稃与外稃近等长，顶端具 2 个微齿，两脊上部粗糙；子房顶端无毛。花果期 6 ～ 9 月。

生于海拔 2900 ～ 3400m 的高山草甸、灌丛，见于山体山脊两侧。

碱茅属 *Puccinellia* Parl.

鹤甫碱茅 *Puccinellia hauptiana* (Trin. ex V. I. Krecz.) Kitag.

多年生草本。秆高 20 ～ 60cm，直径 1 ～ 2mm。叶片扁平，长 2 ～ 6cm，宽 1 ～ 2mm，腹面与边缘微粗糙。圆锥花序开展；分枝微粗糙，下部裸露不具小枝；小穗含 5 ～ 8 朵小花；颖卵形；外稃倒卵形，长 1.6 ～ 1.8mm，先端宽圆而钝，具纤毛状细齿，绿色，脉不明显，基部具短柔毛；内稃等于或长于外稃，脊上具纤毛；花药狭椭圆形。花果期 6 ～ 7 月。

生于沟谷、河床、湿地，见于大水沟。

偃麦草属 *Elytrigia* Desv.

偃麦草　*Elytrigia repens* (L.) Desv. ex Nevski

多年生草本。具横走根状茎。秆成疏丛，高60～80cm。叶鞘无毛或分蘖叶鞘具柔毛。叶片质较柔软，扁平，宽5～10mm。穗状花序直立；小穗含6～10朵小花，成熟时脱节于颖之下；小穗轴不于诸花间折断；颖披针形，具5～7条脉，具膜质边缘；外稃具5～7条脉，顶端具短尖头，基部有短小基盘；内稃短于外稃，具2条脉，边缘膜质，脊生纤毛；子房上端有毛。花药黄色。花果期6～8月。

生于海拔2500～2700m的石质山坡、沟谷或溪流边，仅见于苏峪口沟。

菵草属 *Beckmannia* Host

菵草　*Beckmannia syzigachne* (Steud.) Fernald

一年生草本。秆直立，高15～90cm，具2～4节。叶鞘无毛，多长于节间；叶舌透明膜质；叶片扁平，长5～20cm，宽3～10mm，粗糙或背面平滑。圆锥花序长10～30cm，分枝稀疏，直立或斜升；小穗扁平，圆形，灰绿色，常含1朵小花，长约3mm；颖草质；边缘质薄，白色，背部灰绿色，具淡色的横纹；外稃披针形，具5条脉，常具伸出颖外的短尖头；花药黄色，长约1mm。颖果黄褐色，长圆形。花果期4～10月。

生于海拔约2000m的沟谷溪水边，见于大水沟。

早熟禾属 *Poa* L.

堇色早熟禾 *Poa araratica* subsp. *ianthina* (Keng ex Shan Chen) Olonova & G. H. Zhu

多年生草本，高 30 ～ 45cm。秆直立，密丛生，具 3 ～ 4 节，中部以上裸露，基部具略带紫红色的叶鞘，紧接花序以下稍粗糙。叶鞘长于节间，无毛，微糙涩，长于其叶片；叶舌膜质；叶片质地较硬，长 3 ～ 8cm，宽约 2mm，直立，两面均粗糙。圆锥花序狭长圆形，紫色，每节具 2 ～ 3 个分枝；分枝下部 1/2 ～ 2/3 裸露，小穗含 2 ～ 4 朵小花，小穗轴节间粗壮，被微毛；颖卵状披针形，先端锐尖，通常为紫色而具白色或黄色的边缘，具 3 条脉，外稃卵状披针形，先端较钝，脊下部 1/2 及边脉与间脉基部 1/3 均具柔毛，基盘具少量绵毛；内稃等于或稍短于外稃，脊下部具小纤毛，脊间被微毛。花果期 6 ～ 9 月。

生于海拔 1800 ～ 2500m 的灌丛下或石质山坡，见于苏峪口沟。

法氏早熟禾 *Poa faberi* Rendle

多年生草本，高 20 ～ 60cm。秆直立，密丛生，多具 2 节，顶节位于秆下部 1/4 或 1/3 处，紧接花序以下微糙涩。叶鞘大都长于节间，稀短于节间，微糙涩，顶生叶鞘长 4.5 ～ 7cm，长于其叶片；叶舌膜质，长圆形，先端尖或呈撕裂状；叶片质较硬，长 3.2 ～ 5.5cm，宽约 1mm，两面糙涩或背面较光滑，大都对折。圆锥花序紧密，分枝通常孪生，直立，下部 1/2 ～ 2/3 裸露，上部密生多数小穗；小穗含 3 ～ 5 朵小花，绿色或部分带紫色，小穗轴无毛；颖披针形，先端尖，具 3 条脉，脊上糙涩；外稃长圆形，间脉不明显，脊下部具柔毛，基盘具少量的绵毛；脊上稍糙涩。花果期 6 ～ 8 月。

生于海拔 1700 ～ 2300m 的草原、石质山坡或疏林，见于苏峪口沟、黄旗口沟、大水沟、甘沟、三关口。

林地早熟禾　*Poa nemoralis* L.

多年生草本，高 50 ～ 70cm。秆直立，细弱柔软，疏丛生，具 4 ～ 6 节，顶节位于植株中部。叶鞘微糙涩，基生者稍带紫色，顶生者长 5 ～ 7.5cm，是叶片长的 1/3；叶舌薄膜质，截平或钝头；叶片质薄，长 6.5 ～ 19cm，宽 1 ～ 1.5mm，腹面稍糙涩，背面平滑无毛，扁平。圆锥花序软弱，狭窄呈线形，每节具（1）2 个分枝，分枝细弱，上部通常着生 2 ～ 6 个小穗；小穗灰绿色，含 1 朵小花，颖披针形，具 3 条脉，第一颖较第二颖短狭，第二颖稍长于小花，先端渐尖，边缘膜质，脊上稍糙涩；外稃长圆形，先端及边缘有较多膜质，间脉不甚明显，基盘无毛或具极少量的绵毛；内稃等于或稍长于外稃，质薄，脊上稍糙涩。花果期 6 ～ 8 月。

生于海拔 2200 ～ 2500m 的山地林缘灌丛、沟谷中，见于苏峪口沟、黄旗口沟。

草地早熟禾　*Poa pratensis* L.

多年生草本，高 25 ～ 75cm。秆直立，呈圆筒形，光滑，具 2 ～ 3 节。叶鞘疏松裹茎，具纵条纹；叶舌膜质，先端截平；叶片线形，长 6.5 ～ 18cm，宽 2 ～ 4mm。圆锥花序开展，先端稍下垂，每节具 3 ～ 5 个分枝，2 次分枝，小枝上着生 2 ～ 4 个小穗，小穗柄通常短于小穗；小穗绿色，成熟后呈草黄色，含 2 ～ 4 朵小花；颖先端尖或渐尖，大都光滑或脊上粗糙，第一颖通常具 1 条脉，第二颖具 3 条脉；外稃纸质，脊及边脉在中部以下具长柔毛，间脉明显，基盘具稠密的白色长绵毛；内稃短于或等长于外稃，脊粗糙或具小纤毛。花期 6 ～ 7 月。

生于海拔 2200 ～ 2500m 的沟谷干河床，见于苏峪口沟。

细叶早熟禾 *Poa pratensis* subsp. *angustifolia* (L.) Lejeun.

多年生草本，高 30 ～ 55cm。秆直立，丛生，平滑无毛。叶鞘短于节间而数倍长于其叶片；叶舌截平；叶片狭线形，茎生者长 2 ～ 9cm，宽约 2mm，顶生者长于其叶鞘，基部及分蘖上的叶片长可达 20cm，宽约 1mm，内卷成线形。圆锥花序较狭窄，每节具 3 ～ 5 个分枝，微粗糙；小穗含 2 ～ 5 朵小花，绿色或带紫色；颖近等于或稍短于第一颖，先端尖，脊上部微粗糙；外稃先端尖，具狭膜质，间脉明显，基盘密生长绵毛；内稃等于或稍长于外稃，脊上具短纤毛。花期 6 ～ 7 月。

生于海拔 2200 ～ 2500m 的山地沟谷、林缘、灌丛下，见于苏峪口沟、黄旗口沟等。

硬质早熟禾 *Poa sphondylodes* Trin.

多年生草本，高 20 ～ 40cm。秆直立，密丛生，具 3 ～ 4 节，顶节位于下部 1/3 或 1/2 处，上部常裸露。叶鞘无毛，无脊，顶生者长 4 ～ 8cm，长于其叶片；叶舌膜质，先端锐尖；叶片狭窄，长 3 ～ 7cm，宽仅约 1mm，扁平。圆锥花序稠密且紧缩，下部各节具 4 ～ 5 个分枝，上部者仅具 2 ～ 3 个分枝，基部主枝侧枝极短，其基部即着生小穗；小穗柄短于小穗；小穗绿色，成熟后草黄色，含 4 ～ 6 朵小花；颖披针形，先端锐尖，第一颖稍短于第二颖，具 3 条脉；外稃披针形，先端具极狭膜质，膜质下常带黄铜色，具 5 条脉，间脉不明显，脊下部 2/3 及边脉下部 1/2 具长柔毛，基盘具中量绵毛；内稃等于或稍长于外稃，先端微凹，脊上具极微小的纤毛。花果期 6 ～ 8 月。

生于海拔 1800 ～ 2200m 的山地草原、石质山坡或沟谷岩缝中，见于苏峪口沟、甘沟。

多叶早熟禾　*Poa sphondylodes* var. *erikssonii* Melderis

多年生草本，高约 25cm。秆直立，丛生，具 6 ～ 8 节，上部 1/3 裸露且粗糙。叶鞘粗糙，具脊，均较长于节间而互相跨覆，基生者带紫色，顶生者长 5 ～ 6cm，稍短于其叶片；叶舌膜质，叶片质较坚硬，直立，长 3 ～ 11cm，宽 1 ～ 1.5mm，两面均粗糙，对折或边缘内卷。圆锥花序紧缩，绿色或成熟时带紫色，每节具 2 ～ 3 个分枝，分枝直立或与主轴贴生；小穗含 3 ～ 4 朵小花，小穗轴粗糙；颖披针形，先端锐尖或渐尖，具 3 条脉；外稃披针形，其下带黄铜色，间脉不明显，基盘具少量绵毛，第一外稃长约 3.5mm；内稃等于或稍短于外稃，脊上粗糙。花期 6 ～ 7 月。

生于海拔 2000 ～ 2500m 的山地沟谷、石质山坡、岩缝中，见于甘沟、黄旗口沟。

唐氏早熟禾 *Poa tangii* Hitchc.

多年生草本。秆直立，疏丛，高 30 ～ 40cm，具 2 节，细弱光滑。叶鞘平滑，中部以下闭合，顶生叶鞘，长于其叶片；叶舌截平；叶片质地柔软，茎生者长 2 ～ 3cm，宽约 1mm，先端微粗糙，蘖生者长达 20cm。圆锥花序开展；分枝细弱孪生，顶端着生 1 ～ 2 个小穗，下部裸露，平滑；小穗含 3 ～ 5 朵小花；颖先端稍钝，边缘宽膜质，第一颖具 1 条脉；外稃先端与边缘宽膜质，钝头，脊下部 1/3 有少许柔毛，边脉毛少，基盘具中量绵毛；内稃等于或稍短于外稃，两脊稍具细纤毛；花药大，淡黄色。颖果纺锤状三棱形。花果期 5 ～ 7 月。

生于海拔 1700m 的林缘湿草地，见于苏峪口沟。

密花早熟禾 *Poa pratensis* subsp. *pruinosa* (Korotky) W. B. Dickoré

多年生草本，高 20 ～ 50cm。秆直立，疏丛生，平滑无毛，具 2 ～ 3 节，顶节位于秆下部 1/5 或 1/4 处。叶鞘短于节间，平滑无毛；叶舌干膜质，先端尖或较钝；叶片长 4 ～ 8cm，宽 2 ～ 4mm，对折。圆锥花序，卵状长圆形，每节具 3 ～ 5 个分枝；下部较光滑，中部以上密生多数小枝及小穗；小穗带紫色，含 5 ～ 7 朵小花，小穗轴无毛；颖先端尖，脊上部微粗糙，具 1 条脉，较狭窄，第二颖具 3 条脉；外稃先端带有膜质，间脉明显或否，基盘具中量绵毛；内稃先端微凹，脊上具极短的纤毛，其顶端及基部几近平滑。花期 6 ～ 8 月。

生于海拔约 2500m 的山地林缘或灌丛，见于苏峪口沟。

三芒草属 *Aristida* L.

三芒草　*Aristida adscensionis* L.

一年生草本，高 20 ～ 40cm。秆丛生，直立或基部膝曲，无毛。叶鞘大都短于节间，无毛；叶舌短小，具白色纤毛；叶片长 5 ～ 15cm，宽 2 ～ 3mm，常纵卷成针状，腹面稍粗糙，背面光滑。圆锥花序，分枝细弱，直伸；小穗线形，常带紫红色；颖膜质，具 1 条脉，脉上粗糙；外稃与第二颖等长，具 3 条脉，中脉上粗糙；芒粗糙，侧芒较短，基盘尖，被毛。花果期 5 ～ 8 月。

生于干燥河床或沟谷，为东坡习见植物。

芦苇属 *Phragmites* Adans.

芦苇　*Phragmites australis* (Cav.) Trin. ex Steud.

多年生草本，高 1 ～ 3m。秆直立，粗壮，节下通常具白粉。叶舌有毛；叶片扁平，长 15 ～ 45cm，宽 1 ～ 3.5cm。圆锥花序卵状长椭圆形或卵状披针形，分枝斜升或稍开展，下部分枝腋间具白色长柔毛；小穗通常含 3 ～ 7 朵花；颖不等长，具 3 条脉，第一颖先端稍钝；第一小花通常雄性，第二小花两性；外稃顶端长渐尖，基盘密生白色长柔毛；内稃脊上粗糙。花果期 7 ～ 11 月。

生于沟谷溪流湿地，见于大水沟、苏峪口沟、黄旗口沟、马莲口沟、小口子沟等。

九顶草属 *Enneapogon* Desv. ex P. Beauv.

九顶草 *Enneapogon brachystachyus* (Jaub. et Spach) Stapf

一年生草本，高 5 ～ 35cm。秆密丛生，被柔毛，基部鞘内常隐藏小穗。叶鞘短于节间，密被柔毛；叶舌短，顶端具柔毛；叶片狭线形，长 2 ～ 8cm，宽 1 ～ 3mm，卷折，两面被短柔毛。圆锥花序穗状，铅灰色；小穗通常含 2 朵小花，小穗轴节间无毛；颖质薄，披针形，先端尖，被短柔毛，具 3 ～ 5 条脉；第一外稃疏被短柔毛，边缘毛密而长，基盘尖，被长柔毛，顶端具 9 条直立的羽状芒；内稃与外稃等长，具 2 个脊，脊上疏生纤毛。花果期 5 ～ 10 月。

生于山麓草原化荒漠和荒漠草原群落中，为东坡习见植物。

画眉草属 *Eragrostis* Wolf

小画眉草　*Eragrostis minor* Host

一年生草本，高 20 ～ 40cm。叶鞘具腺点，尤其在主脉上更为显著，除鞘口具须毛外，脉间及边缘有时有稀疏的长柔毛；叶舌为 1 圈纤毛；叶片长 5 ～ 15cm，宽 2 ～ 5mm，主脉及边缘具腺体，表面粗糙或疏生柔毛。圆锥花序开展，分枝单生，腋间无毛，小穗柄具腺体；小穗含 4 至多朵花；颖锐尖，与第一颖近等长或稍短，通常具 1 条脉，脉上常具腺体；外稃宽卵圆形，先端钝，侧脉明显，光滑无毛，主脉上亦常具腺体；内稃稍短于外稃，脊上具极短的纤毛。花果期 6 ～ 8 月。

生于山麓草原化荒漠和荒漠草原群落中，为东坡习见植物。

獐毛属 *Aeluropus* Trin.

獐毛　*Aeluropus sinensis* (Debeaux) Tzvelev

多年生草本，高 20 ～ 35cm。秆基部密生鳞片状叶鞘，节密生柔毛。叶鞘长于节间，无毛；叶舌短，长约 0.5mm，顶生纤毛；叶片质硬，长 1.5 ～ 5cm，宽 1.5mm。圆锥花序紧密呈穗状，分枝单生，自分枝基部即密生小穗；小穗含 4 ～ 10 朵花，颖革质，边缘膜质，脊上微粗糙，第一颖狭窄，具 3 条不明显的脉，第二颖具 5 ～ 7 条脉；外稃卵形，先端尖，具 9 ～ 10 条脉，背部无毛；内稃与外稃近等长，先端钝或截平，脊上具微毛。花果期 5 ～ 8 月。

生于山麓盐湿地、盐碱地，见于归德沟。

虎尾草属 *Chloris* Sw.

虎尾草 *Chloris virgata* Sw.

一年生草本，高 20 ～ 50cm。秆丛生，直立或基部膝曲，无毛。叶鞘无毛，背部具脊，松弛，最上部的叶鞘常肿胀而包藏花序；叶舌具小纤毛；叶片长 5 ～ 25cm，宽 3 ～ 6mm。穗状花序，4 至 10 余个成指状簇生于茎顶；小穗紧密地呈覆瓦状排列于穗轴的一侧；颖膜质，具 1 条脉，不等长，具短芒；第一外稃具 3 条脉，两边脉上被长柔毛，中部以上的毛约与稃体等长，芒自顶端以下伸出；内稃稍短于外稃。花果期 6 ～ 10 月。

生于山麓草原化荒漠或荒漠草原群落中，为东坡习见植物。

草沙蚕属 *Tripogon* Roem. et Schult.

中华草沙蚕 *Tripogon chinensis* (Franch.) Hack.

多年生草本，高 10 ～ 30cm。秆直立，密丛生。叶鞘多短于节间，无毛，口部具长柔毛，常带紫红色；叶舌膜质，具纤毛；叶片长 3 ～ 10cm，宽约 2mm，腹面疏被长柔毛，常内卷成细针状，背面无毛。穗状花序细瘦，穗轴无毛；小穗黑绿色，含 2 ～ 8 朵花；颖质薄，不等长，先端尖，第二颖具 1 条脉，脉延伸成小尖头；外稃质薄，近膜质，具 3 条脉，主脉延伸成芒，基盘具长柔毛；内稃与外稃等长或稍短于外稃。花果期 7 ～ 9 月。

生于山麓草原化荒漠或荒漠草原，见于苏峪口沟、马莲口沟、黄旗口沟、甘沟口。

锋芒草属 *Tragus* Hall.

锋芒草 *Tragus mongolorum* Ohwi

一年生草本，高 15 ～ 35cm。秆斜升或平卧于地面。叶鞘短于节间，无毛；叶舌具柔毛；叶片长 3 ～ 8cm，宽 2 ～ 4mm，边缘具刺毛。花序紧密呈穗状；小穗 2 个簇生，常具第三个退化小穗；第一颖退化，薄膜质，微小，第二颖革质，背部具 5 条肋，肋上具钩刺，顶端具伸出刺外的尖头；外稃膜质，具 3 条不明显的脉纹；内稃较外稃稍短且质薄，脉更为不显。花果期 6 ～ 8 月。

生于山麓草原化荒漠和荒漠草原中，为东坡罕见植物。

隐子草属 *Cleistogenes* Keng

丛生隐子草 *Cleistogenes caespitosa* Keng

多年生草本，高 40 ～ 55cm。秆丛生，直立，无毛。叶鞘除鞘口具白色长柔毛外，其余无毛，下部者短于节间，上部者常长于节间；叶舌为 1 圈纤毛；叶片长 2.5 ～ 7.5cm，宽 2 ～ 4mm，腹面稍粗糙，通常内卷或下部者扁平，背面平滑无毛。圆锥花序开展，分枝粗涩，斜升或平展；小穗通常含 3 ～ 5 朵花；颖不等长，膜质而稍透明，第一颖先端尖或钝，具 1 条脉或无脉，第二颖先端尖，具 1 条脉；外稃具 5 条脉或间脉不太明显，边缘疏生柔毛，第一外稃先端具长小尖头；内稃与外稃等长或稍长于外稃，脊上部粗糙。花果期 7 ～ 8 月。

生于海拔 1500 ～ 2500m 的石质山坡、沟谷或山前洪积扇上，见于苏峪口沟、插旗口沟。

中华隐子草 *Cleistogenes hackelii* (Honda) Honda

多年生草本，高 10 ～ 30cm。秆直立，密丛生。叶鞘均较节间为长，平滑无毛，鞘口具柔毛或无毛；叶舌极短，边缘具纤毛；叶片长 3 ～ 7cm，宽 1 ～ 2mm，腹面稍粗糙，背面光滑，通常内卷。圆锥花序稀疏，开展；小穗含 3 ～ 5 朵小花；颖不等长，渐尖，具 1 条脉或第二颖具 3 条脉，主脉稍粗糙；外稃先端具极微小的 2 个齿，具 5 条脉，间脉常不明显，中脉延伸成短芒，近边缘具稀少长柔毛，基盘具短毛；内稃与外稃等长或近等长，先端微凹，脊上粗糙。花果期 7 ～ 8 月。

生于海拔约 2400m 的山地沟谷、石质山坡或灌丛中，见于苏峪口沟、插旗口沟、贺兰口沟等。

多叶隐子草 *Cleistogenes polyphylla* Keng ex P. C. Keng & L. Liu

多年生草本。秆密丛生，高 30 ～ 45cm，具 3 ～ 4 节，节下与花序下面微粗糙。叶鞘微粗糙，顶生者长 6 ～ 10cm，稍长于其叶片；叶片长 6 ～ 12cm，宽 1 ～ 1.5mm，稍内卷，微粗糙，顶生者长达花序的基部。圆锥花序狭窄而较疏松，长 7 ～ 10cm，每节生 2 ～ 4 个分枝；分枝短，直立上举，中部以下裸露，粗糙；小穗长 4 ～ 6mm，含 3 ～ 4 朵小花，排列疏松，稍开展；小穗轴平滑无毛；颖先端渐尖，具 3 条脉，脊微粗糙，第一颖长约 4mm，第二颖稍长，与小花等长；外稃先端有少许膜质，5 条脉尚明显，脊下部和边脉下部 1/4 具少量柔毛，基盘微具绵毛；内稃稍短，两脊微粗糙，先端 2 裂。花期 6 月 。

生于海拔 1500 ～ 1800m 的山地阳坡，见于东坡中部和南部各处。

无芒隐子草 *Cleistogenes songorica* (Roshev.) Ohwi

多年生草本，高 15 ～ 40cm。秆直立，具多节，密丛生，无毛。叶鞘长于节间，无毛，鞘口处具柔毛；叶舌短，顶端截形，边缘具短纤毛；叶片扁平或先端内卷，长 2 ～ 7cm，宽 1.5 ～ 2.5mm，腹面及边缘粗糙，背面光滑。圆锥花序开展，下部各节均具 1 个分枝，枝腋间具白色长柔毛；小穗含 3 ～ 8 朵小花，成熟时带紫色；颖不等长，膜质，先端尖，具 1 条脉；外稃质较薄，上部边缘宽膜质，具 5 条脉，主脉及边脉疏生长柔毛，基盘疏生短毛，先端无芒或具小尖头，内稃与外稃等长或稍短于外稃，脊下部具长纤毛，上部具短纤毛或粗糙，顶端近平滑；雄蕊 3 枚，花药黄色或带紫色。花果期 7 ～ 9 月。

生于山麓草原化荒漠和荒漠草原群落中，为东坡习见植物。

糙隐子草 *Cleistogenes squarrosa* (Trin.) Keng

多年生草本，高 10 ～ 30cm。秆密生，光滑无毛，干后卷曲作蜿蜒状。叶鞘长于节间，层层包裹直达花序基部；叶舌为 1 圈很短的纤毛；叶片通常内卷，糙涩，长 3 ～ 6cm，基部宽 1 ～ 2mm。圆锥花序狭窄，分枝单生，各分枝疏生 2 ～ 5 个小穗；小穗含 2 ～ 3 朵小花，绿色或带紫色；颖不等长，通常具 1 条脉，边缘宽膜质，无毛，脊上粗糙；外稃具 5 条脉，或间脉不明显而具 3 条脉，近边缘处常具柔毛，先端微 2 裂，主脉延伸成较稃体短的芒，基盘具短毛；内稃与外稃等长或稍长于外稃，脊延伸成短芒。花期 8 月。

生于海拔 1500 ～ 2400m 的干旱山坡、疏林或灌丛，为东坡习见植物。

马唐属 *Digitaria* Haller

止血马唐 *Digitaria ischaemum* (Schreb.) Muhl.

一年生草本，高 30 ～ 50cm。秆丛生，直立或基部略倾斜。叶鞘疏松，具脊，除基部叶鞘外均短于节间；叶舌膜质，先端圆；叶片扁平，长 2 ～ 8cm，宽 1 ～ 5mm，两面疏生柔毛或背面无毛。总状花序 2 ～ 4 个，着生于秆顶；小穗灰绿色或带紫色，穗轴每节着生 2 ～ 3 个小穗；第一颖微小，透明膜质，无脉；第二颖与小穗等长或稍短于小穗，较狭窄，具 3 条脉，脉间及边缘具棒状柔毛；第一外稃具 5 条脉，脉间及边缘亦具棒状柔毛。谷粒成熟后为黑褐色，与小穗等长。花果期 7 ～ 10 月。

生于山麓农田和村舍附近，为东坡习见植物。

稗属 *Echinochloa* P. Beauv.

稗　*Echinochloa crus-galli* (L.) P. Beauv.

一年生草本，高 50 ～ 130cm。秆直立，基部倾斜或膝曲，光滑无毛。叶鞘松弛，平滑无毛；无叶舌；叶片长 10 ～ 35cm，宽 5 ～ 20mm，无毛。圆锥花序的主轴具角棱，粗糙，较粗壮；总状花序具小枝，斜上或贴生，穗轴基部具有硬刺疣毛；小穗密集于穗轴的一侧，具极短柄或近无柄；第一颖三角形，基部包卷小穗，长约为小穗的 1/3 ～ 1/2，具 5 条脉，边脉仅于基部较明显，具短硬毛或硬刺疣毛；第二颖先端成小尖头，具 5 条脉，脉上具刺状疣毛，脉间被短硬毛；第一外稃草质，上部具 7 条脉，具硬刺疣毛，脉间被短硬毛，先端延伸成 1 个粗壮的芒；内稃与外稃等长，膜质，具 2 个脊。花果期 7 ～ 10 月。

生于山麓水田、水浇地、渠道和村舍附近，为东坡习见植物。

狗尾草属 *Setaria* P. Beauv.

金色狗尾草 *Setaria pumila* (Poir.) Roem. & Schult.

一年生草本，高 20 ～ 90cm。秆直立或基部倾斜于地面，并于节上生根。叶鞘下部者压扁具脊，上部者为圆形，光滑无毛；叶舌为 1 圈柔毛；叶片长 5 ～ 40cm，宽 2 ～ 8mm，先端长渐尖，基部钝圆形，无毛。圆锥花序紧密，圆柱形，通常直立，主轴被微毛；刚毛金黄色或稍带褐色，粗糙；小穗椭圆形，先端尖，通常在一簇中仅 1 个发育；第一颖广卵形，先端尖，具 3 条脉，长约为小穗的 1/3；第二颖长约为小穗的 1/2，先端钝，具 5 ～ 7 条脉；第一外稃与小穗等长，具 5 条脉；内稃膜质，与外稃几等长，与谷粒等宽，含 3 枚雄蕊；谷粒成熟时具明显的横皱纹，背部极隆起，黄色或灰色。花果期 7 ～ 9 月。

生于山麓干河床、农田、地边、村舍、道路附近，为东坡习见植物。

狗尾草 *Setaria viridis* (L.) P. Beauv.

一年生草本，高 30 ～ 100cm。秆直立或基部膝曲，通常较细弱，有时粗壮。叶鞘较松弛，无毛或具柔毛；叶舌具纤毛；叶片扁平，长 5 ～ 30cm，宽 2 ～ 15mm，通常无毛。圆锥花序密，呈圆柱形，微弯垂或直立；刚毛粗糙，绿色、黄色或变紫色；小穗椭圆形，先端钝；第一颖卵形，长约为小穗的 1/3，具 3 条脉；第二颖几与小穗等长，具 5 条脉；第一外稃与小穗等长，具 5 ～ 7 条脉，具一狭窄的内稃；谷粒长圆形，顶端钝，具细点状皱纹。花期 6 ～ 8 月。

生于山麓农田、地枝、村舍、道路附近，为东坡习见植物。

狼尾草属 *Pennisetum* Rich.

白草　*Pennisetum flaccidum* Griseb.

多年生草本，高 30 ～ 100cm。秆直立。叶鞘位于基部者多密集，位于上部者多松弛；叶舌短，具纤毛；叶片线形，长 10 ～ 40cm，宽 3 ～ 15mm。圆锥花序穗状，呈圆柱形，主轴有角棱，无毛或有微毛；总梗极短；刚毛粗糙，灰白色或带紫褐色；小穗单生；第一颖先端钝圆，脉不明显，第二颖长约为小穗的 1/2 ～ 3/4，先端尖或渐尖，具 3 ～ 5 条脉；第一外稃与小穗等长，具 7 ～ 9 条脉；内稃膜质或退化；花药顶端无毛。花果期 6 ～ 10 月。

生于浅山山麓、干河床或沙地，为东坡习见植物。

芒属 *Miscanthus* Andersson

荻 ***Miscanthus sacchariflorus* (Maxim.) Benth & Hook. f. ex Franch.**

多年生草本。秆高 60 ～ 200cm。叶片条形，宽 10 ～ 12mm。圆锥花序扇形；主轴长不足花序的 1/2；总状花序；穗轴不断落，节间与小穗柄都无毛；小穗成对生于各节，一柄长，一柄短，均结实且同形，含 2 朵小花，仅第二朵小花结实；基盘的丝状毛长约为小穗的 2 倍；第一颖两侧有脊，脊间有 1 条不明显的脉或无脉，背部有长为小穗 2 倍以上的长柔毛；芒缺或不露出小穗之外；雄蕊 3 枚；柱头自小穗两侧伸出。花果期 8 ～ 10 月。

生于沟谷溪流湿地，见于居士沟。

孔颖草属 *Bothriochloa* Kuntze

白羊草 ***Bothriochloa ischaemum* (L.) Keng**

多年生草本，高 25 ～ 80cm。秆丛生，直立或基部膝曲，具 3 至多节。叶鞘短于节间，仅基部长于节间而互相跨覆，无毛；叶舌膜质，先端钝圆，具纤毛；叶片狭线形，长 5 ～ 18cm，宽 2 ～ 3mm，两面疏生柔疣毛或背面无毛。总状花序 4 至多数，簇生于秆顶，细弱，灰绿色或带紫色；穗轴节间与小穗柄两侧具白色丝状毛；无柄小穗，基盘具髯毛；第一颖草质，背部中央稍下凹，具 5 ～ 7 条脉，第二颖舟形，脊上粗糙，边缘近于膜质；第一外稃边缘上部疏生纤毛，第二外稃退化成线形，先端延伸成 1 个膝曲的芒；有柄小穗雄性，无芒，第一颖背部无毛，具 9 条脉，第二颖具 5 条脉，两边内折，边缘具纤毛。花果期 7 ～ 10 月。

生于海拔 1250 ～ 1500m 的山麓及浅山沟谷，见于黄旗口沟、马莲口沟、苏峪口沟。

荩草属 *Arthraxon* P. Beauv.

荩草　*Arthraxon hispidus* (Thunb.) Makino

一年生草本，高 25 ～ 45cm。秆细弱，基部倾斜或平卧，具多节，常分枝，无毛，基部的节着土后易生根。叶鞘短于节间，生有短硬疣毛；叶舌膜质，边缘具纤毛；叶片卵状披针形，长 2 ～ 4cm，宽 8 ～ 15mm，先端渐尖，基部心形，抱秆，除下部边缘生纤毛外其余部分均无毛。总状花序细弱，穗轴节间无毛；有柄小穗退化仅剩短柄，无柄小穗卵状披针形，灰绿色或带紫色；颖等长，第一颖草质，具 7 ～ 9 条脉；第二颖近于膜质，舟形，具 3 条脉；第一外稃透明膜质；第二外稃与第一外稃等长，膜质，近基部伸出 1 个膝曲的芒，下部扭转。花果期 8 ～ 10 月。

生于海拔 1800 ～ 2400m 的山地沟谷或溪边，见于苏峪口沟、贺兰口沟、插旗口沟、马莲口沟等。

十三　罂粟科 Papaveraceae

本科共有 40 属约 800 种，主产于北温带，尤以地中海、西亚、中亚至东亚及北美洲西南部为多。中国有 17 属 443 种，其中 11 属为引种栽培，南北地区均产，但以西南地区最为集中。宁夏贺兰山产 3 属 5 种。

白屈菜属 *Chelidonium* L.

白屈菜　*Chelidonium majus* L.

多年生草本，高 30 ～ 60cm。茎聚伞状多分枝，分枝常被短柔毛，节上较密，后变无毛。基生叶少，早凋落叶互生，长达 15cm，羽状全裂，全裂片 2 ～ 3 对，不规则深裂，深裂片边缘具不整齐缺刻，腹面近无毛，背面疏生短柔毛，有白粉。花数朵，近伞状排列；苞片小，卵形；花梗长达 4.5cm；萼片 2 片，早落；花瓣 4 片，黄色，倒卵形，无毛；雄蕊多数；雌蕊无毛。蒴果条状圆筒形。种子卵球形，具网纹。花果期 4 ～ 9 月。

生于海拔 1300 ～ 1800m 的山地沟谷或干河床上，见于苏峪口沟、黄旗口沟、甘沟。

角茴香属 *Hypecoum* L.

细果角茴香　*Hypecoum leptocarpum* Hook. f. & Thomson

一年生草本，略被白粉，高 4 ～ 60cm。茎丛生，长短不一，铺散而先端向上，多分枝。基生叶多数，蓝绿色，叶片轮廓矩圆形，二回羽状全裂，一回裂片 3 ～ 6 对，具短柄或无柄，轮廓卵形，二回羽状细裂，小裂片披针形或狭倒卵形。花序具少数或多数分枝；萼片小，狭卵形；花瓣 4 片，淡紫色或白色，外面 2 片较大，宽倒卵形，全缘，里面 2 片较小，3 裂，中央裂片船形；雄蕊 4 枚。蒴果条形，成熟时在关节处分成数小节，每节具 1 粒种子。花果期 6 ～ 9 月。

生于海拔约 2900m 的山顶湿地，见于苏峪口沟、高山气象站等地。

紫堇属 *Corydalis* DC.

灰绿黄堇　*Corydalis adunca* Maxim.

多年生灰绿色丛生草本，高 20 ～ 60cm，多少具白粉。茎不分枝至少分枝，具叶。基生叶高为茎的 1/2 ～ 2/3，具长柄，叶片狭卵圆形，二回羽状全裂，一回羽片约有 4 ～ 5 对，二回羽片有 1 ～ 2 对，近无柄，长 5 ～ 8mm，宽 5 ～ 6mm，3 深裂，有时裂片 2 ～ 3 浅裂，末回裂片顶端圆钝，具短尖。茎生叶与基生叶同形，上部的具短柄，近一回羽状全裂。总状花序多花，密集。苞片狭披针形。花黄色。蒴果长圆形。种子黑亮，具小凹点。

生于海拔 1400 ～ 2300m 的浅山石质山坡或岩壁石缝中，为东坡习见植物。

贺兰山延胡索 *Corydalis alaschanica* (Maxim.) Peshkova

多年生草本，高 5 ～ 13cm，具枝叶。叶三出，顶生小叶具短柄，侧生的近无柄，腹面绿色，背面苍白色，分裂成 3 ～ 5 个圆钝的倒卵形裂片。总状花序约具 5 朵花，密集。苞片卵圆形，近具短尖。花紫红色至蓝色。蒴果倒卵状长圆形。

生于海拔 2500 ～ 2800m 的林下或沟谷中，见于贺兰口沟、黄旗口沟。

蛇果黄堇 *Corydalis ophiocarpa* **Hook. f. & Thomson**

从生灰绿色草本，高 30 ～ 120cm。茎常多条，具叶，分枝，枝条花葶状，对叶生。基生叶多数，长 10 ～ 50cm；叶柄约与叶片等长，边缘具膜质翅，延伸至叶片基部；叶片长圆形，一至二回羽状全裂，茎生叶与基生叶同形，近一回羽状全裂。总状花序多花，具短花序轴。苞片线状披针形。花淡黄色至苍白色，平展。蒴果线形，蛇形弯曲，具 1 列种子。种子小，黑亮，具伸展狭直的种阜。

生于海拔 1800 ～ 2000m 的沟谷、崖壁和石质山坡上，见于大水沟、响水沟。

十四 小檗科 Berberidaceae

本科共有 15 属约 650 种，主要分布于北半球温带及亚热带高山地区，仅小檗属（*Berberis*）往南分布到非洲和南美洲。中国有 11 属约 303 种，全国各地均有分布。宁夏贺兰山产 1 属 3 种。

小檗属 *Berberis* L.

鄂尔多斯小檗 *Berberis caroli* C. K. Schneid.

落叶灌木，高 50 ～ 150cm。老枝暗灰色，表面具纵条裂，散生黑色皮孔；幼枝灰黄色，后期变紫红色，无毛，具条棱。叶刺坚硬，单一，黄色，长 1 ～ 3cm。叶 3 ～ 8 片簇生于刺腋，常为匙形或匙状倒披针形，长 1 ～ 5cm，宽 3 ～ 10mm，先端钝，稀锐尖，具小尖头，基部渐狭成柄，常全缘，稀具少数细锯齿，无毛。总状花序长 2 ～ 4cm，具 15 ～ 35 朵花；花黄色；苞片矩圆形，短于或等长于花梗；小苞片常为红色；萼片倒卵形或卵形，先端钝；花瓣圆状倒卵形，与内轮萼片近等长，先端稍锐尖。浆果卵球形，浅红色，柱头宿存。花期 5 ～ 6 月，果期 8 ～ 9 月。

生于海拔 1400 ～ 2000m 浅山林缘、灌丛中，见于插旗口沟、苏峪口沟、黄旗口沟。

置疑小檗 *Berberis dubia* C. K. Schneid.

落叶灌木，高 1 ～ 3m。老枝灰黑色，稍具棱槽和黑色疣点，幼枝紫红色，有光泽，明显具棱槽；茎刺单生或三分叉，与枝同色。叶纸质，狭倒卵形，长 1.5 ～ 3cm，宽 5 ～ 18mm，先端近渐尖，基部渐狭，腹面深绿色，背面淡黄色，两面中脉、侧脉和网脉明显隆起，光滑，叶缘平展，每边具 6 ～ 14 枚细刺齿。总状花序由 5 ～ 10 朵花组成；花梗细弱，无毛；花黄色；小苞片披针形，先端急尖。浆果倒卵状椭圆形，红色。花期 5 ～ 6 月，果期 8 ～ 9 月。

生于海拔 1500 ～ 2600m 的林缘或灌丛中，见于汝箕沟、大水沟、插旗口沟、苏峪口沟、黄旗口沟。

刺叶小檗　*Berberis sibirica* Pall.

落叶灌木，高 0.5 ～ 1m。茎刺细弱。叶纸质，倒卵形、倒披针形或倒卵状长圆形，长 1 ～ 2.5cm，宽 5 ～ 8mm，先端圆钝，具刺尖，基部楔形，腹面深绿色，背面淡黄绿色，不被白粉，两面中脉、侧脉和网脉明显隆起。花单生，黄色。浆果倒卵形，红色。花期 5 ～ 7 月，果期 8 ～ 9 月。

生于海拔 1600 ～ 2000m 的山地沟谷中，见于汝箕沟、苏峪口沟、黄旗口沟、甘沟。

十五　毛茛科 Ranunculaceae

本科共有 60 属约 2500 种，除南极洲外，世界广布，主要分布在北半球温带和寒温带。中国有 36 属 921 种，各省区广布，大多数属种分布于西南山地。宁夏贺兰山产 11 属 31 种。

唐松草属 *Thalictrum* L.

高山唐松草　*Thalictrum alpinum* L.

多年生小草本，全部无毛。叶 4 ～ 5 片或更多，均基生，二回羽状三出复叶，长 1.5 ～ 4cm；小叶薄革质，长和宽均为 3 ～ 5mm，基部圆形或宽楔形，3 浅裂，浅裂片全缘，脉不明显。花葶 1 ～ 2 条，不分枝；总状花序；苞片小，狭卵形；花梗向下弯曲；萼片 4 片，脱落，椭圆形；雄蕊 7 ～ 10 枚，花药狭长圆形，顶端有短尖头，心皮 3 ～ 5 个，柱头约与子房等长，箭头状。瘦果狭椭圆形，稍扁，有 8 条粗纵肋。花期 6 ～ 8 月，果期 9 月。

生于海拔 3000m 以上的高山草甸，见于主峰两侧。

贝加尔唐松草　*Thalictrum baicalense* Turcz.

多年生草本。茎直立，高 60 ～ 100cm，微具纵棱，无毛。三回三出复叶，小叶倒卵形、椭圆形或近圆形，长 2 ～ 5cm，宽 1.5 ～ 4cm，先端 3 浅裂，裂片具 2 ～ 3 个圆钝齿，基部圆形，腹面绿色，背面淡绿色，两面无毛，脉在背面明显隆起；叶柄基部成鞘状。圆锥状复单歧聚伞花序；萼片 4 片，白色，先端钝；花药椭圆形。瘦果椭圆球形，黑色，稍扁，侧面具棱脊，无毛，具短柄，先端具短喙。花期 6 月，果期 7 月。

生于林下或林缘，见于苏峪口沟、插旗口沟。

香唐松草　*Thalictrum foetidum* L.

多年生草本，高 40 ～ 70cm。茎直立，上部多分枝，圆柱形，常紫红色，上部密生白色短柔毛，下部疏生柔毛或近无毛。二至三回羽状复叶，小叶片长 0.6 ～ 2cm，宽 0.4 ～ 1.6cm，3 浅裂，腹面绿色，被白色短柔毛，背面灰绿色，被白色短柔毛与腺毛，沿叶脉较密；小叶柄与叶轴均密被白色短柔毛与腺毛；下部叶柄长，向上渐短，基部扩展成鞘状。圆锥花序疏松，花梗纤细，被短柔毛；萼片 5 片，黄绿色带紫红色，背面密被短柔毛；雄蕊多数，花药线形，先端具尖头；子房无柄，花柱短，柱头三角形。瘦果纺锤形或斜卵形，具纵棱脊，被短腺毛，宿存。花期 6 月，果期 7 月。

生于海拔 1400 ～ 2400m 的山地沟谷或灌丛中，见于汝箕沟、大水沟、苏峪口沟、小口子沟、黄旗口沟。

东亚唐松草 *Thalictrum minus* var. *hypoleucum* (Siebold & Zucc.) Miq.

多年生草本，高 1 ～ 1.5m。茎直立，具纵沟棱，无毛。二至三回羽状复叶，小叶长 0.8 ～ 2cm，宽 4 ～ 12mm，先端 3 浅裂，顶端具短尖头，基部圆形或楔形，腹面绿色，背面淡绿色，两面均无毛，边缘反卷，叶脉在背面明显隆起；叶柄基部扩展成鞘状；小叶柄与叶轴连接处具关节。圆锥花序顶生；萼片 4 片，淡黄色，先端钝，呈撕裂状；雄蕊多数，花药线形，先端具短尖。瘦果椭圆形，具纵棱脊，无毛，果喙箭头状。花期 7 ～ 8 月，果期 8 ～ 9 月。

生于海拔 1700 ～ 2500m 的林缘、灌丛或沟谷草甸，见于大水沟、苏峪口沟、黄旗口沟、甘沟。

瓣蕊唐松草 *Thalictrum petaloideum* L.

多年生草本，高 40 ～ 60cm。茎直立，具纵沟棱，无毛。三至四回三出复叶，小叶长 3 ～ 12mm，宽 2 ～ 7mm，不裂或 2 ～ 3 深裂，先端圆钝，基部楔形或近圆形，两面均无毛；基部叶具柄，上部叶无柄。伞房状复单歧聚花伞序，花梗无毛，萼片 4 片，先端圆钝，背部乳白色，边缘白色膜质；雄蕊多数，花药椭圆形。瘦果椭圆形或卵状椭圆形，无毛，两面具纵棱脊，无梗，先端具伸直或稍弯的喙。花期 6 ～ 7 月，果期 7 ～ 8 月。

生于山坡上，见于三关口。

箭头唐松草　*Thalictrum simplex* L.

多年生草本。全株无毛。茎高 54 ～ 100cm。茎生叶向上近直展，二回羽状复叶；茎下部的叶片长达 20cm，小叶长 2 ～ 4cm，宽 1.4 ～ 4cm，基部圆形，3 裂，裂片顶端钝或圆形，有圆齿，背面脉网明显，茎上部叶渐变小，小叶基部圆形、钝或楔形，裂片顶端急尖；茎下部叶有柄，稍长，上部叶无柄。圆锥花序，分枝与轴成 45° 斜上升；萼片 4 片，早落；雄蕊约有 15 枚，花药顶端有短尖头；心皮 3 ～ 6 个，无柄，柱头宽三角形。瘦果狭椭圆球形或狭卵球形，有 8 条纵肋。花期 7 月。

生于海拔 1900 ～ 2200m 的沟谷、山地灌丛或林缘中，见于苏峪口沟、小口子沟。

细唐松草 *Thalictrum tenue* Franch.

多年生草本，高 40 ～ 70cm。茎丛生，直立，具纵沟棱，无毛。茎中下部叶为三至四回羽状复叶，小叶长 3 ～ 12mm，宽 2 ～ 6mm，先端圆钝或具短尖，基部圆形、楔形或偏斜，腹面蓝绿色，无毛，背面灰绿色，疏被短毛。花单生于叶腋或单歧聚伞花序生于叶腋，组成顶生圆锥花序；花梗纤细；萼片 4 片，黄绿色，先端圆钝；雄蕊多数，花药线形，具尖头。瘦果斜倒卵形，扁平，沿背缝线和腹缝线各具狭翅，具果梗。花期 6 ～ 8 月，果期 8 ～ 9 月。

生于海拔 1400 ～ 2000m 的石质山坡上，见于大水沟、贺兰口沟、拜寺口沟、苏峪口沟、小口子沟、黄旗口沟。

拟耧斗菜属 *Paraquilegia* Drumm. et Hutch.

乳突拟耧斗菜 *Paraquilegia anemonoides* (Willd.) Engl. ex Ulbr.

多年生草本。根状茎粗壮，有时在上部分枝，生出数丛枝叶。叶多数，一回三出复叶，无毛；叶片轮廓三角形，宽 1 ～ 2cm，小叶近肾形，长约 7mm，宽约 10mm，3 全裂或 3 深裂，腹面绿色，背面浅绿色。花葶 1 至数条，比叶高；苞片 2 片，生于花下，倒披针形或 3 全裂，基部有膜质鞘；萼片浅蓝色或浅堇色，宽椭圆形至倒卵形，顶端钝；花瓣倒卵形，顶端微凹；心皮通常 5 个，无毛。蓇葖果直立，基部有宿存萼片。种子长椭圆形至椭圆形，灰褐色，表面密被乳突状的小疣状突起。花期 6 ～ 7 月，果期 8 ～ 10 月。

生于海拔 2800 ～ 3400m 的岩石缝或灌丛中，见于分水岭山脊两侧。

耧斗菜属 *Aquilegia* L.

耧斗菜 *Aquilegia viridiflora* Pall.

多年生草本。茎丛生或单一，直立，高 30 ~ 40cm，具纵沟棱，被短柔毛和腺毛。基生叶为二回三出复叶；小叶楔状倒卵形，长 1.5 ~ 3cm，3 裂，裂片常具 2 ~ 3 个圆齿，背面疏生短柔毛或几无毛；叶柄长达 18cm；茎生叶较小。花序具 3 ~ 7 朵花；萼片 5 片，黄绿色，卵形，外面被柔毛；花瓣 5 片，黄绿色，瓣片顶端近截形，直或稍弯；雄蕊伸出，多数；退化雄蕊膜质；子房密生腺毛，花柱与子房近等长。花期 6 月，果期 7 月。

生于海拔 1500 ~ 2500m 的岩壁石缝中，见于大水沟、苏峪口沟、小口子沟、黄旗口沟。

紫花耧斗菜　*Aquilegia viridiflora* var. *atropurpurea* (Willd.) Finet & Gagnep.

本变型与正种的区别是萼片为蓝紫色或紫色。

生于岩石缝中，见于大水沟、插旗口沟、苏峪口沟、小口子沟、黄旗口沟。

翠雀属 *Delphinium* L.

白蓝翠雀花　*Delphinium albocoeruleum* Maxim.

多年生草本，高 40 ～ 60cm，被反曲的短柔毛。基生叶在开花时存在或枯萎，茎生叶在茎上等距排列，下部叶有长柄；叶片五角形，长 3.5 ～ 5.8cm，宽 5.5 ～ 10cm，两面疏被短柔毛，中央裂片菱形，渐尖，二回深裂，小裂片狭卵形或披针形，具 1 ～ 2 枚小齿，侧生裂片不等 2 裂。伞房花序具 3 ～ 7 朵花；小苞片生于花梗上部或与花邻接，匙状条形；萼片 5 片，蓝紫色或淡蓝色，宽卵形或椭圆形，距与萼片近等长，圆筒状钻形；花瓣 2 枚，有距；退化雄蕊 2 枚，瓣片黑褐色，有黄色髯毛；雄蕊多数；心皮 3 个。种子四面体形，有鳞状横翅。花期 7 ～ 9 月。

生于海拔 1800 ～ 2800m 的云杉林缘、草甸或灌丛中，见于大水沟、拜寺口沟、苏峪口沟、小口子沟、黄旗口沟。

软毛翠雀花　*Delphinium mollipilum* W. T. Wang

多年生草本，茎高约 34cm，疏被开展或向下斜展的白色柔毛，等距地生叶，不分枝。茎中部叶有稍长柄；叶片五角形，长约 3.3cm，宽约 6cm，3 全裂，腹面几无毛，背面疏被开展的长柔毛；叶柄约与叶片等长，被与茎相同的毛，有不明显的鞘。茎上部叶变小，具短柄。伞房花序；基部苞片叶状；花梗被柔毛，上部毛很密；小苞片生于花梗中部，线形；萼片紫蓝色，外面疏被短柔毛；花瓣干时黄色，无毛，顶端微凹；退化雄蕊蓝色，瓣片圆倒卵形，爪比瓣片短，基部有短附属物；雄蕊无毛；心皮 3 个，子房只在上部疏被柔毛。花期 9 月。

生于海拔 1400 ～ 2500m 的林缘、灌丛、沟谷草甸中，见于大水沟、插旗口沟、拜寺口沟、苏峪口沟、黄旗口沟、甘沟。

类叶升麻属 *Actaea* L.

类叶升麻　*Actaea asiatica* Hara

多年生草本。茎直立，高 30 ～ 70cm，具纵沟棱，下部无毛，上部疏被短柔毛。茎下部叶三回三出复叶，小叶长 3 ～ 8cm，宽 2 ～ 7.5cm，顶端小叶 3 浅裂，侧生小叶 2 ～ 3 浅裂或不裂，先端长渐尖，边缘具不规则的锐锯齿，腹面绿色，无毛，背面灰绿色，脉隆起，沿脉疏生短毛；顶生小叶具柄，侧生小叶无柄；叶柄无毛；茎上部叶为二回三出复叶，叶较小。总状花序，花序轴及花梗被短柔毛；萼片 4 片，白色，倒卵形，早落；退化雄蕊 6 枚，匙形；心皮 1 个，卵形，无花柱，柱头膨大成圆盘状。浆果球形，黑色。花期 5 ～ 6 月，果期 7 ～ 8 月。

生于海拔 2500m 的林下、林缘，见于苏峪口沟兔儿坑。

白头翁属 *Pulsatilla* Adans.

细叶白头翁 *Pulsatilla turczaninovii* Krylov & Serg.

多年生草本。直根粗壮。植株高 10 ～ 40cm，基部具纤维状残存干枯叶柄。叶基生，具长柄；叶片长 2.5 ～ 8cm，宽 1 ～ 4cm，二至三回羽状分裂，边缘反卷，腹面几无毛，背面疏被长柔毛；叶柄被长柔毛。花葶被长柔毛；总苞钟形，基部连合成筒，苞片细裂，末回裂片线形或线状披针形，外面被长柔毛；萼片 6 片，蓝紫色，外面密被伏毛；雄蕊多数。瘦果长椭圆形，密被长柔毛，宿存花柱，被长柔毛。花果期 5 ～ 6 月。

生于海拔约 2000m 的山坡草地或灌丛中，见于苏峪口沟、大水沟。

银莲花属 *Anemone* L.

展毛银莲花　*Anemone demissa* Hook. f. & Thomson

多年生草本，高 15 ～ 35cm。基生叶多数具长柄，密被白色开展的长柔毛。叶片宽卵形，基部心形，长 3 ～ 5cm，宽 5 ～ 7cm，3 全裂；中央全裂片菱状宽卵形，无柄，3 深裂；侧全裂片卵形，不等 3 中裂；末回裂片卵形，先端钝圆或钝尖，腹面无毛或疏被长柔毛，背面被长柔毛。花葶单一或数条，被白色长柔毛；苞片 3 片，无柄，3 深裂，裂片先端有的具牙齿；花梗 1 ～ 3 个，自总苞中抽出，疏被白色开展的长柔毛；萼片 5 片，白色，外面带紫色，椭圆状倒卵形或倒卵形；花丝条形；心皮无毛。瘦果倒卵圆形或近圆形，先端的喙弯曲。花期 5 ～ 7 月，果期 8 月。

生于海拔 2200 ～ 3000m 的亚高山石缝中，见于山脊两侧。

长毛银莲花　*Anemone narcissiflora* subsp. *crinita* (Juz.) Kitag.

多年生草本，高 10 ～ 30cm。基生叶多数；具长柄，密被白色开展的长柔毛。叶片近圆形，基部心形，长 3 ～ 5cm，宽 4 ～ 6cm，3 全裂；中央全裂片宽卵形，近无柄，3 深裂；侧全裂片卵形，2 ～ 3 深裂或中裂，全裂片之间相互重叠，上部边缘具卵圆形牙齿，齿先端圆钝；叶片腹面疏被长柔毛，背面被长柔毛。伞形花序，花 2 ～ 3 朵；花被白色长柔毛。总苞片 3 片，无柄，3 深裂；裂片椭圆状披针形，裂片先端有的具牙齿。花梗 2 ～ 3 个，自总苞中抽出，疏被白色开展的长柔毛；萼片 5 ～ 7 片，白色，椭圆状倒卵形或倒卵形；花丝条形；心皮无毛。瘦果倒卵圆形，无毛，先端的喙弯曲。花期 5 ～ 7 月，果期 8 月。

生于海拔 2000 ～ 2800m 的亚高山石缝中，见于山脊两侧。

铁线莲属 *Clematis* L.

芹叶铁线莲 *Clematis aethusifolia* Turcz.

藤本或直立草本。茎多自基部分枝，纤细，禾秆色，具纵沟棱，疏被细柔毛。叶二至三回羽状复叶，连叶柄长 7 ～ 10cm，末回裂片线形或椭圆形，先端圆钝，表面无毛。聚伞花序叶腋生，具 1 ～ 3 朵花，花梗被柔毛；花萼钟形，下垂，萼片 4 片，淡黄色，先端钝，背面被绒毛，边缘毛较密，具 3 条突起的中脉；花丝扁平带状，上部被柔毛，花药长椭圆形，药隔微被柔毛；子房扁平，被短毛，花柱密被长柔毛。瘦果椭圆形，红棕色，被柔毛。花期 6 ～ 9 月，果期 8 ～ 10 月。

生于海拔 1700 ～ 2500m 的石质山坡、灌丛或林缘中，见于插旗口沟、苏峪口沟、小口子沟、黄旗口沟。

短尾铁线莲　*Clematis brevicaudata* DC.

草质藤本。茎紫褐色，具纵沟棱。二回羽状复叶，小叶片长 1.5 ～ 5cm，宽 1 ～ 3cm，先端长渐尖或渐尖，基部圆形、截形至微心形，稀楔形，边缘疏生裂片状粗锯齿，有时 3 裂，两面无毛；叶轴疏被短柔毛，小叶柄无毛，下面圆形。圆锥状聚伞花序叶腋生或顶生，具多数花，总花梗与花梗均被短柔毛；萼片 4 片，白色，先端钝，花丝线形，无毛。瘦果狭卵形，具短梗，密生柔毛。花期 7 ～ 8 月，果期 8 ～ 9 月。

生于海拔 1800 ～ 2400m 的沟谷、灌丛中，为东坡习见植物。

灌木铁线莲　*Clematis fruticosa* Turcz.

直立灌木，高达 1.5m。枝条黑色，具纵沟棱，常纵向条裂。单叶对生或在短枝上簇生，叶片长 1 ～ 2cm，宽 3 ～ 8mm，先端锐尖，基部宽楔形，边缘具少数裂片状尖锯齿，基部 2 片裂片较大，腹面叶脉凹陷，无毛，背面叶脉明显，无毛。花单生于叶腋或成含 3 朵花的聚伞花序；总苞片叶状、椭圆状披针形，中花无小苞片，侧花具小苞片，总花梗及花梗密被短柔毛；萼片 4 片，先端尖，常具 1 个角状尖，全缘，背部中间黄褐色，无毛，边缘黄色，近边缘密生绒毛；雄蕊无毛。瘦果卵形，密被长柔毛，宿存花柱被黄白色长毛。花期 7 ～ 8 月，果期 8 ～ 9 月。

生于海拔 1400 ～ 1800m 的石质山坡，见于归德沟、汝箕沟、大水沟、甘沟。

黄花铁线莲 *Clematis intricata* Bunge

草质藤本。茎纤细，具纵沟棱，禾秆色或带紫色，无毛。叶一至二回羽状复叶，小叶具柄，2～3裂，中裂片长1～4.5cm，宽4～15mm，先端渐尖，基部近圆形或宽楔形，全缘或具少数锐锯齿，侧裂片较短，腹面绿色，背面灰绿色，疏被毛，主脉隆起。聚伞花序叶腋生，中花梗无小苞，侧生花梗下部具1对小苞片，苞片叶状，倒披针形，全缘或2～3浅裂至全裂，花梗纤细，无毛；花萼钟形，黄色，萼片4片，先端长渐尖，仅边缘密被绒毛；花丝扁平带状，边缘具短毛，花药无毛；子房椭圆形，密被短柔毛。瘦果卵形，被柔毛，宿存花柱弯曲，被长柔毛。花期7～8月。果期8～9月。

生于海拔1400～2000m的浅山沟谷中，见于苏峪口沟、黄旗口沟。

长瓣铁线莲 *Clematis macropetala* Ledeb.

木质藤本，长约2m。枝暗紫褐色，具棱角。二回三出复叶，小叶片长2.5～5.5cm，宽1～2.5cm，先端渐尖或长渐尖，基部近圆形至宽楔形，常偏斜，边缘中部具不整齐的裂片状锯齿或重锯齿，腹面绿色，背面淡绿色，沿叶脉疏具柔毛；侧生小叶柄，顶生小叶柄的叶轴微被柔毛；托叶长椭圆形，先端3深裂，带紫红色，密被长柔毛。花单生于当年生短枝顶端，花梗具纵棱；花萼钟形，萼片4片，蓝色或淡蓝紫色，先端渐尖；退化雄蕊花瓣状，与萼片等长或稍短，外面密被绒毛，里面疏被毛或几无毛；雄蕊花丝线形，外面及边缘具短柔毛，花柱密被白色长柔毛。瘦果卵状披针形，无毛，宿存花柱被黄白色长柔毛。花期5～6月，果期6～7月。

生于海拔1400～2600m的林下或林缘草甸，见于汝箕沟、大水沟、插旗口沟、贺兰口沟、苏峪口沟、黄旗口沟、甘沟。

白花长瓣铁线莲　*Clematis macropetala* var. *albiflora* (Maxim. ex Kuntze) Hand.-Mazz.

本变种与正种的区别为花白色且较大，萼片先端稍钝，外面密被柔毛，里面无毛。生于海拔 2200m 的沟边、灌丛及林缘。

小叶铁线莲 *Clematis nannophylla* Maxim.

直立灌木，高 30 ～ 100cm。茎灰褐色，具纵沟棱，被短柔毛。单叶对生或数叶簇生，叶片卵形，长 0.5 ～ 1.5cm，宽 0.3 ～ 1.2cm，羽状全裂，裂片再作羽状深裂，最末裂片先端尖，腹面无毛，脉凹陷，背面主脉隆起，疏被柔毛。花单生于枝条顶端叶腋或为 3 朵花的聚伞花序；花梗密被绒毛；萼片 4 片，先端尖，边缘波状，背部中央黄褐色，疏被短柔毛，边缘黄色，黄色与黄褐色交接部分密被绒毛，边缘无毛，里面无毛；花丝披针形，暗褐色，无毛，花药无毛。瘦果狭卵形，被柔毛，宿存花柱密被黄色长毛。花期 7 ～ 9 月，果期 9 ～ 10 月。

生于石质山坡，见于三关口。

甘青铁线莲 *Clematis tangutica* (Maxim.) Korsh.

木质藤本。茎禾秆色，具纵沟棱，被柔毛。一回羽状复叶，具 5 ～ 7 片小叶，小叶基部常 2 ～ 3 裂，中裂片长 2 ～ 4cm，宽 1 ～ 1.8cm，先端渐尖或圆钝，边缘具不规则尖锯齿，侧生裂片小，卵形，边缘具锯齿，腹面几无毛，叶脉凹陷，背面疏被柔毛，叶脉明显；小叶柄上面平，下面圆形。花单生于叶腋或为聚伞花序，具 3 朵花；花梗粗壮；萼片 4 片，黄色，先端长渐尖，背面被柔毛，花丝扁平带状，下部边缘具柔毛，花药无毛；子房密生柔毛。瘦果狭卵形，密被柔毛，宿存花柱密被长柔毛。花期 6 ～ 9 月，果期 9 ～ 10 月。

生于海拔 1400 ～ 2600m 的沟谷、河滩砾石堆，仅见于苏峪口沟。

碱毛茛属 *Halerpestes* Greene

长叶碱毛茛　*Halerpestes ruthenica* (Jacq.) Ovcz.

多年生草本。节上生根和叶。叶全部基生，叶片卵状梯形或卵形，长 1.2 ～ 4cm，宽 0.7 ～ 2cm，先端具 3 个圆钝裂齿，基部宽楔形、截形或微心形，两面无毛；叶柄基部扩展成鞘。花葶自叶丛中抽出，单一或具少数分枝，疏被柔毛或近无毛；苞片线状披针形，基部膜质，成鞘状抱茎；萼片 5 片，狭卵形；花瓣黄色，6 ～ 12 片，基部渐狭，具短爪，蜜腺点状；雄蕊多数，花药椭圆形。瘦果扁，斜倒卵形，两面具纵肋，无毛，果喙弯曲。花期 5 ～ 6 月，果期 7 月。

生于沟谷低湿地草甸，见于汝箕沟、拜寺口沟等。

碱毛茛 *Halerpestes sarmentosa* (Adams) Komarov & Alissova

多年生草本。叶多数，纸质，多近圆形，长 0.5 ～ 2.5cm，宽稍大于长，基部圆心形、截形或宽楔形，边缘有 3 ～ 7 个圆齿，有时 3 ～ 5 裂，无毛；叶柄有毛。苞片线形；花小；萼片绿色，卵形，无毛，反折；花瓣 5 片，狭椭圆形，与萼片近等长，顶端圆形，基部有爪，爪上端有点状蜜槽；花托圆柱形，有短柔毛。聚合果椭圆球形；瘦果小而极多，斜倒卵形，两面稍鼓起，有 3 ～ 5 条纵肋，无毛，喙极短，呈点状。花果期 5 ～ 9 月。

生于沟谷低湿地草甸，见于归德沟、汝箕沟、插旗口沟、拜寺口沟。

毛茛属 *Ranunculus* L.

茴茴蒜 *Ranunculus chinensis* Bunge

一年生草本。茎直立，高 20 ～ 70cm，中空，具纵棱，密生糙毛。基生叶与茎下部叶具长柄，叶为三出复叶，顶生小叶宽卵形，长 4 ～ 8cm，宽 3 ～ 6cm，3 深裂几达基部，中裂片边缘具粗齿，侧裂片不等 2 裂，裂片边缘具粗齿，侧生小叶斜宽卵形，两面被伏贴糙毛，背面稍密；小叶柄均密被糙毛。萼片 5 片，狭卵形，边缘膜质，背部被长柔毛；花瓣 5 片，黄色，倒卵状椭圆形。聚合瘦果圆柱形，花托密生短毛。瘦果扁平，宽卵形或椭圆形，边缘具翅，喙极短，呈三角形，无毛。花果期 5 ～ 9 月。

生于浅山沟谷泉溪边，见于汝箕沟、贺兰口沟、苏峪口沟。

棉毛茛　*Ranunculus membranaceus* Royle

多年生草本。茎直立，高 10 ～ 20cm，具纵棱，密被白色长柔毛。基生叶多数，叶片长 2 ～ 3cm，宽 3 ～ 5mm，背面被白色长柔毛；叶柄上部稍扁，被长柔毛，下部扩展成长的膜质叶鞘，无毛；茎生叶无柄或具短柄，3 裂几达基部，裂片线形，密生白色长柔毛。花单生于茎顶；萼片 5 片，外面密被白色长柔毛；花瓣 5 片，黄色，基部具爪，蜜腺袋状；雄蕊多数，花药长椭圆形；花托无毛。瘦果倒卵形，稍扁，无毛。花果期 6 ～ 7 月。

生于海拔 3000m 以上的高山草甸、灌丛或流石坡石缝中，见于山脊处。

掌裂毛茛 *Ranunculus rigecens* Turcz. ex Ovcz.

多年生草本。茎直立，高 10 ～ 30cm，有分枝，具纵棱，被柔毛。基生叶二型，有些叶片圆卵形，长宽均为 1.5 ～ 2.5cm，具 7 ～ 9 个浅至中裂片，中央裂片较大，裂片全缘，无毛；有些叶较大，长 2.5 ～ 4cm，呈不规则的掌状深裂，裂片倒披针形，疏被长柔毛；叶柄基部扩展成鞘状；茎生叶 3 ～ 5 全裂，裂片线形，腹面无毛，背面被长柔毛，先端具钝点。花单生于茎顶或腋生于分枝顶端；萼片 5 片，背面被长柔毛；花瓣倒卵形；雄蕊多数，花丝线形，无毛，花药长椭圆形。瘦果卵球形，稍扁，无毛。花果期 6 ～ 7 月。

生于海拔 2400 ～ 2600m 的沟谷河溪边，见于插旗口沟。

水毛茛属 *Batrachium* S. F. Gray

毛柄水毛茛 *Batrachium trichophyllus* Chaix ex Vill.

沉水草本。茎长无毛，分枝。单叶，叶片近半圆形，长 1.5 ～ 3cm，4 ～ 5 回 2 ～ 3 裂，末回裂片丝形；叶柄基部鞘状，无毛。花长梗，无毛；萼片 5 片，常反折，边缘膜质；花瓣白色，基部黄色，倒卵形；雄蕊多数；花托被糙毛。瘦果斜长倒卵形，具横皱纹。

生于沟谷河溪边，见于插旗口沟。

十六　茶藨子科 Grossulariaceae

本科共有 1 属约 160 种，主要分布于北半球温带和寒带。中国有 59 种。宁夏贺兰山产 2 种。

茶藨子属 *Ribes* L.

瘤果糖茶藨子　*Ribes himalense* var. *verruculosum* (Rehder) L. T. Lu

灌木，高达 2m。幼枝紫褐色，无毛，老枝灰黑色。叶肾形，长 4 ～ 6cm，宽 4.5 ～ 6.5cm，通常 5 裂，裂片先端短渐尖，基部深心形，边缘具不规则的重锯齿，腹面伏生短腺毛，边缘具缘毛，叶背面脉上及叶柄上具骨质瘤状物；叶柄被腺毛。总状花序；苞片长圆形，边缘具腺毛；萼片 5 片，倒卵状矩圆形，红色，顶端圆钝，具缘毛；花瓣小；雄蕊 5 枚；花柱 1 个，柱头 2 裂。浆果球形，无毛。花期 5 ～ 6 月，果期 6 ～ 7 月。

生于海拔 2000 ～ 2700m 的山地林缘、沟谷灌丛中，见于插旗口沟、贺兰口沟、苏峪口沟、黄旗口沟。

美丽茶藨子 ***Ribes pulchellum*** **Turcz.**

灌木，高 1 ～ 2m。小枝褐色，通常在叶基具 1 对小刺。叶圆形，掌状 3 深裂或半裂，长 0.8 ～ 3.2cm，裂片尖或钝，基部截形或心形，腹面暗绿色，有短硬毛，背面色淡，沿叶脉与叶缘有毛。雌雄异株，总状花序，有短柔毛；花带红色，萼片卵圆形；花柱 2 裂。浆果红色，近圆形，有短柔毛。

生于海拔 1500 ～ 2600m 的沟谷灌丛，见于苏峪口沟、黄旗口沟、贺兰口沟、小口子沟、镇木关沟、甘沟、大水沟、汝箕沟。

十七 虎耳草科 Saxifragaceae

本科约有 30 属近 500 种，广布于温带地区，以北温带地区最为丰富。中国有 13 属 279 种，南北地区均产。宁夏贺兰山产 1 属 2 种。

虎耳草属 *Saxifraga* Tourn. ex L.

零余虎耳草 *Saxifraga cernua* L.

多年生草本，高 10cm。茎下部无毛，上部有微柔毛，不分枝，在上部叶腋处具小珠芽。基生叶有长柄；叶片肾形，长约 7mm，宽约 1.5cm，掌状 5 ~ 7 浅裂，裂片宽卵形，两面无毛；中部以下茎生叶似基生叶，但中部的有短柄；上部茎生叶较小，无柄，3 裂或不分裂，卵形或狭卵形。花单朵顶生；萼片 5 片，直立，卵形，外面有微柔毛；花瓣 5 片，白色，狭倒卵形，先端圆形；雄蕊 10 枚，较萼片稍长；心皮 2 个，大部合生。花果期 6 ~ 9 月。

生于海拔 3000m 以上的岩石缝中，见于主峰山脊两侧。

爪瓣虎耳草 *Saxifraga unguiculata* Engl.

多年生草本，高 7 ～ 11.5cm。小主轴分枝，具莲座叶丛；花茎紫色，上部疏生腺毛。莲座叶长 4.5 ～ 5.4mm，宽 1.5 ～ 1.6mm，先端具软骨质短尖头，两面无毛，边缘具软骨质刚毛状睫毛，稍肉质；茎生叶肉质，先端具短尖头，两面无毛，边缘具刚毛状睫毛或腺睫毛。多歧聚伞花序伞房状，具 2 ～ 8 朵花；花梗纤细，被腺毛；萼片在花期反曲，稍肉质，先端急尖或钝，背面被腺毛，3 条脉于先端不汇合；花瓣黄色，中下部具橙色斑点，基部具爪，3 条脉，基部侧脉旁具 2 个痂体；雄蕊花丝钻形。花果期 7 ～ 9 月。

生于海拔 2800 ～ 3400m 的高山灌丛或草甸石缝中，见于主峰山脊两侧。

十八　景天科 Crassulaceae

本科约有 35 属近 1500 种，分布于非洲、美洲、欧洲、亚洲。中国有 13 属 233 种，全国广布，主产于西南地区。宁夏贺兰山产 4 属 4 种。

瓦松属 *Orostachys* (DC.) Fisch.

瓦松　*Orostachys fimbriata* (Turcz.) A. Berger

二年生草本，高 15 ～ 30cm，全株无毛。茎直立，单生。基生叶莲座状，长 3 ～ 4cm，先端具白色软骨质状的刺；茎生叶散生，无柄，线形，先端具突尖头。总状花序紧密，有时下部分枝，呈塔形；花梗长约 1cm；萼片 5 片；花瓣 5 片，披针形，先端具突尖头，淡红色，具红色斑点，基部合生；雄蕊 10 枚，花药心形，带黑色；鳞片 5 片，近方形，先端微凹；心皮微开展，花柱纤细。种子多数，卵形，细小。花期 7 ～ 8 月，果期 9 月。

生于海拔 1950 ～ 2300m 沟谷河滩砾石地或石质山坡，见于苏峪口沟、黄旗口沟、插旗口沟、小口子沟、大水沟等。

红景天属 *Rhodiola* L.

小丛红景天 *Rhodiola dumulosa* (Franch.) S. H. Fu

亚灌木，高 15 ～ 25cm，全株无毛。一年生枝聚生于主轴顶端，淡绿白色。叶互生，线形，长 7 ～ 12mm，宽 1 ～ 2mm，先端稍急尖，全缘，无柄。头状伞房花序顶生，具花 4 ～ 7 朵；花具短柄；萼片 5 片，长 4 ～ 5mm，先端具长尖头；花瓣 5 片，披针形，近直立，上部向外弯曲，白色或淡红色；雄蕊 10 枚，较花瓣短，排列成 2 轮，花丝下部扩展，花药卵圆形；心皮 5 个，卵状矩圆形，顶端渐尖成花柱。蓇葖果直立或上部稍开展。种子长圆形。花期 7 ～ 8 月，果期 9 ～ 10 月。

生于海拔 2300 ～ 3100m 的山顶或岩石缝中，见于苏峪口沟、黄旗口沟、插旗口沟、小口子沟、贺兰口沟。

费菜属 *Phedimus* Raf.

费菜 *Phedimus aizoon* (L.) 't Hart

多年生草本。根近木质块状。茎直立，高 20 ～ 40cm，不分枝，圆柱形，基部常为紫褐色。叶互生，长 2.5 ～ 5cm，宽 0.7 ～ 2cm，先端钝尖，基部楔形，边缘有不整齐的锯齿，无柄。聚伞花序顶生，多花，分枝；无花梗；萼片 5 片，不等长；花瓣 5 片，黄色，具短尖；雄蕊 10 枚，2 轮，均较花瓣短；鳞片横长方形或半圆形；心皮 5 个，基部合生，卵状长圆形，腹面凸出，花柱长钻形。蓇葖果呈星芒状排列，具直喙。种子长圆形，具狭翅。花期 6 ～ 7 月，果期 8 ～ 10 月。

生于海拔 1700 ～ 2500m 的石质山坡、沟谷石缝中，为东坡习见植物。

景天属 *Sedum* L.

阔叶景天　*Sedum roborowskii* Maxim.

二年生草本。无毛。叶长圆形，长 0.5 ～ 1.3cm，有钝距。花序伞房状，疏生多花；苞片叶状。萼片不等长，有钝距；花瓣淡黄色，卵状披针形，离生，先端钝；心皮长圆形，基部合生。种子卵状长圆形，有小乳头状凸起。花期 8 ～ 9 月，果期 9 月。

生于海拔 1900 ～ 2600m 的林下阴湿处，见于甘沟、贺兰口沟。

十九　锁阳科 Cynomoriaceae

本科有 1 属 2 种，分布于地中海沿岸、北非、中亚。中国有 1 属 1 种，产于西北、北部沙漠地带。

锁阳属 *Cynomorium* L.

锁阳　*Cynomorium songaricum* Rupr.

多年生肉质寄生草本。全株红棕色，高 15 ～ 100cm，大部分埋于沙中。寄生根上着生大小不等的锁阳芽体，初近球形，后变椭圆形或长柱形，直径 6 ～ 15mm，具多数须根与脱落的鳞片叶。茎圆柱状，直立，棕褐色，直径 3 ～ 6cm。茎上着生有螺旋状排列脱落性鳞片叶，中部或基部较密集，向上渐疏。肉穗花序生于茎顶，伸出地面，棒状，长 5 ～ 16cm，直径 2 ～ 6cm。雄花长 3 ～ 6mm，花被片通常 4 片，下部白色，上部紫红色，雌蕊退化。雌花长约 3mm，花被片 5 ～ 6 片，条状披针形，花柱棒状，上部紫红色，柱头平截，雄花退化。两性花少见，果为小坚果状，近球形或椭圆形。种子近球形，深红色，种皮坚硬而厚。花期 5 ～ 7 月，果期 6 ～ 7 月。

生于北部山麓盐碱地白刺群落中，见于东坡石炭井以北。

二十　葡萄科 Vitaceae

本科共有 15 属约 900 种，主要分布于热带和亚热带地区。中国有 9 属 149 种，南北地区均有分布，主产于华中、华南及西南各省区。宁夏贺兰山产 1 属 1 种。

蛇葡萄属 *Ampelopsis* Michx.

乌头叶蛇葡萄　*Ampelopsis aconitifolia* Bunge

木质藤本。小枝微具纵条棱，无毛。掌状复叶，具 3 ～ 5 片小叶，小叶片菱形或宽卵形，长 3 ～ 7cm，宽 1 ～ 4cm，羽状深裂几达中脉，裂片全缘或具不规则的粗长齿，腹面绿色，无毛，背面淡绿色，网脉明显，无毛；叶柄较叶片短，无毛。二歧聚伞花序与叶对生；总花轴细长，具纵棱，无毛；花萼盘状，边缘全缘或具 5 个不明显的圆钝裂片；花瓣 5 片，狭卵形；雄蕊 5 枚，与花瓣对生且较花瓣短；花盘浅杯状；花柱单一。浆果近球形，橙黄色。花期 6 月，果期 7 月。

生于山口干河床上石砾地或村舍附近，见于插旗口沟、小口子沟。

二十一　蒺藜科 Zygophyllaceae

本科共有 22 属约 280 种，分布于非洲、亚洲、澳大利亚、美洲的热带、亚热带和温带干旱地区。中国有 3 属 22 种，主要分布于西北和北部较干旱地区。宁夏贺兰山产 3 属 4 种。

蒺藜属 *Tribulus* L.

蒺藜　*Tribulus terrestris* L.

一年生草本。茎平卧。枝长 20 ～ 60cm，偶数羽状复叶，长 1.5 ～ 5cm，小叶对生。花腋生，黄色，花梗短于叶；萼片 5 片，宿存；花瓣 5 片；雄蕊 10 枚，生于花盘基部，基部有鳞片状腺体，子房 5 棱，柱头 5 裂，每室有 3 ～ 4 枚胚珠。果无毛或被毛，中部边缘有 2 枚锐刺，下部常有 2 枚小锐刺，其余部位常有小瘤体。花期 5 ～ 8 月，果期 6 ～ 9 月。

生于山麓冲沟、路旁和居民点附近，为东坡习见植物。

驼蹄瓣属 *Zygophyllum* L.

蝎虎驼蹄瓣 *Zygophyllum mucronatum* Maxim.

多年生草本，高 15 ～ 25cm。茎多数，多分枝，细弱，平卧或开展，具沟棱和粗糙的皮刺。托叶小，三角状，边缘膜质，细条裂；叶柄及叶轴具翼，翼扁平；小叶 2 ～ 3 对，长约 1cm，顶端具刺尖，基部稍钝。花 1 ～ 2 朵，腋生；萼片 5 片；花瓣 5 片，倒卵形，稍长于萼片，上部近白色，下部橘红色，基部渐窄成爪；雄蕊长于花瓣，花药矩圆形，橘黄色；心皮 5 个。蒴果具 5 条棱，先端渐尖或锐尖，下垂。种子椭圆形或卵形，黄褐色，表面有密孔。花期 6 ～ 8 月，果期 7 ～ 9 月。

生于山麓冲沟、草原化荒漠群落或石质低山丘陵，为东坡习见植物。

霸王 *Zygophyllum xanthoxylum* (Bunge) Maxim.

灌木，高 70 ～ 150cm。枝淡灰色，无毛，枝端具刺。叶在老枝上簇生，在嫩枝上对生；复叶具 2 片小叶，小叶肉质，长 0.8 ～ 2.5cm，宽 3 ～ 5mm，先端圆，基部渐狭。花单生于叶腋，黄白色；萼片 4 片，倒卵形，绿色，边缘膜质；花瓣 4 片，先端圆，基部渐狭成爪；雄蕊 8 枚，较花瓣长，花丝基部具鳞片状附属物，倒披针形，顶端浅裂；子房 3 室。蒴果通常具 3 个宽翅，稀 4 或 5 个翅，宽椭圆形或近圆形，不开裂。花期 4 ～ 5 月，果期 5 ～ 9 月。

生于北部荒漠化较强的石质低山丘陵，见于石炭井、汝箕沟、归德沟、三关口。

四合木属 *Tetraena* Maxim.

四合木 *Tetraena mongolica* Maxim.

小灌木，高 30 ~ 60cm。茎多从基部分枝，老枝红褐色，光滑，幼枝灰黄色或黄白色，密被灰白色叉状毛。叶在老枝上近簇生，在嫩枝上对生，肉质，倒披针形，长 3 ~ 8mm，宽 1 ~ 3mm，顶端圆形，具小突尖，基部楔形，全缘，两面密被灰白色叉状毛；无柄；托叶卵形，白色膜质。花单生于叶腋，花梗密被叉状毛；萼片 4 片，卵形，被叉状毛；花瓣 4 片，白色；雄蕊 8 枚，外轮 4 枚与花瓣近等长，内轮 4 枚长于花瓣；子房上位，4 室，被毛；花柱单一。蒴果 4 瓣裂，果瓣新月形，被叉状毛。花期 5 ~ 6 月，果期 7 ~ 8 月。

生于北部荒漠化的石质丘陵或覆沙地，见于北端落石滩。

二十二　豆科 Fabaceae

本科约有 650 属 18000 种，世界广布。中国有 172 属 1485 种，各省区均有分布。宁夏贺兰山产 18 属 53 种。

野决明属 *Thermopsis* R. Br.

披针叶野决明　*Thermopsis lanceolata* R. Br.

多年生草本。茎直立，高 15 ～ 40cm，具棱，被棕色长伏毛。掌状三出复叶，总叶柄被棕色长毛；托叶腹面疏被长伏毛，背面被长伏毛；小叶长 3 ～ 8cm，宽 1 ～ 2cm，先端钝圆或急尖，基部楔形，背面被棕色长伏毛。总状花序顶生，花轮生，每轮 2 ～ 3 朵花；苞片先端尖，两面被棕色长伏毛；花萼钟形，被棕色长伏毛，萼齿 5 个，上面 2 个萼齿稍合生；花冠黄色。荚果褐色，疏被短伏毛。花期 5 ～ 7 月，果期 7 ～ 9 月。

生于山麓冲沟及宽阔山谷河滩地、山前洪积扇，见于苏峪口沟、拜寺口沟、黄旗口沟、插旗口沟、大水沟等。

沙冬青属 *Ammopiptanthus* Cheng f.

沙冬青 *Ammopiptanthus mongolicus* (Maxim. ex Kom.) S. H. Cheng

常绿灌木，高 1.5 ~ 2m。枝黄绿色。掌状三出复叶，上部有时具单叶；总叶柄密被灰白色短伏毛；托叶小，锥形，抱茎，密被毛；小叶无柄，长 2 ~ 4cm，宽 5 ~ 15mm，先端急尖或钝圆，稀微凹，基部楔形，全缘，两面密生银白色的短柔毛。总状花序顶生，花少数，花梗无毛；花萼钟形，萼齿 4 个；花冠黄色。荚果长椭圆形，扁平，先端具喙，具果梗。花期 4 ~ 5 月，果期 5 ~ 6 月。

生于北部荒漠化的石质低山丘陵，见于汝箕沟、道路沟和正义关等。

苦参属 *Sophora* L.

苦豆子 *Sophora alopecuroides* L.

半灌木。茎直立，高 20 ~ 50cm，具棱，密被灰黄色短伏毛。奇数羽状复叶，长 5 ~ 15cm，叶轴密生灰黄色伏毛；托叶密被灰黄色毛；小叶 11 ~ 25 片，长 1.5 ~ 3cm，宽 5 ~ 10mm，先端钝或急尖，基部楔形，中脉下陷，两面密生灰黄色伏毛。总状花序顶生，花序轴密被灰黄色毛；苞片锥形，背面密生灰黄色柔毛；花梗密生毛；花萼斜钟形，密被灰黄色短柔毛，下面 1 个萼齿最长，三角形；花冠黄白色。荚果串珠状，密被短伏毛。花期 5 ~ 7 月，果期 6 ~ 8 月。

生于浅山沟谷、河滩覆沙地，为东坡习见植物。

胡枝子属 *Lespedeza* Michx.

兴安胡枝子　*Lespedeza davurica* (Laxm.) Schindl.

半灌木，高 30 ～ 60cm。枝具棱，被白色短柔毛。羽状三出复叶，上面有槽，密被白色短伏毛；托叶刺芒状；顶生小叶较侧生小叶大，长 1 ～ 2cm，宽 4 ～ 7mm，先端圆，具小尖头，基部圆形，腹面绿色，背面灰绿色，被短伏毛。总状花序叶腋生，被白色短伏毛；小苞片线形，长为花萼的 1/2；花萼钟形，密被白色短伏毛，萼齿 5 个，披针形，长为萼筒的 2.5 倍；花冠黄白色。荚果倒卵状矩圆形，具网纹，被白色柔毛。花期 6 ～ 8 月。果期 9 ～ 10 月。

生于海拔 1500 ～ 2000m 的石质山坡、沟谷河滩地或灌丛下，见于苏峪口沟、大水沟、小口子沟、插旗口沟等。

多花胡枝子 *Lespedeza floribunda* Bunge

小灌木，高 30 ～ 60cm。小枝有棱，密被白色短伏毛。羽状三出复叶，叶轴长 3 ～ 15mm，被白色短伏毛；顶生小叶较大，长 8 ～ 15mm，宽 4 ～ 7mm，具小尖头，背面密被白色短伏毛；托叶刺芒状，被毛。总状花序腋生，总花梗较叶长，被白色毛；小苞片长卵形，被毛；花萼钟形，被白色毛，萼齿 5 个，披针形，长为萼筒的 2 倍，花冠紫红色。荚果卵形，具网纹，密被毛。花期 8 ～ 9 月，果期 9 ～ 10 月。

生于海拔约 2000m 的石质山坡，见于黄旗口沟、小口子沟、大水沟、拜寺口沟。

尖叶铁扫帚 *Lespedeza juncea* (L. f.) Pers.

小灌木，高达 1m。全株被贴伏柔毛。叶具 3 片小叶；小叶长 1.5 ～ 3.5cm，宽 2 ～ 7mm，先端稍尖或钝圆，有小刺尖，基部楔形，边缘稍反卷，背面密被贴伏柔毛。总状花序稍超出叶，花 3 ～ 7 朵排列较密集，近似伞形花序；花序梗长。花萼 5 深裂，裂片披针形，被白色贴伏毛，花开后具明显 3 条脉；花冠白色或淡黄色。荚果宽卵形，两面被白色贴伏柔毛，稍超出宿萼。花期 7 ～ 9 月，果期 9 ～ 10 月。

生于沟谷灌丛，见于小口子沟。

牛枝子　*Lespedeza potaninii* Vassilcz.

半灌木，高 20 ～ 60cm。茎斜升或平卧，基部多分枝，有细棱，被粗硬毛。托叶刺毛状；羽状复叶具 3 片小叶，小叶狭长圆形，长 8 ～ 15mm，宽 3 ～ 5mm，先端钝圆或微凹，具小刺尖，基部稍偏斜，背面被灰白色粗硬毛。总状花序腋生；总花梗长，明显超出叶；花疏生；小苞片锥形；花萼密被长柔毛，5 深裂，裂片披针形，先端长渐尖，呈刺芒状；花冠黄白色。荚果倒卵形，双凸镜状，密被粗硬毛，包于宿存萼内。花期 7 ～ 9 月，果期 9 ～ 10 月。

生于山麓冲沟、沙砾地及覆沙地，见于苏峪口沟、黄旗口沟、大水沟、归德沟。

大豆属 *Glycine* Willd.

野大豆　*Glycine soja* Siebold & Zucc.

一年生草本。茎细弱，缠绕，长 60 ～ 100cm，多从基部分枝，被倒生的长硬毛。羽状三出复叶，疏被长硬毛；托叶卵形；小叶长 1 ～ 4cm，宽 8 ～ 20mm，先端钝圆，基部宽楔形，全缘，两面被平贴的硬毛，背面沿脉尤密。总状花序极短，叶腋生，具花 2 朵，花梗密被黄色短毛；花萼钟形，被棕黄色长硬毛，萼齿披针形，较萼筒长；花冠蓝紫色。荚果线状矩圆形，稍弯，被棕黄色长硬毛。花期 7 ～ 8 月，果期 8 ～ 9 月。

生于宽阔山谷溪水边，见于汝箕沟、插旗口沟。

甘草属 *Glycyrrhiza* L.

甘草　*Glycyrrhiza uralensis* Fisch.

多年生草本。茎直立，高 40 ～ 80cm，密被褐色鳞片状腺体、短毛和小腺刺，具分枝。奇数羽状复叶，互生，具小叶 7 ～ 13 片；小叶具短柄，小叶片卵形、宽卵形或近圆形，长 1.5 ～ 3.5cm，宽 1 ～ 2.5cm，全缘，两面密生褐色鳞片状腺体，背面沿脉生白色短毛。总状花序叶腋生，花密集；花萼钟形，萼齿 5 个，与萼筒等长，被褐色腺鳞及短毛；花冠淡紫红色或紫红色。荚果线状矩圆形，弯曲成镰状或环状，密被刺状腺体。花期 6 ～ 8 月，果期 7 ～ 9 月。

生于山麓地带的冲沟内，习见于东坡山麓。

岩黄芪属 *Hedysarum* L.

贺兰山岩黄芪　*Hedysarum petrovii* Yakovlev

多年生草本，高 4 ～ 20cm。茎多数，短缩，全体密被白色柔毛。奇数羽状复叶，具 7 ～ 15 片小叶；托叶卵状披针形，膜质，中部以上与叶柄连合，密被贴伏白色柔毛；小叶长 3 ～ 15mm，宽 3 ～ 7mm，先端钝，基部圆形，并密被腺点，背面密被平伏长柔毛。总状花序腋生，较叶长，具花 10 ～ 20 朵；苞片线状披针形，被长柔毛；花红色或紫红色；花萼钟形，密被白色柔毛，萼齿钻形，长为萼筒的 3 倍以上。荚果具 2 ～ 4 节，密被柔毛或硬刺。花期 6 ～ 7 月，果期 7 月。

生于海拔 1800 ～ 2300m 的低山丘陵、砾石质坡地，为东坡习见植物。

宽叶岩黄芪　*Hedysarum polybotrys* var. *alaschanicum* (B. Fedtsch.) H. C. Fu & Z. Y. Chu

多年生草本，高 25 ～ 60cm。茎直立，多从基部开始分支，具纵条棱。奇数羽状复叶，具小叶 9 ～ 15 片；小叶长 8 ～ 25mm，宽 4 ～ 14mm，先端圆或微凹，基部圆形或宽楔形，腹面无毛，背面被短柔毛；托叶膜质，褐色，下部连合，上部分离。总状花序叶腋生，较叶长，被平伏短柔毛，具 20 ～ 30 朵花；花梗纤细，被短柔毛；花萼斜钟形，萼齿长为萼筒的 1/2，下面一个萼齿较上面的萼齿长；花冠淡黄色。花期 6 ～ 8 月。

生于海拔 1800 ～ 2500m 的沟谷、灌丛、林缘或山地草甸中，见于苏峪口沟、五道塘。

羊柴属 *Corethrodendron* Fisch. & Basiner

细枝羊柴 *Corethrodendron scoparium* (Fisch. & C. A. Mey.) Fisch. & Basiner

灌木，高 80 ～ 300cm。茎直立，茎皮亮黄色，呈纤维状剥落。茎下部叶具小叶 7 ～ 11 片，上部的叶通常具小叶 3 ～ 5 片；小叶片灰绿色，线状长圆形或狭披针形，长 15 ～ 30mm，宽 3 ～ 6mm，先端锐尖，具短尖头，基部楔形。托叶卵状披针形。总状花序腋生，上部明显超出叶，总花梗被短柔毛；花少数，外展或平展，疏散排列；苞片卵形；具花梗；花萼钟状，被短柔毛，萼齿长为萼筒的 2/3；花冠紫红色，旗瓣倒卵形或倒卵圆形，翼瓣线形，长为旗瓣的 1/2，龙骨瓣通常稍短于旗瓣；子房线形。荚果 2 ～ 4 节，节荚宽卵形，两侧膨大，种子圆肾形。花期 6 ～ 9 月，果期 8 ～ 10 月。

生于北部沟谷中，见于汝箕沟。

锦鸡儿属 *Caragana* Fabr.

短脚锦鸡儿　*Caragana brachypoda* Pojark.

矮灌木，高达30cm。老枝黄褐色或灰褐色，剥裂；小枝褐色；短枝密生。长枝上的托叶硬化成针刺，长2～4mm，宿存；长枝上的叶轴硬化成针刺，稍弯，宿存；小叶在长枝上呈假掌状排列，在短枝上簇生，先端锐尖，有短刺尖，基部楔形，两面被短柔毛。花单生，花梗被短柔毛；花萼管状，基部一侧成囊状凸起，红紫色或带绿褐色；花冠黄色。荚果披针形，先端渐尖，无毛。花期4～5月，果期6～7月。

生于浅山草原化荒漠中，见于苏峪口沟、麻黄沟。

鬼箭锦鸡儿　*Caragana jubata* (Pall.) Poir.

垫状灌木，高50～100cm，多分枝。树皮灰黑色。叶密生，叶轴宿存并硬化成针刺，灰白色；托叶先端呈刺状，被白色长柔毛；小叶4～6对，无柄，羽状着生，长6～12mm，宽2～5mm，先端急尖或圆，具小刺尖，基部圆形，腹面近无毛，边缘密被白色长柔毛，背面疏被柔毛。花单生；花萼筒状，萼齿先端尖，边缘狭膜质，被柔毛；花冠淡红色或白色。荚果长椭圆形，密生长柔毛。花期5～6月，果期6～7月。

生于海拔2700～3400m的亚高山地带的乱石坡，山脊两侧均有分布。

柠条锦鸡儿 *Caragana korshinskii* Kom.

灌木，高可达 3m。枝条淡黄色，无毛。长枝上的托叶宿存硬化成针刺，长 3 ～ 5mm；叶轴长 3 ～ 5.5cm；小叶 5 ～ 10 对，羽状排列，无小叶柄，先端圆或急尖，具刺尖，基部近圆形或宽楔形，两面被短伏毛。花单生；花萼被短柔毛，萼齿三角形；花冠黄色。荚果扁，红褐色，先端尖，无毛。花期 5 ～ 6 月，果期 6 ～ 7 月。

生于北部低山丘陵、覆沙山坡或河床上，见于归德沟、柳条沟、道路沟。

甘蒙锦鸡儿　*Caragana opulens* Kom.

矮灌木。老枝灰褐色，小枝灰白色，具白色纵条棱，无毛。托叶硬化成针刺；小叶4片，假掌状着生，卵状倒披针形，长5～8mm，宽1～1.5mm，先端急尖，具硬刺尖，无毛，具叶轴。花单生于叶腋；花萼无毛，萼齿三角形，基部偏斜；花冠黄色。荚果线形，膨胀，无毛。花期5～6月，果期7～8月。

生于浅山沟谷或石质山坡，见于苏峪口沟、黄旗口沟、甘沟、小口子沟等。

荒漠锦鸡儿　*Caragana roborovskyi* Kom.

矮灌木，高30～50cm。树皮黄色，条状剥落。小枝淡灰褐色，密被灰白色柔毛。托叶膜质，先端具硬刺尖；叶轴全部宿存并硬化成刺，灰黄色或浅棕色；小叶4～6对，羽状着生，长4～8mm，宽2～5mm，先端圆形，具小刺尖，基部楔形，两面密被长柔毛。花单生，花梗短，被长柔毛；萼齿三角状披针形，密被柔毛，先端尖；花冠黄色。荚果圆筒形，密被柔毛。花期4～5月，果期6～7月。

生于浅山沟谷或石质山坡，为东坡习见植物。

狭叶锦鸡儿 *Caragana stenophylla* Pojark.

灌木。老枝灰绿色或灰黄色，幼枝淡灰褐色，有时带红色，被短柔毛，后渐无毛。长枝上的托叶硬化成针刺；长枝上的叶轴宿存并硬化成针刺，长 5 ～ 7mm；小叶 4 片，假掌状着生，长 8 ～ 17mm，宽 1 ～ 1.5mm，具小尖头。花单生；花梗无毛；花萼基部偏斜，无毛，萼齿先端具尖头，边缘具短柔毛；花冠黄色。荚果线形，无毛，成熟时红褐色。花期 6 ～ 7 月，果期 7 ～ 8 月。

生于海拔 1500 ～ 2300m 的石质山坡、沟谷、灌丛，为东坡习见植物。

毛刺锦鸡儿 *Caragana tibetica* Kom.

矮灌木，高 20 ～ 30cm，常呈垫状。老枝皮灰黄色或灰褐色，多裂；小枝密集，淡灰褐色，密被长柔毛。羽状复叶有 3 ～ 4 对小叶；托叶卵形或近圆形；叶轴硬化成针刺，宿存，淡褐色，无毛；小叶线形，长 8 ～ 12mm，宽 0.5 ～ 1.5mm，先端尖，有刺尖，基部狭近无柄，密被灰白色长柔毛。花单生，近无梗；花萼管状；花冠黄色，旗瓣倒卵形，先端稍凹，瓣柄长约为瓣片的 1/2，翼瓣的瓣柄与瓣片等长或稍长，龙骨瓣的瓣柄较瓣片稍长，耳短小，齿状；子房密被柔毛。荚果椭圆形，外面密被柔毛，里面密被绒毛。花期 5 ～ 7 月，果期 7 ～ 8 月。

生于海拔 1500 ～ 2300m 的山地石质山坡、沟谷，见于苏峪口沟、黄旗口沟、插旗口沟、拜寺口沟、大水沟、汝箕沟等。

米口袋属 *Gueldenstaedtia* Fisch.

米口袋　*Gueldenstaedtia verna* (Georgi) Boriss.

多年生草本。茎短缩或无茎，稀具伸长茎。奇数羽状复叶，小叶多对；托叶贴生于叶柄或分离。花2～8朵集成伞形花序，总花梗自叶丛中抽出，花梗短或近无梗，每花具1片苞片和2片小苞片；花萼钟形，萼齿5个，不等，上面2个萼齿较大；花冠红色、蓝色、紫色或黄色。荚果线状圆柱形，二瓣开裂。花期5月，果期6～7月。

生于山麓冲沟及沙砾地上，为东坡习见植物。

狭叶米口袋 *Gueldenstaedtia stenophylla* Bunge

多年生草本。主根粗壮。奇数羽状复叶，集生于短缩茎上，长 10 ～ 15cm，叶轴上面具槽，被短柔毛；托叶密被长柔毛；小叶 7 ～ 19 片，长 1.5 ～ 2cm，宽 3 ～ 4mm，先端钝或急尖而具小突尖，基部近圆形或楔形，全缘，常向上反卷，两面被伏生柔毛。总花梗从叶丛中抽出，与叶近等长，花常 4 朵，集生于总花梗的顶端，呈伞形，花梗极短，密被毛；小苞片卵形，被柔毛；花萼密被柔毛，萼齿 5 个，上面 2 个萼齿较大，与萼筒等长；花冠粉红色。荚果圆筒形，密被伏柔毛。花期 4 ～ 5 月，果期 6 月。

生于山麓洪积扇区，见于石炭沟、苏峪口沟、插旗口沟。

雀儿豆属 *Chesneya* Lindl. ex Endl.

大花雀儿豆 *Chesneya macrantha* Cheng f. ex H. C. Fu

垫状草本。茎极短缩，高 5 ～ 10cm。羽状复叶长 2 ～ 4cm，有 7 ～ 9 片小叶；托叶近膜质，卵形，密被白色伏贴的长柔毛，1/2 以下与叶柄基部贴生，宿存；叶柄和叶轴疏被白色开展的长柔毛，宿存并硬化呈针刺状；小叶椭圆形或倒卵形，长 5 ～ 6mm，宽约 3mm，具刺尖，基部楔形，两面密被白色伏贴绢质短柔毛。花单生；苞片线形，小苞片与苞片同形；花萼密被长柔毛及暗褐色腺体，萼齿线形，先端亦具腺体；花冠紫红色。花期 6 月，果期 7 月。

生于低山丘陵砾石地，见于三关口、汝箕沟、榆树沟等。

棘豆属 *Oxytropis* DC.

猫头刺　*Oxytropis aciphylla* Ledeb.

矮小半灌木，高 10 ～ 20cm。地上茎短而多分枝成垫状。偶数羽状复叶，长 3 ～ 5cm，叶轴密被白色平伏柔毛，先端成刺，具小叶 2 ～ 3 对；小叶线形，长 5 ～ 15mm，宽约 1mm，先端成硬刺尖，两面密被白色平伏柔毛，叶轴宿存且硬化成针刺；托叶膜质，下部与叶柄合生。总状花序叶腋生，密被白色平伏柔毛，常具 2 朵花；苞片披针形，膜质，被白色长柔毛；花冠蓝紫色。荚果矩圆形，密生白色平伏柔毛。花期 5 ～ 6 月，果期 6 ～ 7 月。

生于荒漠化石质低山丘陵或沟谷，为东坡习见植物。

蓝花棘豆 *Oxytropis coerulea* (Pall.) DC.

多年生草本，高 10 ～ 20cm。羽状复叶长 5 ～ 15cm；托叶披针形，被绢状毛，彼此分离；叶柄与叶轴疏被贴伏柔毛；小叶 25 ～ 41 片，长 7 ～ 15mm，宽 2 ～ 4mm，基部圆形，背面疏被贴伏柔毛。12 ～ 20 朵花组成稀疏总状花序；花葶长是叶的 1 倍，稀近等长；花萼疏被黑色和白色短柔毛，萼齿三角状披针形，长是萼筒的 1/2；花冠天蓝色或蓝紫色。荚果长圆状卵形膨胀，果梗极短。花期 6 ～ 7 月，果期 7 ～ 8 月。

生于海拔 1800 ～ 2000m 的林缘灌丛中，见于苏峪口沟、黄旗口沟。

急弯棘豆 *Oxytropis deflexa* (Pall.) DC.

多年生草本，高 10 ～ 20cm。茎短，长 1.5 ～ 15cm，斜升，全株被开展的短柔毛。羽状复叶，长 5 ～ 15cm，具小叶 25 ～ 39 片；托叶披针形，分离，基部与叶柄合生，密被长柔毛；小叶卵状披针形，长 5 ～ 15mm，宽 2 ～ 5mm，先端短渐尖或钝，基部宽楔形或圆形，两面被稍开展的柔毛。总花梗与叶等长或稍长，总状花序花多密生；苞片线形，膜质；花小，淡蓝紫色。荚果矩圆状卵形，被黑色短柔毛，或混生有白色短柔毛。花果期 6 ～ 7 月。

生于海拔 2500 ～ 2800m 的沟谷、溪流边或林缘，见于苏峪口沟。

小花棘豆 *Oxytropis glabra* (Lam.) DC.

多年生草本，高 30 ～ 50cm。茎多分枝，圆柱形，被白色平伏短毛。奇数羽状复叶，互生，长 8 ～ 15cm；叶轴腹面具沟槽，密被灰色平伏柔毛；小叶 9 ～ 13 片，长 1 ～ 3cm，宽 5 ～ 13mm，先端急尖或钝，具小刺尖，两面被灰色平伏柔；托叶卵形至狭卵形，草质，具膜质窄边，被灰色长柔毛。总状花序叶腋生，较叶长，疏被白色短伏毛，具花约 30 朵，开花时稀疏；花萼钟形，被白色柔毛，并混生有黑色毛，萼齿长为萼筒的 1/2；花冠蓝紫色。荚果下垂，披针状椭圆形，膨胀，先端尖，密被白色短伏毛。花期 6 ～ 9 月，果期 7 ～ 9 月。

生于海拔 1200 ～ 1500m 的沟谷或盐碱溪流边，见于归德沟。

贺兰山棘豆 *Oxytropis holanshanensis* H. C. Fu

多年生草本，高 5 ～ 10cm。茎短缩，多分枝，丛生。羽状复叶，具小叶 7 ～ 19 片；叶轴密被长伏毛；托叶膜质，卵形，基部与叶柄合生；小叶卵形或椭圆状卵形，长 2 ～ 3mm，宽约 1mm，先端锐尖，两面密被长伏毛。花黄色，短总状花序，具花 10 ～ 15 朵；花萼钟形，外面密被白色长伏毛，混生黑色毛。花期 7 ～ 8 月。

生于海拔 2000 ～ 2400m 的石质山坡，见于苏峪口沟。

宽苞棘豆 *Oxytropis latibracteata* Jurtz.

多年生草本，高 5 ～ 20cm。叶丛生，长 5 ～ 12cm，叶轴密被棕黄色柔毛，奇数羽状复叶，具小叶 11 ～ 19 片，对生或近对生，小叶长 5 ～ 15mm，宽 2 ～ 5mm，先端急尖，基部圆形，两面密生黄色柔毛；托叶膜质，下部与叶轴合生，背部被黄色柔毛。总状花序叶腋生。花序轴密被黄色柔毛，具花 5 ～ 10 朵；苞片卵状披针形，密生黄色柔毛；花萼筒形，密生黄色柔毛，萼齿线形，长为萼筒的 1/2；花冠淡紫色。荚果卵状椭圆形，膨胀，先端尖，密被黑色和白色短毛。花期 6 月，果期 7 月。

生于海拔 2600 ～ 3400m 的高山草甸，见于苏峪口沟。

内蒙古棘豆 *Oxytropis neimonggolica* C. W. Chang & Y. Z. Zhao

多年生矮小草本，高 3 ～ 7cm。复叶具 1 片小叶；托叶膜质，卵形，与叶柄基部贴生较高，上部分离，先端尖，被白色长柔毛；叶柄先端膨大，宿存；小叶近革质，长 10 ～ 30mm，宽 3 ～ 7mm，先端锐尖或近锐尖，基部楔形，腹面被贴伏白色疏柔毛或无毛，绿色，背面密被白色长柔毛，灰绿色。花葶较叶短，密被白色长柔毛，常具 1 ～ 2 朵花；花梗密被白色长柔毛；苞片线形；花萼筒状，密被贴伏白色长柔毛，并混生黑色短毛，萼齿三角状钻形；花冠淡黄色。荚果卵球形，膨胀，先端尖且具喙，密被白色长柔毛。种子圆肾形，褐色。花期 5 月，果期 6 月。

生于低山砾石质山坡或坡地，见于甘沟、苏峪口沟、黄旗口沟。

黄毛棘豆　*Oxytropis ochrantha* Turcz.

多年生草本，高 10 ～ 30cm。茎极缩短。羽状复叶，长 8 ～ 25cm；叶轴腹面有沟，密生土黄色长柔毛；托叶膜质，中下部与叶柄合生，腹面密生土黄色长柔毛；小叶 8 ～ 9 对，对生或 4 片轮生，长 6 ～ 25mm，宽 3 ～ 10mm，先端锐尖或渐尖，基部圆形，两面密被或疏被白色或土黄色长柔毛。总状花序圆柱状，花多密集；苞片线状披针形，密被毛；花萼筒状，萼齿钻状，与筒部近等长，密被土黄色长柔毛；花冠黄色或白色，荚果卵形，密被土黄色长柔毛。花期 6 ～ 7 月，果期 7 ～ 8 月。

生于海拔约 1800m 的山坡草地，见于大口子沟。

胶黄芪状棘豆 *Oxytropis tragacanthoides* Fisch.

球形垫状矮灌木，高 5 ～ 20cm。茎短，分枝多。奇数羽状复叶；托叶膜质，锈色，上部边缘具白色纤毛，与叶柄贴生至 1/3 处，彼此合生，后被撕裂，分离部分三角形；叶轴钻形，宿存；小叶 7 ～ 11 片，长 6 ～ 9mm，宽 2 ～ 3.5mm，先端钝或突尖，无小刺尖，两面密被贴伏绢状毛。2 ～ 5 朵花组成短总状花序；总花梗较叶短，密被白色绢状柔毛；花萼筒状，密被白色长柔毛，偶尔间生黑色短毛，萼齿线状钻形；花冠紫色或紫红色。荚果球状卵形，疏被白色和褐色柔毛。花期 6 ～ 8 月，果期 7 ～ 8 月。

生于海拔 1800 ～ 2200m 的石质山坡，见于汝箕沟。

黄芪属 *Astragalus* L.

阿拉善黄芪 *Astragalus alaschanus* Bunge ex Maxim.

多年生草本。羽状复叶有 11 ～ 15 片小叶，长 2 ～ 5cm，具短柄；托叶离生，膜质，先端尖，背面散生白色柔毛；小叶稍肥厚，长 3 ～ 7mm，宽 2 ～ 5mm，先端钝圆或微凹，基部宽楔形或近圆形，背面被白色短伏贴柔毛。总状花序生 10 ～ 15 朵花，呈头状；总花梗被白色短伏贴柔毛；苞片膜质，披针形，背面被黑色柔毛；花梗连同花序轴密被黑色柔毛；花萼被黑色伏贴柔毛，萼齿披针形或三角状披针形；花冠近白色。花期 6 月，果期 7 ～ 9 月。

生于海拔 2000 ～ 2500m 的沟谷灌丛、林缘，见于贺兰口沟、苏峪口沟、黄旗口沟。

灰叶黄芪　*Astragalus discolor* Bunge ex Maxim.

多年生草本，高达 50cm，全株灰绿色。茎直立或斜上，上部有分枝，密被灰白色伏贴丁字毛。羽状复叶有 9 ～ 25 片小叶；托叶三角形，彼此离生；小叶椭圆形或窄椭圆形，长 0.4 ～ 1.3cm，先端钝或微凹，背面毛较密，呈灰绿色。总状花序较叶长。花萼管状钟形，长 4 ～ 5mm，被白色或黑色伏贴毛；花冠蓝紫色。荚果扁平，线状长圆形，被黑色和白色混生伏贴毛，果柄稍伸出宿萼外。花果期 7 ～ 9 月。

生于海拔 1600 ～ 2300m 的沟谷、石质山坡，见于插旗口沟、苏峪口沟、黄旗口沟、小口子沟等。

胀萼黄芪 *Astragalus ellipsoideus* Ledeb.

多年生丛生草本，高 13 ～ 20cm。茎极短缩。羽状复叶长 7 ～ 15cm，有 9 ～ 21 片小叶；托叶下部与叶柄贴生，被白色伏贴毛；小叶椭圆形或倒卵形，长 0.5 ～ 1cm，两面被银白色伏贴丁字毛。总状花序卵球形，有 8 ～ 30 朵花；花序梗通常短于叶，被白色伏贴毛。花萼管状，果期膨大，萼齿被黑色和白色混生短柔毛；花冠黄色。荚果卵状长圆，革质，密被白色开展毛。花果期 5 ～ 6 月。

生于海拔 1900 ～ 2100m 的砾石质山坡，见于三关口、小口子沟、大窑沟等。

新巴黄芪 *Astragalus hsinbaticus* P. Y. Fu & Y. A. Chen

多年生草本，高 4 ～ 15cm，密被开展的白色丁字毛。奇数羽状复叶，具小叶 15 ～ 29 片；小叶长 7 ～ 15mm，宽 3 ～ 7mm，先端圆或稍尖，稀微凹，基部宽楔形或近圆形，两面密被开展的白色丁字毛；托叶卵状披针形，基部与叶柄合生。花多数密集于叶丛基部；苞片线状披针形，被毛；花萼密被开展的白色长毛，萼齿线形；花冠白色，带淡黄色。荚果卵状长圆形或卵形，密被白色长柔毛。花期 6 ～ 7 月，果期 7 ～ 8 月。

生于山麓草原化荒漠群落中，见于山前洪积扇。

乌拉特黄芪　*Astragalus hoantchy* Franch.

草本。茎直立，高 90 ～ 50cm，有细棱，分枝。羽状复叶，具小叶 17 ～ 25 片，长 15 ～ 25cm，叶柄长 5 ～ 15mm，连同叶轴散生白色长柔毛；托叶三角状披针形；小叶长 5 ～ 20mm，宽 4 ～ 15mm，先端微凹或截形，有凸尖头，基部宽楔形或圆形，腹面无毛，背面无毛或主脉上散生白色长柔毛。总状花序疏生 12 ～ 15 朵花，花序轴被黑色或混生白色长柔毛；总花梗无毛；苞片被黑色和白色长柔毛；花梗被黑色长柔毛；小苞片线形，无毛；萼齿线状披针形，被黑色长毛；花冠粉红色或紫白色。荚果长圆形先端喙状，无毛，具网脉。种子褐色，近肾形，具凹窝。花期 5 ～ 6 月，果期 7 ～ 10 月。

生于海拔 1400 ～ 2300m 的浅山灌丛或石质山坡，为东坡习见植物。

库尔楚黄芪　*Astragalus kurtschumensis* Bunge

多年生草本，高 12 ～ 15cm，无茎或近无茎，丛生。叶长 5 ～ 15cm；托叶密被毛；小叶 4 ～ 12 对，长 6 ～ 14mm，宽 3 ～ 6mm，两面密毛。总状花序球形，密被 8 ～ 12 朵花；花序梗密被白色毛；苞片长 2 ～ 3（～ 5）mm，具黑色和白色毛，边缘具基部固定的毛；花萼管状，花瓣淡黄色。荚果椭圆形。花期 6 月。

生于低山砾石质山坡，见于苏峪口沟。

乳白黄芪 *Astragalus galactites* Pall.

多年生草本，高 5 ～ 7cm。奇数羽状复叶，具 9 ～ 21 片小叶；小叶长 5 ～ 10mm，宽 4 ～ 5mm，先端钝或急尖，基部圆形或楔形，腹面疏被灰白色丁字毛，背面密被灰白色丁字毛；托叶狭卵形，下部与叶柄合生，密被毛。花几无梗；花萼筒形，萼齿线形，长为萼筒的 1/2，密被开展的白色长毛；花冠乳白色。荚果卵形或倒卵形。种子通常 2 粒。花期 5 ～ 6 月，果期 6 ～ 8 月。

生于低山砾石质山坡，见于苏峪口沟。

斜茎黄芪 *Astragalus laxmannii* Jacq.

多年生草本，高 15 ～ 20cm。茎有条棱。羽状复叶，具 19 ～ 29 片小叶，叶柄较叶轴短；托叶白色，膜质，基部或中部以下合生；小叶长 5 ～ 25mm，宽 2 ～ 7mm，先端钝圆或锐尖，两面被稀疏伏贴毛。总状花序生多数花，排列紧密，总花梗腋生，较叶长；苞片线状披针形，先端细尖，有缘毛，膜质；花萼密被黑白色混生伏贴毛，萼齿丝状线形，稀等长；花冠淡蓝紫色或乳白色。荚果长圆形，腹缝线龙骨状凸起，背缝线呈沟槽状，被黑白色混生毛。花期 7 ～ 8 月，果期 8 ～ 9 月。

生于海拔约 1500m 的沟谷、灌丛和林缘，见于苏峪口沟、黄旗口沟、居士沟。

莲山黄芪 *Astragalus leansanicus* Ulbr.

多年生草本，高达 40cm。羽状复叶长 4 ～ 5cm，有 9 ～ 17 片小叶；托叶基部合生，膜质；小叶长 0.5 ～ 1cm，宽 1.5 ～ 4mm，背面疏被白色粗毛。总状花序有 6 ～ 15 朵密生的花；花萼钟状管形，疏被白色或黑色毛，萼齿钻形，长为萼筒的 1/3；花冠淡红色或蓝紫色。荚果线状圆柱形，疏被粗毛或近无毛。花期 5 ～ 6 月，果期 6 ～ 9 月。

生于浅山宽沟干河床，见于大水沟。

草木樨状黄芪 *Astragalus melilotoides* Pall.

多年生草本，高 50 ～ 80cm。茎丛生，直立，上部多分枝，具纵棱，被白色短柔毛。奇数羽状复叶，具小叶 5 ～ 7 片；小叶长 8 ～ 18mm，宽 2 ～ 8mm，先端截形、圆形或微凹，基部楔形，两面被平伏的白色短毛；托叶披针形，疏被白色柔毛。总状花序叶腋生，被白色短柔毛，疏散；苞片先端尖；花梗被黑色短毛；花萼疏被白色和黑色短柔毛，萼齿短；花冠白色或粉红色。荚果宽倒卵状球形，具横纹，无毛。花期 7 月，果期 8 月。

生于海拔 1700 ～ 2300m 的沟谷或灌丛中，为东坡习见植物。

诺尔公黄芪 *Astragalus nuoergongensis* L. Q. Zhao et Xu Ri

多年生草本，高 3 ～ 10cm，无梗，基部被老叶柄。叶长 3 ～ 7cm，密被贴伏的分叉毛；托叶卵形，贴生于叶柄基部，被伏贴的丁字毛；小叶 3 ～ 6 对，椭圆形或倒卵形。总状花序近无柄，松散；苞片披针形，具伏贴的丁字毛；花萼管状，齿线形或线状披针形。荚果稍膨大，密被贴伏的丁字毛，2 室。花期 5 ～ 7 月，果期 6 ～ 8 月。

生于海拔 1200 ～ 1500m 的干旱石质山坡，见于汝箕沟、三关口。

中宁黄芪 *Astragalus ochrias* Bunge ex Maxim.

多年生草本，高 20 ～ 30cm。根粗壮。茎极短，多分枝，被白色伏贴毛。羽状复叶，具 13 ～ 21 片小叶，长 12 ～ 17cm；叶柄与叶轴等长，全叶密被白色伏贴毛；托叶下部合生，上部三角状卵圆形，被白色伏贴毛；小叶长 5 ～ 7mm，先端钝圆或急尖。总状花序生 7 ～ 8 朵花，排列紧密，长 11 ～ 18cm；苞片有细尖，边缘有白色毛；花萼初期管状，后膨大成宽卵圆形，被半开展的白色毛，萼齿钻状，被黑色和白色混生毛；花冠黄色。荚果未见。花期 7 ～ 8 月。

生于海拔 1400 ～ 2200m 的浅山石质山坡上，见于苏峪口沟。

变异黄芪 *Astragalus variabilis* Bunge ex Maxim.

多年生草本，高 10 ～ 20cm，全株被灰白色伏贴毛。茎丛生，直立或斜升。羽状复叶，具小叶 11 ～ 19 片；托叶彼此离生；小叶窄长圆形、倒卵状长圆形或线状长圆形，长 0.3 ～ 1cm，宽 1 ～ 3mm，腹面疏被毛，背面密被毛而呈灰绿色。总状花序疏生 7 ～ 9 朵花；花萼管状钟形，被黑色和白色混生伏贴毛，萼齿线状钻形；花冠淡紫红色或淡蓝紫色。荚果线状长圆形，稍弯，两侧扁平，被白色伏贴毛。花期 5 ～ 6 月，果期 6 ～ 8 月。

生于浅山干河床上，为东坡习见植物。

小黄芪 *Astragalus zacharensis* Bunge

多年生草本，高 10 ～ 35cm。茎丛生，具分枝，被白色平伏短毛。奇数羽状复叶，疏被白色平伏短毛，具小叶 19 ～ 23 片；小叶长 4 ～ 8mm，宽 1 ～ 3mm，先端圆形、近截形或凹，基部楔形至近圆形，背面被平伏白色短毛；托叶先端尖，背面疏被白色和黑色柔毛。总状花序叶腋生，较叶长。花序轴疏被白色和黑色短伏毛，具花 7 ～ 17 朵，集生于花序轴的顶端；苞片膜质；花萼钟形，疏被白色和黑色平伏短毛，萼齿线形；花冠蓝紫色。荚果椭圆形，稍弯，密被白色平伏柔毛，果梗与花萼近等长。花期 5 ～ 6 月，果期 6 ～ 7 月。

生于海拔 1700 ～ 2900m 的沟谷、灌丛、林缘和高山草甸，见于苏峪口沟、黄旗口沟、小口子沟、大口子沟等。

苦马豆属 *Sphaerophysa* DC.

苦马豆　*Sphaerophysa salsula* (Pall.) DC.

多年生草本或半灌木。茎直立，高 30 ～ 50cm，多分枝，具棱，被白色短伏毛。奇数羽状复叶，长 5 ～ 10cm，叶轴腹面具槽，被白色短伏毛；托叶三角状披针形，密被白色短毛；小叶 11 ～ 19 片，长 5 ～ 15mm，宽 3 ～ 8mm，先端圆或微凹，基部圆形至宽楔形，全缘，腹面无毛，背面被灰白色短伏毛。总状花序叶腋生，总花梗密被灰白色短毛；花 3 ～ 8 朵，着生于花序轴的上部；苞片被灰白色短毛，花梗被短毛；花萼钟形，萼齿 5 个，近等长，三角形，被灰白色短毛；花冠紫红色。荚果椭圆形或卵圆形，疏被短伏毛。花期 5 ～ 7 月，果期 7 ～ 8 月。

生于山麓盐碱地或山口河滩湿地，见于苏峪口沟、贺兰口沟、汝箕沟。

百脉根属 *Lotus* L.

细叶百脉根　*Lotus tenuis* Waldst. & Kit. ex Willd.

一年生草本。茎直立或斜升，多从基部分枝成丛生状，高 15 ～ 50cm，无毛。羽状复叶，小叶 5 片，最下面 1 对小叶着生于叶柄的基部，小叶长 5 ～ 17mm，宽 2 ～ 5mm，先端急尖，基部渐狭，全缘，两面无毛。花单生或 2 朵成伞形，生于叶腋，总花梗无毛；苞片 1 片，叶状；萼齿线状披针形，等长，与萼筒近等长；花冠橙黄色。荚果线状圆柱形，无毛。花期 6 ～ 7 月，果期 7 ～ 8 月。

生于山麓盐湿地和水塘、涝坝边，见于汝箕沟。

苜蓿属 *Medicago* L.

天蓝苜蓿　*Medicago lupulina* L.

一年生草本。茎斜升或铺散，高 10 ～ 30cm，有棱，疏被长柔毛。羽状三出复叶，叶轴被毛；托叶下部与叶轴合生；小叶长 8 ～ 20mm，宽 5 ～ 13mm，先端圆或微凹，常具小尖头，基部楔形，上部边缘具细锯齿，腹面几无毛，背面被柔毛。总状花序叶腋生，总花梗疏被柔毛；苞片锥形；花萼钟形，密被柔毛，萼齿披针形，长于萼筒；花冠黄色。荚果旋卷成肾形，具纵纹，无毛或疏被柔毛。花期 6 ～ 8 月，果期 7 ～ 9 月。

生于海拔 1400 ～ 2000m 的沟谷、溪水边，见于苏峪口沟、拜寺口沟、黄旗口沟。

花苜蓿　*Medicago ruthenica* (L.) Trautv.

多年生草本，高 0.2 ～ 1m。茎四棱形，基部分枝，丛生，被毛。羽状三出复叶；托叶披针形，耳状，具 1 ～ 3 个浅齿；小叶长 1 ～ 1.5cm，宽 3 ～ 7mm，边缘 1/4 以上具尖齿，腹面近无毛，背面被伏贴柔毛；顶生小叶稍大，小叶柄被毛。花序伞形，腋生，具 6 ～ 9 朵密生花；花序梗通常比叶长；苞片刺毛状。花萼钟形；花冠黄褐色，中央有深红色或紫色条纹。荚果长圆形或卵状长卵形，扁平，先端钝急尖，具短喙。种子椭圆状卵圆形，平滑。花期 6 ～ 9 月，果期 8 ～ 10 月。

生于海拔 1500 ～ 2000m 的沟谷、溪水边或灌丛下，见于苏峪口沟、黄旗口沟。

苜蓿 *Medicago sativa* L.

多年生草本。茎直立或铺散，多分枝，高 30 ～ 100cm，具棱，疏被短柔毛。羽状三出复叶，叶轴腹面具槽，疏被短柔毛；托叶下部与叶柄合生，疏被长柔毛；小叶长 1 ～ 2.5cm，宽 3 ～ 8mm，先端圆钝或微凹，具小尖头，基部楔形，叶上部边缘具锯齿，腹面无毛，背面疏被棕色柔毛。总状花序叶腋生，疏被柔毛，具花 8 ～ 25 朵；苞片锥形；花梗被柔毛；花萼钟形，疏被长柔毛，萼齿披针形；花冠紫红色。荚果螺旋形，一至三回旋卷，疏被柔毛。花期 5 ～ 7 月，果期 6 ～ 8 月。

生于海拔 1300 ～ 2300m 的沟谷中，见于苏峪口沟、黄旗口沟。

草木樨属 *Melilotus* (L.) Mill.

细齿草木樨 *Melilotus dentatus* Prol. sibiricus O. E. Schulz

一年生或二年生草本。茎直立，高 20 ～ 40cm，多从基部分枝，具棱。羽状三出复叶；托叶披针形；小叶长 1 ～ 2cm，宽 5 ～ 8mm，先端钝或急尖，具小尖头，基部楔形，边缘具密的细锐锯齿，腹面无毛，背面主脉隆起，被平伏的长柔毛，主脉两侧尤密。总状花序叶腋生，花序轴疏被短柔毛；花梗与苞片近等长，被柔毛；花萼钟形，萼齿三角形，较萼筒稍短；花冠黄色。荚果卵形或斜卵形，无毛，先端具宿存花柱。花期 6 ～ 7 月，果期 7 ～ 8 月。

生于海拔 1300 ～ 2000m 的沟谷、溪水边，见于苏峪口沟、黄旗口沟、插旗口沟、归德沟。

野豌豆属 *Vicia* L.

新疆野豌豆　*Vicia costata* Ledeb.

多年生草本。茎直立，高 40 ～ 80cm，多从基部分枝，具棱，疏被柔毛。偶数羽状复叶，具小叶 10 ～ 16 片，多互生，叶轴末端成分枝的卷须；小叶长 1 ～ 2cm，宽 3 ～ 6mm，先端尖，基部圆形，叶脉明显，背面疏被柔毛；托叶半箭头形。总状花序叶腋生，与叶等长或稍短，总花轴疏柔毛，具花 4 ～ 8 朵，下垂；花萼斜钟形，被疏柔毛，萼齿短，三角形；花白色。荚果矩圆状长椭圆形，扁平，无毛。花期 5 ～ 6 月，果期 6 ～ 7 月。

生于海拔 1300 ～ 2000m 的沟谷，见于黄旗口沟、苏峪口沟、大水沟、榆树沟、大窑沟、小口子沟。

二十三　远志科 Polygalaceae

本科约有 21 属近 1000 种，除北极及新西兰外全球广布，主要分布于热带及亚热带地区。中国有 5 属 53 种，各省区均有分布。宁夏贺兰山产 1 属 2 种。

远志属 *Polygala* L.

西伯利亚远志　*Polygala sibirica* L.

多年生草本，高 15 ～ 20cm。单叶互生，叶片厚纸质或亚革质，卵形或卵状披针形，长 1 ～ 2.3cm，宽 5 ～ 9mm，先端钝，具短尖头，全缘，两面无毛或被短柔毛，主脉腹面凹陷，背面隆起；叶柄被短柔毛。总状花序与最上面 1 个花序低于茎顶。花梗细，被短柔毛，基部具 1 片披针形、早落的苞片；萼片 5 片，宿存，外面 3 片，背面被短柔毛，里面 2 片花瓣状；花瓣 3 片，白色至紫色，基部合生，侧瓣长圆形，基部内侧被短柔毛，龙骨瓣舟状，具流苏状鸡冠状附属物；雄蕊 8 枚，全部合生成鞘；子房倒卵形，具翅，柱头 2 个，间隔排列。蒴果圆形。种子 2 粒，卵形，黑色，密被白色短柔毛。花期 4 ～ 5 月，果期 5 ～ 8 月。

生于海拔 1500 ～ 2300m 的石质山坡、沟谷河滩，见于苏峪口沟、小口子沟、黄旗口沟。

远志 *Polygala tenuifolia* Willd.

多年生草本，高达 50cm。茎被柔毛。叶纸质，线形或线状披针形，长 1 ～ 3cm，宽 0.5 ～ 1mm，先端渐尖，基部楔形，无毛或极疏被微柔毛，近无柄。扁侧状顶生总状花序，长 5 ～ 7cm，少花。小苞片早落；萼片宿存，无毛，外面 3 片线状披针形；花瓣紫色，基部合生，侧瓣斜长圆形，基部内侧被柔毛，龙骨瓣稍长，具流苏状附属物；花丝 3/4 以下合生成鞘，3/4 以上中间 2 枚分离，两侧各 3 枚合生。果实球形，具窄翅，无缘毛。种子密被白色柔毛，种阜 2 裂下延。花果期 5 ～ 9 月。

生于海拔 1400 ～ 2000m 的石质山坡，见于插旗口沟、苏峪口沟、黄旗口沟。

二十四　蔷薇科 Rosaceae

本科共有 108 属 2000 ～ 3000 种，世界广布，主产于北半球。中国有 53 属 930 余种，全国广布。宁夏贺兰山产 14 属 43 种。

悬钩子属 *Rubus* L.

库页悬钩子　*Rubus sachalinensis* H. Lév.

灌木，高 40 ～ 100cm。茎直立，幼枝紫褐色，被柔毛及腺毛和密的皮刺。羽状三出复叶，具小叶 3 片，稀具 5 片，小叶长 3 ～ 7cm，宽 1.5 ～ 4cm，先端短渐尖，基部圆形或近心形，边缘具缺刻状粗锯齿，背面密被白色绒毛。伞房花序顶生或腋生，具 5 ～ 9 朵花，稀单花；花梗和总花梗具柔毛，密生皮刺和腺毛；萼片长三角形，外面被柔毛、皮刺和腺毛，边缘具白色绒毛；花瓣白色，舌形或匙形；花柱基部及子房被绒毛。聚合果红色，被绒毛。花期 6 ～ 7 月，果期 8 ～ 9 月。

生于海拔 2000 ～ 2500m 的沟谷、灌丛或林缘，见于苏峪口沟、插旗口沟等。

地榆属 *Sanguisorba* L.

高山地榆 *Sanguisorba alpina* Bunge

多年生草本，高 30 ~ 80cm，全株光滑。茎直立，分枝少，基部红紫色，具纵细棱及浅沟。奇数羽状复叶，基生叶和茎下部叶具小叶 7 ~ 15 片，小叶长 1.5 ~ 6cm，宽 0.8 ~ 2.5cm，边缘具粗锯齿；小叶柄长约 4mm；茎生叶较小；托叶上半部小叶状，下半部与叶柄合生抱茎。穗状花序顶生，花多，紧密，长圆柱形，长可达 6cm，宽约 1cm；苞片椭圆形，先端圆钝，浅棕色，背面被长柔毛；萼片椭圆形，具小尖；雄蕊长 4.5 ~ 5mm，花丝丝形，花药线形，先端尖；花柱长 1.5 ~ 2mm，柱头膨大。花期 7 ~ 8 月。

生于海拔 2000 ~ 2800m 的山坡、沟谷、灌丛等地，见于贺兰口沟、苏峪口沟、黄旗口沟、大口子沟等。

蔷薇属 *Rosa* L.

刺蔷薇 *Rosa acicularis* Lindl.

灌木，高约 1m。小枝红褐色，密被细刺；刺直伸，长 3 ~ 6mm。奇数羽状复叶，长 8 ~ 10cm，叶轴腹面具沟槽，具小叶 3 ~ 7 片；小叶片椭圆形或倒卵状椭圆形，长 2 ~ 4cm，宽 1 ~ 2cm，边缘具细锐锯齿，腹面绿色，无毛，背面灰绿色；托叶线状披针形，先端急尖，背面被稀疏短柔毛，边缘具腺体。花单生，苞片卵状披针形，先端尾状长渐尖，边缘具腺体；花梗疏被腺刺；萼片披针形，先端长尾尖，顶端稍扩展，里面密被短绒毛，边缘具腺体；花瓣宽倒卵形，玫瑰红色；雄蕊多数；花柱稍伸出花托口，密被柔毛，离生。蔷薇果椭圆形，红色，光滑。花期 6 月，果期 6 ~ 7 月。

生于海拔 2200 ~ 2500m 的林缘，见于苏峪口沟。

山刺玫 *Rosa davurica* Pall.

灌木，高 1.5 ～ 2m。小枝绿色，具皮刺；刺宽扁，直伸，长达 1cm。奇数羽状复叶，长 7 ～ 13cm，被短柔毛，疏生腺毛和短刺，具小叶 7 ～ 9 片，稀达 11 片；小叶椭圆形，长 2 ～ 5.5cm，宽 1 ～ 3cm，边缘具尖锐锯齿，基部近 1/3 全缘，背面密被短柔毛；托叶先端急尖，背面被短绒毛，边缘具腺体。伞房花序顶生，具多花，紧密；苞片先端渐尖，两面被短毛，边缘具腺体；花梗密被腺刺和短柔毛；花托椭圆形，被腺刺和柔毛，萼裂片先端尾状尖，全缘；花瓣宽倒卵形或近圆形，淡红色；雄蕊多数；花柱伸出花托口外，与雄蕊近等长。蔷薇果深红色，被腺毛或无毛。花期 7 ～ 8 月，果期 8 ～ 9 月。

生于海拔 2200 ～ 2500m 的林缘灌丛，见于苏峪口沟。

单瓣黄刺玫　*Rosa xanthina* f. *normalis* Rehder & E. H. Wilson

灌木，高 2 ～ 3m。枝密集，披散，有散生皮刺，无针刺。小叶 7 ～ 13 片，连叶柄长 3 ～ 5cm，小叶长 0.8 ～ 2cm，先端圆钝，基部宽楔形或近圆，有圆钝锯齿；叶轴和叶柄有稀疏柔毛和小皮刺；托叶带状披针形，大部贴生叶柄，离生部分耳状。花单生于叶腋，黄色，单瓣，无苞片；花萼外面无毛；萼片披针形，全缘，里面有稀疏柔毛，花后反折花瓣宽倒卵形，先端微凹；花柱离生，被长柔毛，微伸出萼筒，比雄蕊短。蔷薇果近球形或倒卵圆形，熟时紫褐色或黑褐色，无毛；萼片反折。花期 4 ～ 6 月，果期 7 ～ 8 月。

生于海拔 1600 ～ 2500m 的沟谷、石质山坡，为东坡习见植物。

委陵菜属 *Potentilla* L.

朝天委陵菜　*Potentilla supina* L.

一年生草本，高 10 ～ 35cm。茎平卧或斜升，多分枝。奇数羽状复叶，基生叶具小叶 5 ～ 11 片，小叶长 0.5 ～ 3cm，宽 0.5 ～ 1.5cm，先端圆钝，基部楔形，边缘具缺刻状锯齿，背面沿叶脉疏生柔毛；茎生叶与基生叶相似；托叶长卵形，常 3 浅裂，基部与叶柄合生。花单生于叶腋，黄色；花梗被长柔毛；副萼片椭圆状披针形；萼片三角状宽卵形，背面被长柔毛；花瓣倒卵形，先端微凹，稍短于萼片；花柱近顶生。瘦果卵形，黄褐色，有纵皱纹，具圆锥状突起。花果期 6 ～ 8 月。

生于山麓、沟谷、河滩地、居民点附近等，为东坡习见植物。

星毛委陵菜　*Potentilla acaulis* L.

多年生草本，高 3 ～ 7cm。根状茎横行，深褐色。茎自基部分枝，密被星状毛和疏长毛。掌状三出复叶，基生叶柄长 0.5 ～ 2.5cm；小叶近无柄或具极短柄，小叶片质厚，倒卵形或长圆状倒卵形，长 0.5 ～ 2cm，宽 0.4 ～ 1cm，先端圆钝，基部楔形，边缘中部以上具整齐的圆钝齿，中部以下全缘，两面密生星状毛及柔毛；茎生叶较小，叶柄较短；托叶下部与叶柄合生，上部 2 裂，裂片狭线形。聚伞花序，花梗密生星状毛；副萼片长椭圆形，先端钝，两面被星状毛及绒毛；萼裂片卵形，背面密被星状毛及柔毛；花瓣黄色，倒卵圆形，先端微凹，基部楔形。瘦果肾形，表面具皱纹。花期 6 ～ 7 月，果期 8 ～ 9 月。

生于海拔 2000m 的砾石质山坡，见于苏峪口沟。

大萼委陵菜 *Potentilla conferta* Bunge

多年生草本，高 10 ～ 50cm。茎直立或斜升，密被白色绢状柔毛。奇数羽状复叶，基生叶和茎下部叶长达 20cm，叶柄及叶轴被绢状柔毛，小叶 7 ～ 13 片，长圆形至披针形，长 1 ～ 4cm，宽 7 ～ 15mm，边缘羽状中裂或深裂，裂片长圆形至长椭圆形，先端圆钝，腹面被短柔毛或几无毛，背面被绒毛和绢状柔毛；茎生叶较小，具短柄。聚伞花序顶生，萼片宽三角状卵形，与副萼等长或稍长；花瓣倒卵形，顶端圆或微凹，黄色；花柱近顶生。瘦果卵形。花果期 6 ～ 9 月。

生于海拔 1900 ～ 2900m 的沟谷、灌丛或草甸，见于苏峪口沟、插旗口沟等。

腺毛委陵菜 *Potentilla longifolia* D. F. K. Schltdl.

多年生草本，高 30 ～ 80cm。茎直立或稍斜升，密被弯曲的腺毛及长柔毛。奇数羽状复叶，基生叶及茎下部的叶具长柄，被腺毛及长柔毛，具小叶 11 ～ 17 片，小叶长圆状披针形，长 0.5 ～ 4cm，宽 0.5 ～ 1.2cm，顶生小叶 3 深裂至全裂，基部下延，边缘具粗锐锯齿，近基部齿较小，背面被柔毛，沿叶脉较密；上部茎生叶柄短，小叶数较少；托叶草质，先端尾尖，下部与叶柄合生，全缘或稀有裂齿。伞房状聚伞花序；密被柔毛及少量腺毛；花黄色；副萼片狭卵形，与萼片近等长；萼裂片背面密被腺毛，花瓣宽倒卵形；花柱近顶生，子房卵形，花托被柔毛。瘦果白色。花期 7 ～ 8 月，果期 8 ～ 9 月。

生于海拔 2300 ～ 2600m 的草甸，见于苏峪口沟。

多裂委陵菜 *Potentilla multifida* L.

多年生草本。花茎上升，稀直立，高 12 ～ 40cm，被紧贴或开展短柔毛或绢状柔毛。基生叶羽状复叶，有小叶 3 ～ 5 对，稀达 6 对；小叶片对生，稀互生，羽状深裂几达中脉，长 1 ～ 5cm，宽 0.8 ～ 2cm，向基部逐渐减小，顶端舌状或急尖，边缘向下反卷，中脉侧脉下陷，背面被白色绒毛；茎生叶 2 ～ 3 片，与基生叶形状相似，小叶向上逐渐减少；基生叶托叶膜质；茎生叶托叶草质，绿色。花序为伞房状聚伞花序，花梗被短柔毛；萼片三角状卵形，副萼片披针形或椭圆披针形，外面被伏生长柔毛；花瓣黄色，倒卵形，长不超过萼片的 1 倍；花柱圆锥形，近顶生，基部具乳头膨大，柱头稍扩大。瘦果平滑或具皱纹。花期 5 ～ 8 月。

生于海拔 1700 ～ 2600m 的沟谷、灌丛、林缘，见于汝箕沟、苏峪口沟、小口子沟、黄旗口沟。

掌叶多裂委陵菜　*Potentilla multifida* var. *ornithopoda* (Tausch) Th. Wolf

本变种与正种的区别在于叶为掌状复叶，小叶有 5 片，羽状深裂几达中脉。

见于苏峪口沟、小口子沟、黄旗口沟。

多茎委陵菜　*Potentilla multicaulis* Bunge

多年生草本。茎丛生，斜展，长 10 ～ 25cm，带紫红色，被白色柔毛，基部具残留棕褐色托叶和叶柄。基生叶多数，丛生，羽状复叶，具小叶 9 ～ 13 片，小叶边缘羽状深裂，裂片 5 ～ 13 片，长椭圆形或线形，先端钝，腹面暗绿色，背面密被白色绒毛和柔毛；托叶膜质，与叶柄合生，呈鞘状抱茎；茎生叶有小叶 3 ～ 9 片，托叶仅基部与叶柄合生。聚伞花序，总花梗和花梗密生灰白色柔毛和短柔毛；花黄色；副萼片长卵形；萼裂片卵状三角形，背面疏被长柔毛和短绒毛；花瓣宽倒卵形或近圆形；雄蕊 20 枚；花柱短，近顶生；花托被柔毛。瘦果褐色，无毛，具皱纹。花期 5 ～ 6 月，果期 7 ～ 8 月。

生于海拔 1300 ～ 2300m 的沟谷砾石地，见于大水沟、苏峪口沟、甘沟等。

雪白委陵菜 *Potentilla nivea* L.

多年生草本，高 5 ～ 15cm。茎斜升，不分枝，常带紫红色，被白毛。掌状三出复叶，基生叶的叶柄长 1 ～ 3cm，被蛛丝状毛；小叶椭圆形或卵形，长 0.5 ～ 1.5cm，宽 0.5 ～ 1cm，边缘具圆钝锯齿，腹面绿色，疏生伏柔毛，背面密被白色毡毛；托叶披针形，膜质，背面被毡毛或长柔毛；茎生叶较小；托叶草质，背面被毡毛。聚伞花序顶生，花梗被柔毛；花黄色；副萼片披针形，萼片三角状卵形；花瓣宽倒卵形，先端微凹；花柱顶生，子房肾形，光滑；花托被柔毛。瘦果光滑。花期 7 ～ 8 月，果期 8 ～ 9 月。

生于海拔 2800 ～ 3500m 的灌丛、高山草甸，见于山脊两侧。

西山委陵菜 *Potentilla sischanensis* Bunge ex Lehm.

多年生草本，高 8 ～ 15cm。茎多数丛生，倾斜升展，被灰白色绒毛。奇数羽状复叶，基生叶具长柄，长 5 ～ 10cm，具小叶 7 ～ 13 片，小叶无柄，长 1.5 ～ 2.5cm，宽 8 ～ 10mm，具 3 ～ 13 片羽状深裂片，裂片椭圆形或三角状卵形，先端钝，全缘，边缘反卷，叶脉凹陷，背面密被毡毛；茎生叶具小叶 3 ～ 5 片；托叶小，椭圆形。聚伞花序，花排列稀疏；副萼片长椭圆形，外面被绒毛；萼片宽卵形，稍长于副萼片，外面被绒毛；花瓣黄色，宽倒卵形，先端微凹；雄蕊约 20 枚；花柱近顶生；花托被柔毛。瘦果红褐色，无毛。花期 5 ～ 6 月。

生于海拔 1700 ～ 2600m 的沟谷、灌丛、草甸或林缘，为东坡习见植物。

蕨麻属 *Argentina* Hill

蕨麻　*Argentina anserina* (L.) Rydb.

多年生草本。奇数羽状复叶，基生叶具小叶 9 ～ 19 片，小叶片长 1.5 ～ 3cm，宽 0.5 ～ 1cm，先端圆钝，基部宽楔形，边缘具缺刻状深锯齿，背面密生白色绒毛，小叶对之间杂生分裂或不分裂的小羽片。花单生于基生叶丛中或匍匐茎的叶腋；副萼片狭椭圆形，全缘或具浅锯齿；萼片卵形，全缘，稍长于副萼；花瓣黄色，宽倒卵形，全缘；雄蕊 20 枚；花柱侧生。瘦果卵圆形。花果期 6 ～ 8 月。

生于山麓盐湿地或溪流边，为东坡习见植物。

金露梅属 *Dasiphora* Raf.

银露梅　*Dasiphora glabra* (G. Lodd.) Soják

小灌木，高 80 ～ 100cm。奇数羽状复叶，具 5 片小叶，小叶长 5 ～ 12mm，宽 3 ～ 7mm，先端圆钝，具小突尖，基部近圆形，全缘，腹面绿色，疏被长柔毛，背面灰绿色，密被白色长柔毛；托叶膜质，基部与叶柄合生，抱茎。花单生于叶腋或成伞房花序；花白色；花梗疏被柔毛；副萼片倒卵状披针形；萼片先端渐尖，背面疏被长柔毛，黄绿色；花瓣先端圆，基部具短爪；雄蕊 20 ～ 22 枚；花柱侧生，柱头头状，无毛，子房密被长柔毛。瘦果表面无毛。花期 5 ～ 7 月，果期 7 ～ 9 月。

生于海拔 2500 ～ 3000m 的灌丛中，见于贺兰口沟、苏峪口沟、小口子沟、黄旗口沟等。

白毛银露梅　*Dasiphora mandshurica* (Maxim.) Juz.

灌木，高 0.3 ～ 2m。叶为羽状复叶，有小叶 2 对，稀 3 对，上面 1 对小叶基部下延与轴汇合，叶柄被疏柔毛；小叶长 0.5 ～ 1.2cm，宽 0.4 ～ 0.8cm，顶端圆钝或急尖，基部楔形或几圆形，全缘，腹面疏被绢状柔毛，背面密生绢状毛或绒毛。托叶薄膜质。顶生单花或数朵；萼片卵形，副萼比萼片短或近等长，外面被疏柔毛；花瓣白色，倒卵形，顶端圆钝；花柱近基生，棒状，基部较细，柱头扩大。瘦果表面被毛。花果期 6 ～ 11 月。

生于海拔 2500 ～ 3000m 的山地灌丛，见于贺兰口沟、苏峪口沟、小口子沟、黄旗口沟等。

沼委陵菜属 *Comarum* L.

西北沼委陵菜　*Comarum salesovianum* (Stephan) Asch. & Graebn.

半灌木，高 40 ～ 80cm。茎直立，具残留的托叶及叶柄，茎上部草质，被绒毛。奇数羽状复叶，具小叶 5 ～ 11 片，小叶长 1.5 ～ 4cm，宽 0.5 ～ 1.5cm，先端钝或尖，基部近圆形，偏斜，边缘具裂片状粗锯齿，近基部全缘，腹面绿色，无毛，背面灰绿色，被白粉，沿脉被柔毛；托叶三角状披针形，下部与叶柄合生。聚伞花序顶生，苞片卵形，背面被短柔毛；副萼片披针形，萼片狭卵形或三角状狭卵形，与副萼片均背面被短柔毛；花瓣菱状卵形，淡红色；雄蕊多数；雌蕊多数，生于隆起的花托上，子房密生长柔毛。瘦果长圆状卵形。花期 5 ～ 6 月，果期 7 ～ 8 月。

生于海拔 2100 ～ 2300m 的沟谷砾石地，见于大水沟、镇木关沟、贺兰口沟等。

李属 *Prunus* L.

蒙古扁桃　*Prunus mongolica* Maxim.

灌木，高 1 ～ 1.5m。茎多分枝，树皮灰褐色，小枝暗红紫色，顶端成刺。叶长 5 ～ 15mm，宽 4 ～ 13mm，先端圆钝或急尖，基部宽楔形至圆形，边缘具细圆钝锯齿，两面无毛；托叶线形，红色，早落；叶柄长，无毛和腺体。花单生于短枝上，几无梗；花萼无毛，萼裂片椭圆形，与萼筒近等长；花瓣淡红色，先端圆；雄蕊多数；子房密被短柔毛，花柱细长，长为雄蕊的 2 倍，下部被柔毛。核果扁卵形，先端尖，密被粗柔毛。花期 5 月，果期 6 ～ 7 月。

生于海拔 1300 ～ 2300m 的石质低山丘陵、沟谷，为东坡习见植物。

山杏　*Prunus sibirica* L.

小乔木或灌木，高 2 ～ 5m。小枝灰褐色，嫩枝红褐色。叶宽卵形或近圆形，长 3 ～ 7cm，宽 3 ～ 5cm，边缘具细钝锯齿；叶柄腹面具沟槽。花单生，近无梗；花萼钟形，萼裂片椭圆形，先端钝；花瓣白色或粉红色，宽倒卵形或近圆形；雄蕊多数，较花瓣短；子房被短柔毛，花柱与雄蕊近等长，下部有时被短毛。核果扁球形，被短柔毛，果肉薄。花期 5 月，果期 7 ～ 8 月。

生于海拔 1800 ～ 2300m 的石质山坡或沟谷，见于苏峪口沟、黄旗口沟、小口子沟、贺兰口沟。

毛樱桃　*Prunus tomentosa* Thunb.

灌木，高 3 ～ 5m。叶长 1.5 ～ 5cm，宽 0.8 ～ 2.5cm，先端尾状突尖或急尖，基部宽楔形至近圆形，边缘具不规则的单锯齿或重锯齿，腹面被平伏的短柔毛，背面密被柔毛；叶柄密被短柔毛；托叶线形，具裂片，棕褐色，边缘具腺体。花单生或 2 朵簇生于叶腋，被开展的短柔毛；花萼筒形，萼裂片三角状卵形；花瓣狭倒卵形，白色或带淡红色；雄蕊多数；子房被柔毛，花柱细。核果椭圆形，红色，被柔毛。花期 5 月，果期 6 ～ 8 月。

生于海拔 1800 ～ 2300m 的阴湿沟谷，见于苏峪口沟、黄旗口沟、插旗口沟、甘沟等。

稠李 *Prunus padus* L.

乔木，高 5 ～ 10m。小枝棕褐色，无毛。叶长 5 ～ 10cm，宽 2.5 ～ 6cm，先端突尖，基部楔形或圆形，稀微心形，边缘具锯齿；叶柄被短柔毛，顶端具 2 个腺体。总状花序，无毛，基部具叶 3 ～ 5 片，具花 10 ～ 20 朵，排列疏松；花萼宽钟形，外面无毛，萼裂卵状三角形，先端圆钝，边缘具细齿；花瓣白色；雄蕊多数，长为花瓣的 1/2；子房无毛，花柱稍短于雄蕊或与之近等长，柱头头状。核果近球形，无毛。花期 6 月，果期 7 ～ 8 月。

生于海拔 2000 ～ 2200m 的山地沟谷，见于插旗口沟。

绣线菊属 *Spiraea* L.

耧斗菜叶绣线菊 *Spiraea aquilegiifolia* Pall.

灌木，高 40 ～ 80cm。小枝多而细瘦，圆柱形，淡褐色，密被短柔毛；芽小，卵形，具数片鳞片，被短柔毛。花枝上的叶通常为倒卵形或狭倒三角形，长 5 ～ 12mm，宽 3 ～ 8mm，先端 3 ～ 5 浅圆裂，基部楔形；不育枝上的叶通常为扇形，先端 3 ～ 5 个浅圆裂，基部楔形，背面灰绿色，密被短柔毛。伞形花序无总梗，具花 3 ～ 6 朵，花梗无毛；萼筒钟形，里面被短柔毛，萼裂片三角形，先端急尖；花瓣近圆形，白色；雄蕊 20 枚；子房被短柔毛，花柱短于雄蕊。蓇葖果开展，上部及腹缝线被柔毛，宿存萼片直立。花期 5 ～ 6 月，果期 7 ～ 8 月。

生于海拔 1500 ～ 1900m 的浅山沟谷、石质山坡，见于苏峪口沟、插旗口沟、甘沟等。

金丝桃叶绣线菊　*Spiraea hypericifolia* L.

灌木，高 1 ～ 1.5m。枝条直立，棕褐色，具角棱。叶片长 5 ～ 12mm，宽 2 ～ 5mm，先端圆钝，或先端具 3 个圆钝齿，基部渐狭；叶柄无毛。伞形花序无总梗，具花 7 ～ 11 朵，基部具数片小型的倒卵状披针形叶；花梗无毛；萼筒钟形，外面无毛，萼裂片三角形，先端稍钝，外面无毛；花瓣近圆形或倒卵形，先端圆，基部具短爪，白色；雄蕊 20 枚，与花瓣几等长；花盘 10 裂；子房疏被柔毛或近无毛，花柱与雄蕊近等长或稍短。蓇葖果无毛，宿存花萼直立。花期 5 月，果期 6 ～ 8 月。

生于沟谷灌丛、石质山坡或林缘，见于东坡中南部。

蒙古绣线菊 *Spiraea lasiocarpa* Kar. & Kir.

灌木，高 2.5m。小枝细，有棱角，红褐色或黄褐色，老枝暗褐色。叶片长 1 ～ 2cm，宽 5 ～ 8mm，先端圆钝，具小尖头，基部楔形，两面无毛，全缘；叶柄无毛。伞形总状花序着生于侧枝顶端，花序具总梗，无毛；花梗无毛；萼筒钟形，无毛，萼裂片三角形，先端急尖，里面被短柔毛；花瓣近圆形，先端圆钝，白色；雄蕊 20 枚，与花瓣近等长；子房密被短柔毛。蓇葖果被柔毛。花期 5 ～ 7 月，果期 7 ～ 9 月。

生于海拔 1500 ～ 1900m 的沟谷或石质山坡，见于苏峪口沟、插旗口沟、甘沟等。

毛枝蒙古绣线菊 *Spiraea mongolica* var. *tomentulosa* T. T. Yu

本变种与原变种的区别在于其小枝、叶柄及冬芽多少密被短绒毛。

生于海拔 1500 ～ 2600m 的沟谷，见于苏峪口沟、插旗口沟、黄旗口沟。

宁夏绣线菊　*Spiraea ningshiaensis* T. T. Yu & L. T. Lu

灌木。小枝暗红棕色，弯曲，明显具棱角，初期密被柔毛，老时近无毛；芽卵形，几乎与叶柄等长，具深棕色鳞片，被柔毛。叶柄 1 ～ 3mm，幼时被柔毛；叶片宽卵形，长 7 ～ 14 mm，宽 5 ～ 9mm，幼时两面稍被柔毛，老时无毛，基部具 3 条脉，基部宽楔形至圆形，边缘全缘或有时顶端 3 裂，顶端钝。总状花序具花梗；花轴和花梗无毛；花梗 4 ～ 5mm，结果时至 8mm；苞片披针形至椭圆形，长 2 ～ 4mm，无毛，顶端尖至短渐尖。萼筒钟形，外面无毛。萼片三角形或卵状三角形，长宽几乎相等，结果时直立，顶端尖。蓇葖果直立开展，腹缝线稍被柔毛。花期 5 ～ 6 月，果期 8 ～ 9 月。

生于海拔 1500 ～ 1900m 的沟谷或石质山坡，见于三关口、小口子沟等。

三裂绣线菊　*Spiraea trilobata* L.

灌木，高达 2m。枝细，开展，褐色，无毛。芽小，卵形，具数片外露鳞片。叶片长 1 ～ 4cm，宽 0.8 ～ 4.5cm，先端钝，常 3 裂或具数个圆钝锯齿，基部圆形、楔形或近心形；叶柄无毛。伞形花序着生于侧生小枝的顶端，具花 6 ～ 15 朵；花梗细，与总花梗均无毛；萼片三角形，先端尖，外面无毛；花瓣白色，宽倒卵圆形，先端微凹；雄蕊 18 ～ 20 枚，较花瓣短；子房被短柔毛，花柱较雄蕊短。蓇葖果无毛或沿腹缝线微具短毛。花期 5 ～ 6 月，果期 6 ～ 9 月。

生于石质山坡、沟谷，见于东坡中南部。

山楂属 *Crataegus* L.

毛山楂 *Crataegus maximowiczii* C. K. Schneid.

灌木，高 2 ～ 2.5m。枝灰褐色或紫褐色，小枝幼时被柔毛，有刺，刺长 1cm。叶片长 1 ～ 4cm，宽 1.5 ～ 4cm，先端渐尖，基部楔形或宽楔形，边缘羽状 5 浅裂，裂片具重锯齿，两面疏被白色长柔毛，背面沿脉毛较密，脉腋具髯毛；托叶边缘具腺齿，早落。复伞房花序顶生或腋生，具多花，花梗及总花梗被灰白色柔毛；萼筒钟形，外面被灰白色柔毛，萼裂片两面均被柔毛；花瓣近圆形，白色；雄蕊 20 枚，较花瓣短；花柱通常 2 个，基部被柔毛。果实近球形，红色，果梗被长柔毛，具 3 ～ 5 个小核。花期 5 ～ 6 月，果期 7 ～ 9 月。

生于海拔约 1800m 的沟谷，仅见于插旗口沟。

苹果属 *Malus* Mill.

花叶海棠 *Malus transitoria* (Batalin) C. K. Schneid.

灌木或小乔木，高 2 ～ 6m。小枝细长，幼时密生绒毛，老时暗褐色。芽卵形，先端钝，被绒毛。叶片卵形或宽卵形，长 1.5 ～ 4.5cm，宽 1.2 ～ 4cm，先端急尖或稍钝，边缘常 5 深裂，裂片椭圆形或狭倒卵形，边缘具细钝锯齿，被短柔毛；叶柄密被绒毛；托叶披针形。伞形花序具 5 ～ 6 朵花；花梗被短柔毛；萼筒外面密被绒毛，萼裂片卵状披针形，被绒毛；花瓣近圆形或卵形，白色；雄蕊 20 ～ 25 枚，不等长，稍短于花瓣；花柱 5 个，无毛。梨果椭圆形，红色，萼裂片脱落。花期 6 月，果期 8 ～ 9 月。

生于海拔约 2000m 的沟谷，仅见于插旗口沟。

栒子属 *Cotoneaster* B. Ehrhart

灰栒子　*Cotoneaster acutifolius* Turcz.

落叶灌木，高约 2m。幼枝红褐色，被黄色糙伏毛，老枝暗褐色。叶片长 2 ～ 6.5cm，宽 1.5 ～ 3.5cm，先端渐尖或急尖，基部宽楔形至近圆形，腹面深绿色，叶脉稍下凹，被疏柔毛，背面淡绿色，被柔毛，沿叶脉较密；叶柄被柔毛。聚伞花序具 2 ～ 7 朵花，总花梗与花梗均被柔毛；萼筒钟形，萼片宽三角形，外面被柔毛，里面沿边缘密被柔毛；花瓣倒卵形，先端圆钝，粉红色，直伸；雄蕊 17 ～ 20 枚，比花瓣短；花柱 2 个，离生，短于雄蕊，子房顶端疏被柔毛。果实倒卵形，黑色，具 2 个小核。花期 5 月，果期 6 月。

生于海拔 1600 ～ 2600m 的阴坡沟谷，见于黄旗口沟、小口子沟、大水沟、甘沟。

全缘栒子 *Cotoneaster integerrimus* Medik.

落叶灌木，高达2m。小枝圆柱形，棕褐色，幼时密被灰白色绒毛，老枝暗褐色。叶片长2～3.5cm，宽1.5～3cm，先端圆钝或微凹，基部圆形，腹面绿色，叶脉稍下凹，背面灰绿色，密被白色绒毛；叶柄密被绒毛；托叶褐色，被绒毛。聚伞花序具花2～8朵，花梗及总花梗微具柔毛；萼筒钟形，萼裂片卵状三角形，先端急尖，里面沿边缘具毛；花瓣近圆形，先端圆钝，基部具短爪，粉红色，直伸；雄蕊20枚，与花瓣近等长；花柱通常2个，离生，短于雄蕊。果实红色，无毛，具2个小核。花期6月，果期7～8月。

生于海拔2000～2200m的沟谷杂木林，见于苏峪口沟。

黑果栒子 *Cotoneaster melanocarpus* Lodd., G. Lodd. & W. Lodd.

落叶灌木，高1～2m。幼枝褐色，被短柔毛，老枝暗褐色。叶片长2～4cm，宽1～2.5cm，先端圆钝或微凹，具小尖头，基部圆形，腹面绿色，背面灰绿色，密被白色绒毛；叶柄密被绒毛。聚伞花序具花3～15朵，总花梗及花梗均疏被柔毛；萼筒钟状，萼裂片三角形，先端圆钝，里面沿边缘疏具柔毛；花瓣近圆形，先端圆形，粉红色，直伸；雄蕊20枚，短于花瓣；花柱2个，离生，子房顶端具柔毛。果实近球形或宽倒卵形，黑色，含2个小核。花期6～7月，果期7～9月。

生于海拔1600～2600m的阴坡沟谷，见于黄旗口沟、小口子沟、大水沟、甘沟。

蒙古栒子　*Cotoneaster mongolicus* Pojark.

落叶灌木，高达 1.8m；小枝开展，粗壮，圆柱形，暗红棕色。叶片长 1 ～ 2.5cm，宽 0.8 ～ 1.4cm，先端多数圆钝，基部楔形，全缘，腹面光亮，背面被稀疏灰色绒毛，叶脉在背面突起；叶柄具灰色柔毛；托叶宿存，钻形，红棕色，边缘具毛。聚伞花序有花 3 ～ 6 朵，总花梗和花梗具灰白色柔毛；萼片三角形，暗红色；花瓣平展，近圆形，边缘呈不规则凹缺，白色，无毛；雄蕊 20 枚；心皮 2 个；子房先端密被柔毛。果实倒卵形，紫红色，无毛，具 2 个小核。花期 6 ～ 8 月，果期 9 月。

生于海拔 1500 ～ 2500m 的沟谷灌丛，见于黄旗口沟。

水栒子 *Cotoneaster multiflorus* Bunge

落叶灌木，高 3m。幼枝红褐色，具短柔毛，老枝暗灰褐色。叶片长 2 ～ 4.5cm，宽 1.5 ～ 2.5cm，先端急尖或钝圆，基部宽楔形，腹面绿色，叶脉稍凹陷，背面淡绿色，脉明显；叶柄被柔毛。聚伞花序具花 5 ～ 10 朵，总花梗与花梗无毛；萼筒钟形，萼片三角形，先端钝或急尖；花瓣开展，近圆形，先端圆钝，基部具短爪；雄蕊 18 枚，稍短于花瓣；花柱 2 个，离生，比雄蕊短。果实红色，近球形或倒卵形，具 1 个小核。花期 6 月，果期 7 ～ 8 月。

生于海拔 1800 ～ 2500m 的阴坡沟谷，见于插旗口沟、黄旗口沟。

准噶尔栒子 *Cotoneaster soongoricus* (Regel & Herd.) Popov

落叶灌木，高 1 ～ 2m。小枝暗褐色，幼时密被柔毛，后逐渐脱落。叶片长 1 ～ 2cm，宽 0.8 ～ 1.5cm，先端圆钝具小突尖，基部圆形至宽楔形，腹面绿色，叶脉稍下陷，背面灰绿色，密被白色绒毛；叶柄被白色绒毛。聚伞花序具花 3 ～ 5 朵，花梗及总花梗均被绒毛；萼筒钟形，被绒毛，萼片三角形，先端急尖，外面被绒毛；花瓣近圆形至宽卵形，基部具短爪，里面基部微被白色柔毛；雄蕊 18 枚；花柱 2 个，离生，短于雄蕊，子房顶端密被白色柔毛。果实卵形至椭圆形，红色，被稀疏柔毛，具 1 ～ 2 个小核。花期 6 月，果期 7 月。

生于海拔 1600 ～ 2300m 的沟谷，见于苏峪口沟、贺兰口沟、大水沟、插旗口沟等。

毛叶水栒子 *Cotoneaster submultiflorus* Popov

落叶灌木，高 1.5 ～ 5m。幼枝紫褐色，被短柔毛，老枝暗灰褐色。叶片长 2 ～ 4cm，宽 1.5 ～ 2.5cm，先端圆钝或急尖，基部宽楔形，背面被短柔毛，沿脉稍密；叶柄疏被短柔毛；托叶紫红色，早落。聚伞花序具花 3 ～ 8 朵，花梗及总花梗具长柔毛；萼筒钟形，萼片宽三角形，先端急尖，外面疏被柔毛；花瓣开展，近圆形，白色，里面基部具柔毛；雄蕊 15 ～ 20 枚，短于花瓣；花柱 2 个，离生，稍短于雄蕊，子房顶端具短柔毛。果实红色，球形，内含 1 个小核。花期 6 月，果期 6 ～ 7 月。

生于海拔 2000 ～ 2300m 的沟谷，见于苏峪口沟、插旗口沟、小口子沟等。

细枝栒子 *Cotoneaster tenuipes* Rehder & E. H. Wilson

落叶灌木，高 1 ～ 2m。小枝细瘦，暗褐色，密被长柔毛。叶片长 2 ～ 3cm，宽 1.5 ～ 2.5cm，先端急尖或稍钝，基部宽楔形至近圆形；叶柄被柔毛。聚伞花序具 2 ～ 4 朵花，总花梗及花梗均密被平铺柔毛；萼筒钟形，萼裂片卵状三角形，先端急尖，里面边缘密生绒毛；花瓣近圆形，先端圆钝，基部具短爪；雄蕊 15 枚，比花瓣短；花柱 2 个，离生。果实黑色，具 1 ～ 2 个小核。花期 6 月，果期 7 ～ 9 月。

生于海拔 1600 ～ 2000m 的沟谷，见于苏峪口沟、黄旗口沟、插旗口沟。

西北栒子 *Cotoneaster zabelii* C. K. Schneid.

落叶灌木，高达 2m。小枝红褐色，幼时密被黄白色柔毛，老枝黑褐色。叶片长 1 ～ 2cm，宽 0.8 ～ 1.5cm，先端圆钝，稀微凹，基部圆形，腹面绿色，背面灰白色，密被白色绒毛；叶柄被绒毛。聚伞花序具花 3 ～ 7 朵，总花梗及花梗均被柔毛；萼筒钟形，萼裂片三角形，外面被绒毛，里面沿边缘具绒毛；花瓣近圆形，先端圆钝，淡红色，直伸；雄蕊 18 枚，较花瓣短；花柱 2 个，离生，短于雄蕊，子房顶端具柔毛。果实鲜红色，内含 2 个小核。花期 6 月，果期 7 ～ 8 月。

生于海拔 1900 ～ 2500m 的林缘或沟谷，见于苏峪口沟、贺兰口沟、黄旗口沟、插旗口沟等。

二十五　鼠李科 Rhamnaceae

本科共有 59 属约 925 种，世界广布。中国有 13 属 137 种，另引种栽培 3 属，全国广布。宁夏贺兰山产 2 属 4 种。

鼠李属 *Rhamnus* L.

柳叶鼠李　*Rhamnus erythroxylum* Pall.

灌木。多分枝，高达 2m。幼枝红褐色，无毛，顶端针刺状。叶互生或束生于短枝上，纸质，条形或长条形，长 3 ～ 10cm，宽 2 ～ 10mm，先端渐尖，基部楔形，边缘有疏生小锯齿，齿端有小尖头；侧脉 4 对，不明显，中脉在背面明显且凸起；叶基部渐窄成短叶柄。花单性，黄绿色，10 ～ 20 朵束生于花枝，宽钟形；花萼 5 裂；花瓣 5 枚；雄蕊 5 枚。核果球形，成熟时黑色，通常有 2 个核，稀有 3 个。种子倒卵形，背面有纵沟。花期 5 月，果期 6 ～ 7 月。

生于海拔 1600 ～ 2100m 的沟谷或阴坡灌丛，见于甘沟。

小叶鼠李 *Rhamnus parvifolia* Bunge

灌木，高达 2m。小枝灰色或灰褐色，对生，有时互生，先端成针刺。叶在短枝上簇生，菱状倒卵形或倒卵形，长 1 ～ 3cm，宽 0.8 ～ 1.5cm，先端圆或急尖，基部楔形，边缘具圆钝细锯齿，腹面疏被短毛，背面无毛，仅脉腋的腺窝上具簇毛；叶柄腹面有沟槽，被短柔毛。聚伞花序叶腋生，具 1 ～ 3 朵花；花单性；花萼 4 裂，裂片披针形，较萼筒长，外面疏被短毛；花瓣 4 片，倒卵形，长为萼裂片的 1/3；雄蕊 4 枚，与花瓣对生，与花瓣等长或稍长。核果球形，具 2 个核。种子倒卵形，背面具纵沟，长为种子的 4/5。花期 5 ～ 7 月，果期 8 ～ 9 月。

生于海拔 1300 ～ 1800m 的沟谷或石质山坡，见于苏峪口沟、甘沟。

黑桦树 *Rhamnus maximovicziana* J. J. Vassil.

灌木，高 2 ～ 2.5m。树皮暗灰褐色，具光泽，多分枝，小枝对生，枝端及分叉处具刺。叶在短枝上丛生，长 1 ～ 2cm，宽 0.5 ～ 1.5cm，先端圆钝，稀微凹，基部楔形或宽楔形，边缘全缘或具疏浅钝齿，腹面绿色，背面淡绿色，侧脉 2 ～ 3 对，腹面稍凹陷，背面隆起。花单性，小型，黄绿色，数朵至 10 余朵丛生于短枝上；花萼钟形，萼裂片 4 片，直立，卵状披针形；无花瓣；雄蕊 4 枚，具退化雌蕊；雌花无花瓣，子房扁球形，花柱 2 裂至中部。果实扁球形，具 2 粒种子。种子倒卵形，背面具纵沟，长为种子的 1/2。花期 5 ～ 6 月，果期 7 ～ 9 月。

生于海拔 1600 ～ 2300m 的沟谷、林缘或灌丛中，为东坡习见植物。

枣属 *Ziziyphus* Mill.

酸枣　*Ziziphus jujuba* var. *spinosa* (Bunge) Hu ex H. F. Chow

灌木或小乔木，高 1 ～ 3m。小枝常呈“之”字形弯曲，灰褐色，具刺，刺有 2 种，一种为细长针状刺，长达 3cm，一种为短刺，呈弯钩状；脱落枝黄绿色，被短柔毛。单叶互生，长 0.8 ～ 3cm，宽 0.3 ～ 1.4cm，先端钝，有时微凹，基部圆形，偏斜，边缘有钝锯齿，齿间具腺点，腹面绿色，背面灰绿色，沿脉有柔毛；叶柄被柔毛。聚伞花序叶腋生，具 2 ～ 4 朵花；萼裂片 5 片，卵形或卵状三角形，腹面中肋上有棱状突起；花瓣 5 片，膜质，勺形；雄蕊稍长于花瓣。核果近球形。花期 5 ～ 6 月，果期 9 ～ 10 月。

生于山麓洪积扇、浅山沟谷，为东坡习见植物。

二十六　榆科 Ulmaceae

本科共有 7 属约 60 种，产于美洲、欧亚大陆、热带非洲。中国有 3 属 29 种，另引种栽培 1 属，全国广布。宁夏贺兰山产 1 属 3 种。

榆属 *Ulmus* L.

榆　*Ulmus pumila* L.

落叶乔木，高达 25m，胸径 1m。树皮暗灰色，不规则深纵裂，粗糙。小枝淡黄灰色、淡褐灰色或灰色，有散生皮孔；冬芽近球形或卵圆形。叶椭圆状卵形、长卵形、椭圆状披针形或卵状披针形，长 2 ～ 8cm，宽 1.2 ～ 3.5cm，先端渐尖或长渐尖，基部偏斜或近对称，腹面平滑无毛，背面幼时有短柔毛，后变无毛或部分脉腋有簇生毛，边缘具重锯齿或单锯齿，叶柄通常仅腹面有短柔毛。花先叶开放，在去年生枝的叶腋成簇生状。翅果近圆形，稀倒卵状圆形。花果期 3 ～ 6 月。

生于沟谷石质山坡，见于苏峪口沟、小口子沟。

旱榆 *Ulmus glaucescens* Franch.

小乔木或灌木，高可达 5m。小枝淡灰褐色，被毛，老枝灰白色，无毛。叶卵形、卵状椭圆形至狭卵形，长 2 ～ 4cm，宽 1.3 ～ 2.5cm，先端渐尖或具长尾尖，基部偏斜，近心形或圆形，边缘具单锯齿，幼时腹面被短伏毛，老时两面无毛；叶柄被短毛。翅果较大，倒卵形或近圆形，先端微凹，基部圆形或稍下延，无毛，种子位于翅果中央；果柄被短毛。花期 5 月，果期 6 月。

生于海拔 1300 ～ 2800m 的石质阳坡沟谷，为东坡习见植物。

毛果灰榆 *Ulmus glaucescens* var. *lasiocarpa* Rehder

本变种与正种的主要区别在于翅果上有长柔毛。

生境同正种，散见于旱榆疏林中。

二十七　大麻科 Cannabaceae

本科共有 9 属近 140 种，产于全球热带和温带地区。中国有 7 属 25 种，另引种栽培 1 属，全国广布。宁夏贺兰山产 2 属 2 种。

朴属 *Celtis* L.

黑弹树　*Celtis bungeana* Blume

落叶乔木，高达 10m。树皮灰色或暗灰色；当年生小枝淡棕色，老后色较深，散生椭圆形皮孔，去年生小枝灰褐色；冬芽棕色或暗棕色。叶厚纸质，长 3 ～ 7cm，宽 2 ～ 5cm，基部宽楔形至近圆形，几乎不偏斜，中部以上疏具不规则浅齿；叶柄淡黄色，腹面有沟槽；萌发枝上的叶形变异较大，先端可具尾尖且有糙毛。果实单生于叶腋，果柄较细软，无毛，成熟时蓝黑色，近球形；核近球形，肋不明显，表面极大部分近平滑或略具网孔状凹陷。花期 4 ～ 5 月，果期 10 ～ 11 月。

生于海拔 1400 ～ 1700m 的向阳山坡，见于插旗口沟、贺兰口沟、苏峪口沟、黄旗口沟、榆树沟、大窑沟。

大麻属 *Cannabis* L.

大麻　*Cannabis sativa* L.

一年生草本，高可达 3m。茎直立，灰绿色，有纵棱，密生柔毛。叶互生或下部的对生，掌状复叶，具 3 ～ 9 片小叶；小叶无柄，披针形至线状披针形，长 7 ～ 15cm，先端渐尖，基部渐狭，边缘具粗锯齿，腹面深绿色，被糙毛，背面淡绿色，密被灰白色绒毛；叶柄被短绒毛。雄花黄绿色，雌花绿色。瘦果扁卵形，外包宿存的黄褐色苞片。花期 8 ～ 9 月，果期 9 ～ 10 月。

生于海拔 1300 ～ 1400m 的沟谷，见于苏峪口沟、小口子沟、黄旗口沟等。

二十八　桑科 Moraceae

本科共有 39 属 1100 ～ 1200 种，产于全球热带和温带地区。中国有 9 属 139 种，另有引种栽培 5 属，全国广布。宁夏贺兰山产 1 属 1 种。

桑属 *Morus* L.

蒙桑　*Morus mongolica* (Bureau) C. K. Schneid.

小乔木或灌木。树皮灰褐色，纵裂；小枝暗红色，老枝灰黑色；冬芽卵圆形，灰褐色。叶长椭圆状卵形，长 8 ～ 15cm，宽 5 ～ 8cm，先端尾尖，基部心形，边缘具三角形单锯齿，稀为重锯齿，齿尖有长刺芒，两面无毛。雄花花被暗黄色，外面及边缘被长柔毛，花药 2 室，纵裂。雌花序短圆柱状，总花梗纤细；雌花花被片外面上部疏被柔毛，或近无毛；花柱长，柱头 2 裂，内面密生乳头状突起。聚花果，成熟时红色至紫黑色。花期 3 ～ 4 月，果期 4 ～ 5 月。

生于海拔 1400 ～ 1500m 的阳坡及山麓，见于插旗口沟、黄旗口沟。

二十九　荨麻科 Urticaceae

本科共有 55 属 1300 余种，世界广布。中国有 26 属 341 种，另引种栽培 3 属，全国广布。宁夏贺兰山产 2 属 3 种。

荨麻属 *Urtica* L.

麻叶荨麻　*Urtica cannabina* L.

多年生草本。具匍匐根茎，茎直立，高达 1m，具纵棱，被螫毛，节上螫毛尤多。单叶对生，长 7 ~ 12cm，宽 6 ~ 10cm，掌状 3 全裂，裂片羽状深裂，小裂片边缘具缺刻状粗锯齿，腹面深绿色，无毛，背面浅绿色，叶脉显著隆起，脉上有螫毛；托叶卵状披针形；叶柄被螫毛。花单性，同株的雄花序生于下部叶腋；花序聚伞状，被螫毛；雄花花被片 4 片，雄蕊与花被片同数且对生；雌花花被片 4 片，基部 1/3 合生，背面生螫毛，2 片背生的花后增大，较瘦果长。瘦果宽椭圆状卵形，稍扁。花期 6 月，果期 9 月。

生于海拔 1200 ~ 2300m 的山口、沟谷、居民点附近，为东坡习见植物。

贺兰山荨麻 *Urtica helanshanica* W. Z. Di & W. B. Liao

多年生草本，高 50 ～ 90cm，全株被白色粗伏毛，节上常有螫毛。茎直立，近四棱形具纵棱。叶片长 5 ～ 17cm，宽 2 ～ 8cm，先端尾状渐尖，基部宽楔形至截形，边缘具 8 ～ 12 对大型粗牙齿，腹面密布点状钟乳体，背面沿脉被白色粗伏毛及疏螫毛。雌雄同株，雄花序圆锥形，成对生于茎下部叶腋处，雌花序密穗状，成对生于茎上部叶腋处，雄花序和雌花序之间叶腋的花序常为雌雄同序，苞片小；雄花花被 4 深裂，裂片椭圆形，雄蕊 4 枚，花丝舌状；雌花花被 4 片，背生 2 片，花后增大，背面中脉上各具 1 枚螫毛，侧生 2 片较小，长为背生的 1/4。瘦果椭圆形，稍扁平，黄棕色，表面具腺点和颗粒状分泌物。花期 6 ～ 7 月，果期 7 ～ 8 月。

生于海拔 1800 ～ 2200m 的沟谷中，见于苏峪口沟、贺兰口沟。

墙草属 *Parietaria* L.

墙草 *Parietaria micrantha* Ledeb.

一年生草本，全株无螫毛。茎细，柔弱，稍肉质，直立或平卧，高 10 ～ 30cm，多分枝。叶互生，长 0.5 ～ 3cm，宽 3 ～ 20mm，先端微尖或钝尖，基部圆形、宽楔形或微心形，全缘，两面疏被柔毛，腹面密被细点状钟乳体；叶柄长 2 ～ 15mm，被柔毛。花杂性，在叶腋组成具 3 ～ 5 朵花的聚伞花序，两性花生于花序下部，其余为雌花；苞片狭针形，与花被近等长；两性花花被 4 深裂；雄蕊 4 枚，与花被裂片对生；雌花花被筒状钟形，先端 4 浅裂，花后成膜质，宿存；子房椭圆形或卵圆形。瘦果稍扁平，有光泽，成熟后为黑色，略长于宿存花被。花期 7 ～ 8 月，果期 8 ～ 9 月。

生于海拔 1300 ～ 1600m 的沟谷阴坡或溪流岩缝中，见于插旗口沟、大水沟。

三十 桦木科 Betulaceae

本科共有 6 属 150 ～ 200 种，主要分布于亚洲、欧洲、南美洲、北美洲。中国有 6 属 89 种，其中虎子榛属为中国特有。宁夏贺兰山产 2 属 2 种。

桦木属 *Betula* L.

白桦 *Betula platyphylla* Sukaczev

落叶乔木，高达 25m。树皮白色，成厚革质层状剥落。小枝红褐色，具圆形皮孔，有时具腺点。冬芽圆锥形，先端尖，常具树脂。叶三角状卵形或菱状宽卵形，长 3.5 ～ 6.5cm，宽 3 ～ 6cm，边缘具不规则的重锯齿，腹面深绿色，无毛，脉间有腺点，背面淡绿色，具腺点，脉上较密，侧脉 5 ～ 8 对；叶柄平滑或具腺点。果序圆柱形，单生于叶腋，下垂；果苞中裂片短，先端尖，侧裂片横出，钝圆，稍下垂。小坚果倒卵状长圆形，果翅较小坚果为宽。花期 5 ～ 6 月，果期 8 月。

生于海拔 1800 ～ 2300m 的沟谷阴坡，见于苏峪口沟、磷石矿西沟、小口子沟、黄旗口沟等。

虎榛子属 *Ostryopsis* Decne.

虎榛子 *Ostryopsis davidiana* Decne.

灌木，高达 2m。幼枝灰绿褐色，密生绒毛，老枝灰褐色。叶长 2 ～ 4cm，宽 1.5 ～ 3cm，先端渐尖，基部心形或圆形，边缘具不规则的重锯齿，腹面绿色，背面淡绿色，脉上及脉腋密生黄棕色的绒毛，侧脉 7 ～ 10 对；叶柄密生绒毛。雄花序单生于前一年生枝条的叶腋，或数个簇生于枝顶；雌花序生于当年生枝顶端，6 ～ 14 个簇生；总苞管状，外面密被黄褐色绒毛，成熟时沿一边开裂，先端常 3 裂。小坚果卵形，略扁，深褐色。花期 5 月，果期 7 ～ 8 月。

生于海拔 1800 ～ 2500m 的沟谷阴坡、半阴坡，见于苏峪口沟、黄旗口沟、甘沟、小口子沟、大水沟等。

三十一　葫芦科 Cucurbitaceae

本科约有 123 属 800 余种，多数分布于热带和亚热带，少数分布于温带。中国有 35 属 141 种，主要分布于西南部和南部地区，少数散布到北部地区。宁夏贺兰山产 1 属 1 种。

赤瓟属 *Thladiantha* Bunge

赤瓟　*Thladiantha dubia* Bunge

攀缘草质藤本。全株被黄白色的长柔毛状硬毛。根块状。茎稍粗壮，有棱沟。叶柄稍粗，长 2 ～ 6cm；叶长 5 ～ 8cm，宽 4 ～ 9cm，边缘浅波状，有大小不等的细齿，基部心形，两面粗糙，脉上有长硬毛。卷须纤细，被长柔毛。雌雄异株，雄花单生或聚生于短枝的上端呈假总状花序，花梗细长，被柔软的长柔毛；花萼筒极短，裂片披针形；花冠黄色，先端稍急尖；雄蕊 5 枚，其中 1 枚分离，其余 4 枚两两稍靠合，花丝极短，花药卵形。雌花单生，花梗细，有长柔毛；花萼和花冠同雄花；退化雄蕊 5 枚，棒状；子房长圆形，外面密被淡黄色长柔毛，柱头膨大，肾形，2 裂。果实卵状长圆形。种子卵形，黑色，平滑无毛。花期 6 ～ 8 月，果期 8 ～ 10 月。

生于海拔 1400 ～ 1650m 的沟谷或溪流边，见于贺兰口沟、苏峪口沟、小口子沟等。

三十二　卫矛科 Celastraceae

本科共有97属1194种，主要分布于热带和亚热带，少数分布于温带。中国有14属194种，全国均产，其中永瓣藤属（*Monimopetalum*）为中国特有。宁夏贺兰山产1属1种。

卫矛属 *Euonymus* L.

矮卫矛　*Euonymus nanus* M. Bieb.

矮小灌木，高30～100cm。小枝淡绿色，具条棱。叶线形或线状矩圆形，长1～3.5cm，宽1.5～3mm，具小尖头，常反卷，主脉在背面明显隆起，两面无毛。聚伞花序叶腋生，具1～3朵花，总花梗长1～2cm，顶端具1～2片淡紫红色的总苞片，披针形；花梗长0.5～1cm，近基部具1～2个苞片，与总苞片同形；花4数，紫褐色；萼片半圆形；花瓣卵圆形；雄蕊着生于花盘上，花丝极短，花药黄色；花盘4浅裂。蒴果近球形，成熟时紫红色，瓣开裂。花期5～7月，果期9～11月。

生于海拔1700～2300m的沟谷或林缘，见于苏峪口沟、黄旗口沟、小口子沟等。

三十三　大戟科 Euphorbiaceae

本科约有 218 属 6745 种，泛热带分布，温带地区也有分布。中国有 48 属（特有 1 属，引进 6 属）25 种（特有 52 种，引进 21 种），多数分布在南部和西南地区。宁夏贺兰山产 1 属 4 种。

大戟属 *Euphorbia* L.

乳浆大戟　*Euphorbia esula* L.

多年生草本，高 25 ～ 40cm。根粗壮，棕褐色。茎丛生，直立，单一或上部具分枝，具纵棱。叶互生，长 1 ～ 4cm，宽 1 ～ 4mm，先端尖或钝，基部渐狭或圆钝，全缘；营养枝上的叶较密集而狭小。总花序顶生，轮生苞叶 5 ～ 10 片，苞叶上生 6 ～ 10 个伞梗，茎上部叶腋生单梗，每伞梗顶端再生 1 ～ 4 个小伞梗；小苞片及苞片三角状宽菱形或宽菱形；杯状总苞倒圆锥形，先端 4 裂，腺体 4 个，新月形，两端具尖角；子房圆形，花柱长约 1mm，柱头 3 个，顶端再 2 裂。蒴果扁球形，光滑无毛。花期 5 ～ 6 月，果期 6 ～ 7 月。

生于海拔 1500 ～ 2300m 沟谷或灌丛，见于苏峪口沟、黄旗口沟、插旗口沟、小口子沟等。

地锦草 *Euphorbia humifusa* Willd. ex Schltdl.

一年生草本。茎匍匐，基部以上多分枝，稀先端斜上伸展，基部常为红色或淡红色，被柔毛。叶对生，长圆形或椭圆形，长 0.5 ～ 1cm，先端钝圆，基部偏斜，中上部常具细齿，两面被疏柔毛；叶柄极短。花序单生于叶腋；总苞陀螺状，边缘 4 裂，裂片三角形，腺体 4 个，长圆形，边缘具白或淡红色肾形附属物。雄花数枚，与总苞边缘近等长；雌花子房柄伸至总苞边缘；子房无毛；花柱分离。蒴果三棱状卵圆形，花柱宿存。种子三棱状卵圆形，灰色，棱面无横沟，无种阜。花果期 5 ～ 10 月。

生于海拔 1500 ～ 2300m 的沟谷、山麓冲沟或河床沙砾地，为东坡习见植物。

刘氏大戟 *Euphorbia lioui* C. Y. Wu & J. S. Ma

多年生草本。茎直立，高约 15cm；不育枝常自基部发出，高约 10cm。叶互生，长 2 ～ 6cm，宽 3 ～ 7mm，先端尖或渐尖，基部渐狭或平截；总苞片 4 ～ 5 片，基部平截或渐狭，无柄；伞幅 4 ～ 5 枚。花序单生于二歧分枝的顶端，基部无柄；总苞杯状，边缘 4 裂，裂片半圆形，截形或微凹，内侧具少许柔毛；腺体 4 个，边缘齿状分裂，褐色。雄花数枚，伸出总苞之外；雌花 1 朵；子房光滑无毛；花柱 3 个，中部以下合生；柱头 2 个，深裂。蒴果。花期 5 月。

生于低山石质丘陵，见于大水沟、甘沟、插旗口沟。

黑水大戟　*Euphorbia heishuiensis* W. T. Wang

一年生草本。茎单一直立，高 15 ～ 40cm，顶部二歧分枝。叶互生，线形或线状椭圆形，长 2 ～ 6cm，宽 3 ～ 5mm，先端圆或钝圆，基部渐狭，全缘；叶柄近无。花序单生于二歧分枝顶端，基部具短柄；总苞钟状，外部被短柔毛；边缘 4 裂，裂片卵形，边缘具缘毛；腺体 4 个，长圆形；子房密被疣状小瘤；花柱 3 个，分离；柱头不裂。蒴果三角状球形，具 3 个纵沟，密被瘤状突起，花柱宿存，成熟时分裂为 3 个分果爿。种子卵状，黄色，光滑，发亮；种阜深黄色，锥状，无柄，易脱落。花果期 5 ～ 7 月。

生于低山石质丘陵，见于甘沟。

三十四 叶下珠科 Phyllanthaceae

本科共有 59 属 2330 种，主要为泛热带分布。中国有 16 属 138 种，其中特有 40 种，引进 4 种，主要分布于西南、华中、华东和华南等地区。宁夏贺兰山产 1 属 1 种。

白饭树属 *Flueggea* Willd.

叶底珠 *Flueggea suffruticosa* (Pall.) Baill.

落叶灌木，高 1 ~ 2m。老枝灰白色，无毛，具不规则的片状裂，小枝绿色，具纵棱。单叶互生，长 1.5 ~ 5cm，宽 0.8 ~ 2.5cm，先端圆钝或急尖，基部楔形，全缘，腹面绿色，背面浅绿色；托叶小，膜质，棕褐色。花单性，雌雄异株。雄花数朵簇生于叶腋，花梗长短不等，纤细；萼片 5 片，椭圆形或倒卵状椭圆形，大小不等，先端圆；雄蕊 5 枚，花丝短，退化雌蕊常 2 裂。雌花单生或数朵簇生于叶腋，萼片 5 片，宽卵形，外层 1 片通常较狭小，子房球形，花柱短，柱头 3 个，向上渐扩展成扁平的倒三角形，顶端微凹。蒴果扁球形，无毛。种子半圆形，褐色。花期 6 ~ 7 月，果期 8 ~ 9 月。

生于海拔 1700 ~ 1900m 的沟谷或灌丛中，见于黄旗口沟、苏峪口沟、插旗口沟、大水沟等。

三十五　杨柳科 Salicaceae

本科共有 55 属约 1010 种，泛热带、温带至北极均有分布。中国有 13 属 382 种，其中特有种 245 种，全国广布。宁夏贺兰山产 2 属 13 种。

杨属 *Populus* L.

青杨　*Populus cathayana* Rehder

乔木，高达 30m。树皮幼时灰绿色，光滑，老时暗灰色，纵浅沟裂。小枝圆柱形，黄绿色或暗黄色或灰黄色，芽椭圆状卵形，紫褐色，具黏质。果枝上的叶卵形或狭卵形，长 6 ～ 10cm，宽 3 ～ 7cm，先端渐尖，基部圆形，稀近心形，边缘具带腺点的圆钝细锯齿，腹面亮绿色，背面绿白色；叶柄圆柱形，无毛；萌枝上的叶卵状长圆形，基部常微心形；叶柄无毛。雄蕊 3 枚，苞片暗褐色，无毛，先端撕裂状条裂，花盘全缘；雌花子房卵圆形，柱头 2 ～ 4 裂。蒴果卵圆形，3 ～ 4 瓣裂，稀 2 瓣裂。花期 3 ～ 5 月，果期 5 ～ 7 月。

生于海拔 1900 ～ 2400m 的山地沟谷，见于大水沟、桦树泉、汝箕沟等。

山杨 *Populus davidiana* Dode

乔木，高达20m。树皮灰绿色或灰白色，老干基部暗灰色，具沟裂。幼枝圆柱形，黄褐色。芽卵圆形，光滑，微具黏质。叶长2～5.5cm，先端短锐尖，基部圆形或近楔形，腹面绿色，背面淡绿色，无毛或微被缘毛；叶柄细长，侧扁。雄花序长5～9cm，花序轴疏被柔毛，苞片深裂，褐色，被长柔毛，花盘斜杯状，雄蕊5～12枚，花药暗红紫色；雌花序长3～8cm，子房圆锥形，花柱2个，每个再2裂，红色。蒴果卵状圆锥形，绿色，无毛，2瓣裂。花期4～5月，果期5～6月。

生于海拔1500～2600m的沟谷，为东坡习见植物。

小叶杨 *Populus simonii* Carrière

乔木，高达20m。树皮幼时灰绿色，老时暗灰色，沟裂；树冠近圆形。幼树小枝及萌枝有明显棱脊，常为红褐色，后变黄褐色。叶菱状卵形、菱状椭圆形或菱状倒卵形，长3～12cm，宽2～8cm，中部以上较宽，先端突急尖或渐尖，基部楔形、宽楔形或窄圆形，边缘平整，细锯齿，无毛，腹面淡绿色，背面灰绿色或微白色，无毛；叶柄圆筒形，黄绿色或带红色。雄花序长2～7cm，花序轴无毛，苞片细条裂；雌花序长2.5～6cm；苞片淡绿色，裂片褐色，无毛，柱头2裂。蒴果，2（3）瓣裂，无毛。花期3～5月，果期4～6月。

生于海拔1200～1500m的沟谷，见于归德沟。

柳属 *Salix* L.

密齿柳　*Salix characta* C. K. Schneid.

灌木，高达 5m。小枝黑褐色，幼枝被短柔毛，后渐脱落。叶倒披针形，稀长椭圆形，长 2.5 ～ 6.5cm，宽 8 ～ 18mm，先端急尖，基部渐狭，边缘具细锯齿，腹面绿色，疏被短柔毛，背面灰蓝色，无毛；叶柄被短绒毛；托叶长椭圆形，具腺齿，早落。雄花苞片卵形，先端尖，浅褐色，两面被柔毛，雄蕊 2 枚；雌花苞片卵形，先端钝，两面疏被绒毛，子房被短绒毛，具 1 个腹腺，花柱 2 裂。蒴果被短绒毛，2 瓣裂。花期 5 ～ 6 月，果期 6 ～ 7 月。

生于海拔 1700 ～ 3000m 的山坡或沟谷中，见于插旗口沟、苏峪口沟、黄旗口沟等。

乌柳 *Salix cheilophila* C. K. Schneid.

灌木或小乔木，高 1.5 ～ 6m。枝灰褐色，幼时被柔毛。芽椭圆形，褐色，被短柔毛。叶线形或线状倒披针形，长 2 ～ 5cm，宽 3 ～ 7mm，先端渐尖或具硬尖，边缘反卷，具腺锯齿，腹面绿色，被柔毛，背面灰白色，密被伏贴的长柔毛；叶柄被柔毛。雄花苞片倒卵状长圆形，先端钝或微缺，基部具柔毛，雄蕊 2 枚，花丝无毛，腹腺 1 个，先端 2 裂；雌花轴被柔毛，苞片倒卵状长圆形，被毛，子房卵状长圆形，密被短毛，花柱短，柱头 2 裂，小，腹腺 1 个，2 裂。蒴果黄色，疏被柔毛，2 瓣开裂。花期 4 ～ 5 月，果期 6 ～ 7 月。

生于海拔 2000 ～ 2300m 的沟谷或溪流边，见于插旗口沟。

崖柳 *Salix floderusii* Nakai

灌木或小乔木，高达 6m。树皮暗灰色，幼枝绿色，有短柔毛。叶革质，长 1.5 ～ 8.5cm，宽 0.5 ～ 4.5cm，先端急尖，基部圆形或宽楔形，近全缘或有疏齿，背面色淡，被白色绒毛；叶柄有毛。花先叶开放或近与叶同时开放。雄花序长椭圆形；雄蕊 2 枚，离生，花丝无毛或下部疏被长柔毛，花药黄色；苞片卵状椭圆形或卵状披针形，褐色，两面有长柔毛，腹腺 1 个。雌花序较长；子房卵状圆锥形，被柔毛；花柱短，柱头 2 裂；苞片长椭圆形，两面被毛，腹腺 1 个。蒴果被柔毛。花果期 5 ～ 6 月。

生于海拔 1400 ～ 2500m 的沟谷或湿润山坡上，见于苏峪口沟、小口子沟、大水沟等。

小红柳　*Salix microstachya* var. *bordensis* (Nakai) C. F. Fang

灌木，高 1 ～ 3m。树皮灰褐色，小枝红色或褐色，幼时被柔毛，后无毛或近无毛。叶线形，长 1 ～ 5cm，宽 2 ～ 4mm，近全缘或具疏细齿，反卷，两面被白色绢毛；叶柄基部稍扩展，疏被毛。叶花后开展。花序梗短，具 2 ～ 3 片小叶片，花序轴疏被柔毛；苞片卵形、椭圆形、矩圆形或倒卵圆形，淡褐色或黄绿色，背面无毛或雌株苞片边缘和基部被柔毛，里面基部被毛；腺腺 1 个；雄蕊花丝完全合生成单体，花丝无毛，花药红色；子房无毛，花柱明显。花果期 5 ～ 6 月。

生于海拔 2000 ～ 2400m 的沟谷溪边或湿地，见于苏峪口沟、插旗口沟。

旱柳 *Salix matsudana* Koidz.

乔木，高达18m。树皮暗灰黑色，有裂沟。枝细长，浅褐黄色或带绿色，后变褐色。芽微有短柔毛。叶披针形，长5～10cm，宽1～1.5cm，腹面绿色，无毛，有光泽，背面苍白色或带白色，边缘有细腺锯齿；叶柄短，在腹面有长柔毛；托叶披针形或缺，边缘有细腺锯齿。花序与叶同时开放；雄花序圆柱形，多少有花序梗，轴有长毛；雄蕊2枚，花丝基部有长毛，花药卵形，黄色；苞片卵形，黄绿色，先端钝，基部多少有短柔毛；腺体2个；雌花序较雄花序短，有3～5片小叶生于短花序梗上，轴有长毛；子房长椭圆形，近无柄，无毛，无花柱或很短，柱头卵形，近圆裂；苞片同雄花；腺体2个，背生和腹生。蒴果。花期4月，果期4～5月。

生于海拔1200～1500m的沟谷或山麓，见于苏峪口沟、黄旗口沟、归德沟、小口子沟。

山生柳 *Salix oritrepha* C. K. Schneid.

直立矮小灌木，高60～120cm。幼枝被灰绒毛。叶长1～1.5cm，宽4～8mm，萌枝叶和强枝叶最大者长可达2.4cm，宽达1.5cm，基部圆形或钝，腹面绿色，背面灰色或稍苍白色，有疏柔毛，叶脉网状凸起，全缘；叶柄紫色。雄花序圆柱形，花密集，花序梗短，具2～3片倒卵状椭圆形小叶；雌花序花密生，具叶2～3片，花轴有柔毛；子房卵形，无柄，具长柔毛，花柱2裂，柱头2裂；苞片宽倒卵形，两面具毛，深紫色，与子房近等长；腺体2个，常分裂，而基部结合，形成假花盘状。花期6月，果期7月。

生于海拔2800～3300m的高山灌丛中，见于主峰山脊两侧。

川滇柳　*Salix rehderiana* C. K. Schneid.

灌木或小乔木。小枝褐色或暗褐色，或紫褐色。叶披针形至倒披针形，长 5 ～ 11cm，宽 1.2 ～ 2.5cm，先端钝或急，腹面深绿色，具白柔毛，背面浅绿色，有白柔毛或无毛，稀全缘；叶柄具白柔毛；托叶先端长渐尖，边缘有腺齿。花序先叶开放或与叶近同时开放。雄花序无梗；雄蕊 2 枚，花药黄色，开裂后，内壁外反，呈紫色；苞片长圆形，具长柔毛；腺体 1 个。雌花序圆柱形，有短的花序梗，基部有 2 ～ 3 片小叶；子房长圆状卵形，近无柄，柱头 2 个；苞片长圆形，两面有长柔毛，褐色；腺体 1 个，腹生。蒴果淡褐色，有毛或无毛。花期 4 月，果期 5 ～ 6 月。

生于海拔 2800 ～ 3000m 的高山灌丛，见于中部山脊附近。

中国黄花柳 *Salix sinica* (K. S. Hao ex C. F. Fang & A. K. Skvortsov) G. H. Zhu

灌木或小乔木。小枝红褐色。叶形多变化，长 3.5 ～ 6cm，宽 1.5 ～ 2.5cm，先端短渐尖或急尖，基部楔形或圆楔形，幼叶有毛，腹面暗绿色，背面发白，多全缘，在萌枝或小枝上部的叶较大，并常有皱纹；叶柄有毛。花先叶开放；雄花序无梗，开花顺序，自上往下；雄蕊 2 枚，离生，花药长圆形，黄色；苞片深褐色或近黑色，两面被白色长毛；腺体 1 个；雌花序短圆柱形，无梗，基部有 2 片具绒毛的鳞片，子房狭圆锥形，有毛，花柱短，柱头 2 裂，苞片椭圆状披针形，深褐色或黑色，两面密被白色长毛；仅 1 个腹腺。蒴果线状圆锥形，果柄与苞片几等长。花期 4 月下旬，果期 5 月下旬。

生于海拔 2000 ～ 2500m 的沟谷及林缘，见于苏峪口沟、黄旗口沟、插旗口沟。

皂柳 *Salix wallichiana* Andersson

小乔木，高达 7m。小枝黑褐色，幼时被柔毛。芽小，卵形，微被毛。叶长 2 ～ 7cm，宽 8 ～ 15mm，先端渐尖或急尖，基部楔形，全缘或具微锯齿，腹面深绿色，被短毛，沿主脉较密，背面灰绿色，被伏贴的长柔毛；叶柄被短毛。雄花苞片卵状长圆形，密被长柔毛，雄蕊 2 枚，花丝基部具疏柔毛，腹腺 1 个；雌花苞片卵圆形，黑褐色，密被长柔毛，子房卵状长圆锥形，被绒毛，具短梗，柱头 2 个，具 1 个腹腺。蒴果被绒毛，2 瓣开裂。花期 4 ～ 5 月，果期 6 ～ 7 月。

生于海拔 2000 ～ 2200m 的沟谷、林缘处，见于插旗口沟、苏峪口沟、黄旗口沟等。

线叶柳　*Salix wilhelmsiana* M. Bieb.

灌木，高达 2m。枝暗褐色，无毛，幼枝灰绿色，被伏贴的长柔毛。芽长卵形，长 2.5 ～ 4mm，棕褐色，无毛。叶线形，长 1.5 ～ 4cm，宽 2 ～ 3mm，先端渐尖，基部渐狭，全缘，腹面无毛或疏被伏贴的长柔毛，背面密被伏贴柔毛，主脉明显，侧脉不明显或在背面较明显；叶柄短。雄花花序轴密被柔毛，苞片倒卵形，两面被柔毛，雄蕊 2 枚，花丝分离，具 1 个腹腺；雌花花序轴密被柔毛，苞片椭圆形，腹面具柔毛，子房倒卵状圆锥形，密被柔毛，花柱短，柱头 2 个，每个再 2 裂，具 1 个腹腺。蒴果卵状圆锥形，疏被短毛，2 瓣开裂。花期 5 月，果期 6 月。

生于山坡或沟谷，见于大口子沟。

三十六　堇菜科 Violaceae

本科共有 22 属近 1000 种，世界性分布，但除个别广布的属外，大多数属为泛热带分布。中国有 3 属 100 余种，南北地区均有分布。宁夏贺兰山产 1 属 6 种。

堇菜属 *Viola* L.

双花堇菜　*Viola biflora* L.

多年生草本。地上茎较细弱，高 10 ～ 25cm，具 3 节。基生叶 2 至数片，具长 4 ～ 8cm 的长柄，叶片长 1 ～ 3cm，宽 1 ～ 4.5cm，先端钝圆，基部深心形或心形，边缘具钝齿；茎生叶具短柄，叶片较小；托叶与叶柄离生，先端尖。花黄色或淡黄色；花梗细弱，上部有 2 片披针形小苞片；花瓣长圆状倒卵形，具紫色脉纹；距短筒状；下方雄蕊之距呈短角状；花柱棍棒状，基部微膝曲。蒴果长圆状卵形，无毛。花果期 5 ～ 9 月。

生于海拔 2000 ～ 3000m 的林下、沟谷溪流边或石缝中，见于苏峪口沟、插旗口沟、黄旗口沟、大水沟等。

南山堇菜　*Viola chaerophylloides* (Regel) W. Becker

多年生草本，高 5 ～ 20cm。叶基生，叶片 3 全裂，一回裂片具短柄，中裂片 3 深裂，侧裂片 2 深裂，末回裂片边缘具缺刻状粗齿或浅裂，两面无毛或沿脉被短毛；托叶膜质，中部以下与叶柄合生，全缘或边缘疏具齿。花白色或淡紫色，花梗与叶等长或稍长，中下部具 2 片小苞片；萼片长圆状卵形或狭卵形；花瓣宽倒卵形，侧瓣里面基部具细须毛，下瓣有紫色条纹；子房无毛，柱头具短喙，喙端有柱头孔。蒴果长圆形，无毛。花果期 5 ～ 9 月。

生于海拔 1700 ～ 2000m 的林下或林缘，见于苏峪口沟、小口子沟。

裂叶堇菜　*Viola dissecta* Ledeb.

多年生草本，高 10 ～ 20cm。叶基生，叶片长 3 ～ 6cm，宽 4 ～ 8cm，掌状 3 全裂，裂片倒卵形或倒卵状楔形，中裂片 3 深裂，侧裂片 2 深裂，小裂片再羽状深裂，腹面被短毛；托叶线形，膜质。花梗由叶丛中抽出，较叶短，无毛，黄白色，中部以上具 2 片钻形苞片；萼片边缘膜质，褶皱；花瓣淡紫红色，距长管状；子房无毛。蒴果椭圆形，无毛。花期 5 月，果期 6 ～ 7 月。

生于海拔 1400 ～ 2200m 的沟谷石缝中，见于苏峪口沟、黄旗口沟、贺兰口沟、插旗口沟、小口子沟等。

总裂叶堇菜 *Viola dissecta* var. *incisa* (Turcz.) Y. S. Chen

多年生草本。无地上茎，高约 10cm，全体密被白色短柔毛。基生叶 4 ~ 8 片，叶片卵形，长 1.5 ~ 3cm，宽 1 ~ 1.5cm，果期增大，两面密被白色短柔毛；叶柄密被白色短柔毛；托叶近膜质，全缘。花大，紫堇色，具长梗且高于叶，密被短柔毛；萼片先端稍尖，边缘狭膜质；花瓣长圆形；子房基部稍细并向前方微膝，喙端具较粗而明显的柱头孔。花期 4 ~ 5 月。

生于河床沙砾地或灌丛下，见于甘沟、拜寺口沟。

紫花地丁 *Viola philippica* Cav.

多年生草本，高 5 ~ 10cm。无地上茎。叶基生，长 2 ~ 4.5cm，宽 1 ~ 1.5cm，先端钝，基部截形或宽楔形，边缘具圆钝浅锯齿；叶柄具狭翅，被短柔毛；托叶膜质，上部与叶柄合生，分离部分线形，边缘具疏锯齿。花梗中部以上具 2 片丝形苞片；萼片卵状披针形，先端尖，基部附属物明显，末端截形或不整齐；花瓣淡紫红色或紫红色，距长管状，末端圆钝。蒴果椭圆形，无毛。花期 4 ~ 5 月，果期 6 月。

生于海拔 1200 ~ 2200m 的沟谷或路旁，见于苏峪口沟、拜寺口沟、小口子沟等。

早开堇菜 *Viola prionantha* Bunge

多年生草本，高 5 ～ 10cm。叶基生，叶片长 2.5 ～ 6cm，宽 0.8 ～ 3.5cm，先端渐尖或稍钝，基部截形，稀宽楔形或近心形，稍下延，边缘具圆钝浅锯齿；叶柄上部具狭翅；托叶膜质，大部与叶柄合生，分离部分线状披针形，边缘疏具锯齿，无毛。花梗中部以下具 2 片丝形苞片；萼片卵状披针形，先端尖，边缘膜质，基部附属物卵形，先端尖或具不整齐齿牙；花瓣紫红色或淡紫红色，距长管状，直伸，末端圆。蒴果椭圆形，无毛。花期 5 月，果期 6 ～ 7 月。

生于海拔 1400 ～ 2200m 的沟谷灌丛或溪流边，见于拜寺口沟、苏峪口沟、黄旗口沟等。

三十七　亚麻科 Linaceae

本科约有 12 属 300 余种，世界广布，主要分布于北半球温带。中国有 4 属 14 种，全国广布。宁夏贺兰山产 1 属 1 种。

亚麻属 *Linum* L.

宿根亚麻　*Linum perenne* L.

多年生草本，高 20 ～ 50cm。茎直立，自基部分枝。叶互生，生殖枝上的叶线形或线状披针形，长 0.9 ～ 1.5cm，宽 1 ～ 2.5mm，先端尖，基部渐狭，具 1 条脉，叶缘稍反卷，无毛，下部叶较小；不育枝上的叶稍密。聚伞花序具多数花；花梗细长，无毛；萼片卵形，先端尖，边缘膜质，全缘，背面下部具 5 条脉，中脉仅达萼片中部以上，无毛；花瓣宽倒卵形，蓝紫色，先端圆，微波状，基部渐狭呈楔形；雄蕊 5 枚，花丝下部稍宽，基部合生，外具 5 个腺体与花瓣对生；花柱 5 个，基部合生。蒴果近球形，黄色，光滑，开裂。花期 6 ～ 7 月，果期 7 月。

生于山脚和山麓冲沟、草原中，见于苏峪口沟。

三十八　牻牛儿苗科 Geraniaceae

本科共有 6 属约 780 种，广布于温带、亚热带和热带山地。中国有 2 属 54 种，广布于温带。宁夏贺兰山产 2 属 2 种。

老鹳草属 *Geranium* L.

鼠掌老鹳草　*Geranium sibiricum* L.

一年生或多年生草本，高 30 ~ 70cm。茎纤细，多分枝，具棱槽，被倒向疏柔毛。叶对生；托叶披针形，棕褐色，长 8 ~ 12cm，基部抱茎；基生叶和茎下部叶具长柄；下部叶片肾状五角形，基部宽心，掌状 5 深裂，裂片倒卵形、菱形或长椭圆形，中部以上齿状羽裂或齿状深缺刻，下部楔形，背面沿脉被毛较密；上部叶片具短柄，3 ~ 5 裂。总花梗丝状，单生于叶腋，长于叶，被倒向柔毛或伏毛；苞片对生、膜质；萼片先端急尖，具短尖头；花瓣倒卵形，淡紫色或白色；花丝扩大成披针形，具缘毛；花柱不明显。蒴果被疏柔毛，果梗下垂。种子肾状椭圆形，黑色。花期 6 ~ 7 月，果期 8 ~ 9 月。

生于海拔 1300 ~ 2200m 的河谷溪边、灌丛下及林缘，见于苏峪口沟、黄旗口沟、拜寺口沟、大水沟等。

牻牛儿苗属 *Erodium* L'Hér. ex Aiton

牻牛儿苗 *Erodium stephanianum* Willd.

一年生或二年生草本，高 10 ～ 50cm。直根圆柱状，棕褐色。茎多分枝，具纵棱，被柔毛。叶对生，叶片长 4 ～ 6cm，宽 3 ～ 5cm，二回羽状深裂；一回羽片 5 ～ 7 个，基部下延，背面沿脉密被短柔毛且混生长硬毛；叶柄被疏柔毛；托叶线状披针形，边缘具长缘毛。伞形花序叶腋生，具 2 ～ 5 朵花，总花梗被柔毛；萼片长椭圆形，顶端圆钝，先端具长芒，边缘膜质，背面被长毛；花瓣倒卵形，淡紫色或紫蓝色；花丝粉红色，中下部宽扁，被短毛。蒴果密被短伏毛，顶端有长喙，喙呈螺旋状卷曲。花期 4 ～ 5 月，果期 6 ～ 9 月。

生于海拔 1400 ～ 2000m 的沟谷、溪流边、干河床上，为东坡习见植物。

三十九 柳叶菜科 Onagraceae

本科共有17属约650种，广布于温带和亚热带地区。中国有6属（引进2属）64种（特有11种，引进11种），5个自然杂交种（特有2种），全国广布。宁夏贺兰山产2属2种。

柳兰属 *Chamerion* (Raf.) Raf. ex Holub

柳兰 *Chamerion angustifolium* (L.) Holub

多年生草本，高0.5～1m。茎直立，单生，不分枝，具纵棱。叶互生，长5～15cm，宽0.8～2.5cm，先端渐尖或长渐尖，基部楔形，腹面绿色，散生白色短柔毛，背面浅绿色。总状花序顶生，花序轴被白色短曲毛；花梗密被白色短曲毛；萼裂片线状披针形，暗紫红色，背面被短柔毛；花瓣紫红色，先端圆；雄蕊8枚，不等长，扁平，基部稍宽；花柱粗壮，上部紫红色，疏被白色短柔毛，柱头4裂，被短柔毛。蒴果紫红色，无毛或被短柔毛。花期6～7月，果期8～9月。

生于海拔2200～2800m的草甸、林缘、林下，见于苏峪口沟、贺兰口沟、插旗口沟、黄旗口沟、小口子沟等。

柳叶菜属 *Epilobium* L.

细籽柳叶菜 *Epilobium minutiflorum* Hausskn.

多年生草本，高 20 ～ 60cm。茎直立，具多数分枝，圆柱形，常带紫色，被白色细曲毛。叶对生，或上部的互生，长 2 ～ 7cm，宽 7 ～ 15mm，先端渐尖，基部楔形，边缘具不整齐的细锯齿和短柔毛。花单生于茎上部叶腋处，花梗短，被白色短柔毛；萼裂片披针形，背面被短柔毛；花瓣淡紫红色，倒卵形，顶端浅 2 裂；柱头头状。蒴果圆柱形，被白色短毛。花期 6 ～ 7 月，果期 7 ～ 9 月。

生于沟谷溪流边或低湿草甸，见于大水沟、插旗口沟、大口子沟等。

四十　白刺科 Nitrariaceae

本科共有 3 属约 16 种，主要分布于沿北非到东亚及澳大利亚西南部和墨西哥东部的干旱地区。中国有 2 属 8 种，主要分布于西北各省区。宁夏贺兰山产 2 属 3 种。

白刺属 *Nitraria* L.

白刺　*Nitraria tangutorum* Bobrov

灌木，高 50 ～ 150cm。茎直立、斜升或平卧，灰白色；枝稍“之”字形弯曲，具纵棱，疏被短伏毛。叶肉质，在嫩枝上常 2 ～ 3 片簇生，长 1.5 ～ 3cm，宽 3 ～ 10mm，先端圆，具小尖头，基部渐狭呈楔形，两面密被伏毛；托叶三角状披针形，膜质，棕色。花小，排列为多分枝的顶生蝎尾状聚伞花序；花序轴密被伏毛；萼片 5 片，卵形或三角形，被短伏毛；花瓣黄白色，椭圆形，先端圆，内曲；雄蕊 10 ～ 15 枚；子房密被白色伏毛，柱头 3 个，无花柱。核果卵形或椭圆形，深红色。花期 5 ～ 6 月，果期 7 ～ 8 月。

生于浅山区沙地，见于石炭井、归德沟。

骆驼蓬属 *Peganum* L.

多裂骆驼蓬 *Peganum multisectum* (Maxim.) Bobrov in Schischk. & Bobrov

多年生草本，高 30 ～ 50cm。茎直立或斜升，多由基部分枝，具纵棱。叶稍肉质，二回羽状全裂，裂片线形，长 0.5 ～ 2cm，宽 1 ～ 2mm，先端锐尖，边缘稍反卷；托叶线形，黄褐色。花单生，与叶对生；萼片常 5 全裂，裂片线形，稀 3 全裂，稍长于花瓣；花瓣白色或浅黄色，倒卵状矩圆形；雄蕊 15 枚，花丝中下部宽扁；子房 3 室，柱头 3 个，棱形。蒴果近球形，褐色，3 瓣裂。种子黑褐色，略呈三棱形，具蜂窝状网纹。花期 6 ～ 7 月，果期 7 ～ 8 月。

生于山口、冲沟、居民点、路旁，为东坡习见植物。

骆驼蒿 *Peganum nigellastrum* Bunge

多年生草本，高 10 ～ 20cm，全株被短硬毛。茎丛生，灰黄色，具纵棱，被短硬毛。叶稍肉质，二至三回羽状全裂，裂片针状线形，长约 1cm，先端渐尖，背面及边缘被短硬毛；托叶线形。花单生、顶生或腋生，花梗具纵棱，密被短硬毛；萼片稍长于花瓣，5 ～ 7 全裂，裂片针形，疏被短硬毛；花瓣白色或淡黄色，椭圆形或矩圆形；雄蕊 15 枚，基部宽扁；子房 3 室，柱头 3 个，棱形。蒴果近球形，黄褐色，3 瓣裂。种子纺锤形，黑褐色，具疣状小突起。花期 5 ～ 7 月，果期 6 ～ 8 月。

生于沟谷居民点、畜圈附近，为东坡习见植物。

四十一　无患子科 Sapindaceae

本科约有 140 属 1630 种，世界广布。中国有 25 属 158 种，多分布于西南至东南地区。宁夏贺兰山产 2 属 2 种。

文冠果属 *Xanthoceras* Bunge

文冠果　*Xanthoceras sorbifolium* Bunge

落叶灌木或小乔木，高达 5m。树皮灰褐色，小枝粗壮，紫褐色，具纵棱，被短绒毛。奇数羽状复叶，互生，具 9 ～ 19 片小叶，下部的小叶互生，上部的小叶对生；小叶长 2 ～ 6cm，宽 1 ～ 1.5cm，先端锐尖，基部渐狭，边缘具尖锐锯齿，腹面绿色，背面淡绿色；叶轴疏被长柔毛。总状花序顶生，每花梗基部具 3 片草质苞片，苞片全缘，苞片、花梗与花序轴均被绒毛；萼裂片 5 片；花瓣 5 片，倒卵状披针形，疏被柔毛，白色，基部紫红色；花盘裂片背面有 1 个角状附属物；雄蕊 8 枚，不等长，花丝紫红色；子房椭圆形，被绒毛。蒴果灰绿色，3 瓣裂。种子近球形，暗褐色。花期 4 ～ 5 月，果期 7 ～ 8 月。

生于海拔 1500 ～ 2000m 沟谷阳坡或崖壁上，见于黄旗口沟、拜寺口沟、大水沟、插旗口沟、汝箕沟等。

槭树属 *Acer* L.

细裂槭　*Acer pilosum* var. *stenolobum* (Rehder) W. P. Fang

落叶乔木，高约 5m。小枝灰白色，无毛，当年生枝为棕褐色，无毛。叶三角形，长 3.5 ～ 6cm，宽 3.5 ～ 7cm，3 深裂，裂片长椭圆状披针形，中裂片直伸，裂片中上部具 1 ～ 2 对粗锯齿，侧裂片平展，叶片基部截形或宽楔形，腹面绿色，无毛，背面灰绿色，仅沿基部被棕色短柔毛；叶柄无毛或沿腹面的沟槽具极短的柔毛。花未见。伞房花序生于具叶短枝的顶端。翅果张开成钝角。果期 8 ～ 9 月。

生于海拔 1700 ～ 2000m 的沟谷阴坡，见于小口子沟、黄旗口沟、甘沟、大口子沟等。

四十二　芸香科 Rutaceae

本科约有 157 属 1600 种，世界广布，主产于热带和亚热带地区。中国有 23 属（特有 1 属，引进 1 属）127 种及杂交种（特有 49 种，至少引进 2 种），主产于西南和南部地区。宁夏贺兰山产 1 属 1 种。

拟芸香属 *Haplophyllum* A. Juss.

针枝芸香　*Haplophyllum tragacanthoides* Diels

矮小半灌木，高 8 ～ 15cm。茎由基部丛生，基部埋于土壤中的部分较粗，地上部分粗短，基部丛生多数呈针刺状的宿存老枝，老枝灰褐色；当年生枝灰绿色，密被短柔毛。叶长 3 ～ 6mm，宽约 1.1mm，先端锐尖或钝，基部渐狭，边缘具疏锯齿，灰绿色，无毛，具黑色腺点。花单生于茎顶；花萼 5 深裂，边缘具短缘毛；花瓣黄色，边缘膜质，白色，具腺点；雄蕊花丝中下部加宽，被柔毛；子房扁球形，4 ～ 5 室。蒴果顶端开裂。种子肾形，表面具皱纹。花期 6 月，果期 7 ～ 8 月。

生于海拔 1400 ～ 2300m 的低山丘陵，为东坡习见植物。

四十三　苦木科 Simaroubaceae

本科共有 20 属约 95 种，主要分布于热带和亚热带，少数分布于温带。中国有 3 属 10 种，其中特有种 6 种，南北地区均有分布。宁夏贺兰山产 1 属 1 种。

臭椿属 *Ailanthus* Desf.

臭椿　*Ailanthus altissima* (Mill.) Swingle

落叶乔木，高达 20m。树皮灰色，光滑或具直裂纹。小枝赤褐色，被短柔毛。奇数羽状复叶，具小叶 13 ～ 25 片，小叶近对生或对生，长 6 ～ 12cm，宽 2 ～ 4.5cm，先端长渐尖，基部截形或圆形，常不对称，边缘浅波状，近基部有 1 ～ 2 对粗齿，齿端下具 1 个腺体，背面沿叶脉疏被毛。圆锥花序；花杂性，较小；萼片卵状三角形；花瓣淡绿色，先端圆钝，基部渐狭，边缘狭膜质，中部以下具白色绒毛；雄蕊 10 枚，雄花花丝较长，两性花花丝较短；心皮 5 个，花柱合生，柱头 5 裂。翅果长圆状椭圆形，淡黄褐色。种子扁平。花期 6 月，果期 9 ～ 10 月。

生于沟谷阳坡，见于黄旗口沟、拜寺口沟、小口子沟。

四十四 锦葵科 Malvaceae

本科约有 243 属 4300 种，主要分布于热带和温带。中国有 47 属 244 种，全国均产，热带和亚热带地区多样性较高。宁夏贺兰山产 2 属 2 种。

木槿属 *Hibiscus* L.

野西瓜苗 *Hibiscus trionum* L.

一年生草本。常平卧，稀直立，高 20 ～ 70cm。茎柔软，被白色星状粗毛。茎下部叶圆形，上部叶掌状 3 ～ 5 深裂，直径 3 ～ 6cm，中裂片较长，两侧裂片较短，常羽状全裂，背面疏被星状粗刺毛；托叶线形，被星状粗硬毛。花单生于叶腋；花梗被星状粗硬毛；小苞片 1 ～ 2 片，线形，被长硬毛，基部合生；花萼钟形，淡绿色，裂片 5 片，膜质，具紫色纵条纹，被长硬毛或星状硬毛，中部以下合生；花冠淡黄色，里面基部紫色；花瓣 5 片，倒卵形，疏被柔毛；花丝纤细，花药黄色；花柱分枝 5 个，柱头头状。蒴果长圆状球形，被硬毛，果皮薄，黑色。种子肾形，黑色，具腺状突起。花期 7 ～ 10 月。

生于海拔 1200 ～ 1400m 的沙地或村舍旁，见于苏峪口沟、插旗口沟、汝箕沟。

锦葵属 *Malva* L.

野葵 *Malva verticillata* L.

二年生草本，高达 1m。茎被星状长柔毛。叶圆肾形或圆形，直径 5 ～ 11cm，通常掌状 5 ～ 7 裂，裂片三角形，具钝尖头和钝齿，两面疏被糙伏毛或近无毛；叶柄上面槽内被绒毛，托叶卵状披针形。花 3 至多朵簇生于叶腋；花梗近无或极短；小苞片 3 片，线状披针形，被纤毛；花萼杯状，5 裂，裂片宽三角形，疏被星状毛；花冠白色或淡红色，长稍超过萼片；花瓣 5 片，先端微凹，爪无毛或具少数细毛；雄蕊柱被毛；花柱分枝 10 ～ 11 个。分果 10 ～ 11 个，扁球形，背面无毛，两侧具网纹。种子肾形，无毛，紫褐色。花期 3 ～ 11 月。

生于海拔 1200 ～ 1400m 的村舍附近，见于苏峪口沟、小口子沟、汝箕沟。

四十五　瑞香科 Thymelaeaceae

本科共有 48 属约 650 种，世界广布。中国有 9 属约 115 种，各省区均有分布，但主产于长江流域及其以南地区。宁夏贺兰山产 2 属 2 种。

狼毒属 *Stellera* L.

狼毒　*Stellera chamaejasme* L.

多年生草本，高 15 ～ 35cm。根粗大，圆锥形，表面红棕色或浅褐色。茎丛生，直立，具纵条棱，基部木质化。叶互生，较密，长 1 ～ 2.5cm，宽 2 ～ 7mm，先端急尖，基部楔形或近圆形，全缘，边缘稍反卷，叶脉在背面明显隆起；叶柄极短，基部具关节。头状花序顶生，具多数花；花萼筒紫红色，具明显纵脉纹；裂片 5 片，卵圆形，先端圆，粉红色，具紫红色脉纹；无花瓣；雄蕊 10 枚，2 轮，着生于萼筒喉部和中部稍上，花丝极短；子房椭圆形，上部密生细毛；花柱短，柱头头状。小坚果卵形，包藏于宿存的基部萼筒里。花期 6 ～ 7 月，果期 7 ～ 8 月。

生于山麓洪积扇，见于北端落石滩。

草瑞香属 *Diarthron* Turcz.

草瑞香 *Diarthron linifolium* Turcz.

一年生草本，高 10 ～ 30cm。茎直立，多分枝，细瘦。叶互生，稍密，长 8 ～ 20mm，宽 1.5 ～ 3mm，先端稍钝或尖，基部楔形，全缘，边缘稍反卷，主脉在背面明显隆起。总状花序顶生，花梗极短；花萼瓶状，浅绿色；裂片 4 片，卵状椭圆形，紫红色；无花瓣；雄蕊 4 枚，着生于花萼筒中上部；子房卵状椭圆形，无毛，花柱侧生，柱头头状。小坚果梨形，黑色，包藏于宿存花萼筒的下部。花期 6 月，果期 7 月。

生于海拔 1500 ～ 2200m 的沟谷河滩地、坡脚或灌丛中，见于居士沟。

四十六　十字花科 Brassicaceae

本科约有 330 属 3500 种，除南极洲外，其他各大洲均有分布，主要分布于温带。中国有 105 属（特有 9 属）418 种，全国各地均有分布。宁夏贺兰山产 18 属 22 种。

花旗杆属 *Dontostemon* Andrz. ex Ledeb.

小花花旗杆　*Dontostemon micranthus* C. A. Mey.

一年生或二年生草本，高 15 ～ 40cm。茎直立，单一或分枝，被卷曲柔毛或单毛。叶线形，长 1.5 ～ 5cm，宽 1 ～ 2mm，先端锐尖，基部渐狭，两面疏被毛。总状花序顶生；花小；花梗密被柔毛；萼片线形，具白色膜质边缘，背面被单毛；花瓣淡紫色或白色，近匙形，先端近圆形，基部渐狭成爪；长雄蕊稍短于花瓣，短雄蕊基部具蜜腺。长角果圆柱形，无毛，喙极短，先端头状。花果期 6 ～ 8 月。

生于海拔 1200 ～ 1800m 浅山沟谷、溪水边湿地，见于苏峪口沟、小口子沟、大水沟、甘沟。

多年生花旗杆 *Dontostemon perennis* C. A. Mey.

一、二年生或多年生草本，高 4 ～ 18cm，植株具贴生的白色单毛和弯曲柔毛。叶线形，全缘，有时茎基部丛生枯叶，茎上部叶密生或疏生，长 1 ～ 2.5cm，宽约 1mm，两面均被毛。总状花序生于枝顶，开花时密集而花后延长；萼片直立，长椭圆形，边缘膜质，背面有毛；花瓣淡紫色，宽倒卵形，顶端全缘或微凹，基部具爪。长角果光滑，线形，柱头膨大。种子椭圆形，无膜质边缘；子叶背倚胚根。花果期 6 ～ 8 月。

生于浅山沟谷、湿地，见于甘沟、黄旗口沟。

异蕊芥 *Dontostemon pinnatifidus* (Willd.) Al-Shehbaz & H. Ohba

二年生直立草本，高 10 ～ 35cm，植株具腺毛及单毛。茎单一或上部分枝。叶互生，长椭圆形，长 1 ～ 6cm，宽 5 ～ 10mm，近无柄，边缘具 2 ～ 4 对篦齿状缺刻，两面均被黄色腺毛及白色长单毛。总状花序顶生，结果时延长；萼片宽椭圆形，具白色膜质边缘，内轮 2 片基部略呈囊状，背面无毛或具少数白色长单毛；花瓣白色或淡紫红色，倒卵状楔形，顶端凹缺，基部具短爪。长角果圆柱形，具腺毛；果梗在总轴上近水平状着生。种子椭圆形，褐色而小，顶端具膜质边缘；子叶背倚胚根。花果期 5 ～ 9 月。

生于海拔 2700 ～ 3000m 的山坡草地或灌丛，见于苏峪口沟。

腺异蕊芥　*Dontostemon glandulosus* (Kar. & Kir.) O. E. Schulz

一年生草本，高 3 ～ 15cm，植株具腺毛和单毛。茎多数呈铺散状分枝或直立。单叶互生，长椭圆形，长 1 ～ 4cm，宽 2 ～ 5mm，边缘具 2 ～ 3 对篦齿状缺刻或羽状深裂，两面皆被黄色腺毛和白色单毛。总状花序生于枝顶，花序短缩，结果时渐延长；萼片长椭圆形，具白色膜质边缘，背面常具白色单毛及腺毛，内轮 2 片，基部略呈囊状；花瓣宽楔形，顶端全缘，基部具短爪。长角果圆柱形，具腺毛；果轴在总轴上斜上着生。种子每室 1 行，褐色而小，椭圆形，无膜质边缘；子叶斜背倚胚根。花果期 6 ～ 9 月。

生于海拔 1500m 的山坡或沟谷溪流边，见于归德沟。

离子芥属 *Chorispora* R. Br. ex DC.

离子芥 *Chorispora tenella* (Pall.) DC.

一年生草本。主根圆柱状，长 7 ～ 10cm，浅棕色。茎多自基部分枝，浅绿色，疏被头状腺毛。基生叶狭长椭圆形，长 4 ～ 8cm，宽约 1cm，羽状浅裂，基部渐狭，具短柄；茎生叶长 3 ～ 4cm，宽约 5mm，先端急尖，基部渐狭，边缘具波状齿，具短柄，两面疏被腺毛。总状花序顶生；花梗疏被腺毛；萼片直立，先端圆形，边缘膜质，绿色或上部紫色，背面上部被长柔毛，外侧 2 片基部稍膨大成囊状；花瓣倒卵状披针形，先端圆，基部具长爪，上部紫色。长角果圆柱形，伸直或弯曲，先端具长喙，喙疏被腺毛，不裂，具横节。花期 5 ～ 6 月，果期 6 ～ 7 月。

生于海拔 700 ～ 2200m 的干旱荒地、荒滩，见于小口子沟、苏峪口沟和汝箕沟。

肉叶荠属 *Braya* Sternb. & Hoppe

蚓果荠 *Braya humilis* (C. A. Mey.) B. L. Rob.

多年生草本。直根圆柱形，深褐色。茎自基部多分枝，铺散或斜升，高 10 ～ 15cm，具纵棱，密被叉状毛，下部常为紫色。基生叶倒披针形，长 5 ～ 15mm，宽 3 ～ 5mm，具短柄，两面被分叉毛，花时枯萎；茎生叶倒披针形至线形，具疏齿或全缘，两面被分叉毛。总状花序顶生，花后伸长；花梗纤细，被叉状毛；萼片直立，边缘膜质，背面被叉状毛；花瓣倒卵形，白色或淡紫色，先端截形或微凹，基部渐狭成爪。长角果线形，直立、弯曲或扭曲，密被分叉状毛，呈念珠状。花果期 5 ～ 8 月。

生于山麓冲沟、河滩或山坡，见于大水沟、甘沟、苏峪口沟、插旗口沟、汝箕沟等。

棒果芥属 *Sterigmostemum* M. Bieb.

紫花棒果芥 *Sterigmostemum matthioloides* (Franch.) Botsch.

多年生草本，高 40 ～ 50cm，成大球形丛，全体密生星状毛及腺毛。根细长，纺锤形。茎直立，从基部分枝。枝坚硬，弧形。叶长 1 ～ 5cm，宽 5 ～ 25mm，顶端圆钝，基部楔形，羽状深裂，具线状裂片。总状花序顶生及腋生；花梗粗；萼片长圆形；花瓣褐紫色，倒卵形，基部成爪。长角果圆筒形，坚硬，开展或弯曲，顶端有极短 2 裂的柱头；果梗短而粗。种子椭圆形，褐色，边缘有翅。花果期 6 ～ 8 月。

生于山前洪积扇，见于贺兰口沟、苏峪口沟、榆树沟。

连蕊芥属 *Synstemon* Botsch.

连蕊芥　*Synstemon petrovii* Botsch.

一年生或二年生草本，高 7 ～ 40cm。茎直立，有分枝，被单毛或分叉毛。基生叶羽状深裂，裂片全缘或具齿，长 3 ～ 9cm，宽 7 ～ 12mm；向上叶渐变小，最上部叶线形，长 0.5 ～ 4cm，宽 1 ～ 2mm。总状花序，花多数，无苞片；萼片卵圆形，顶端钝，具白色膜质边缘，无毛；花瓣白色，倒卵形，先端圆，基部渐狭成短爪，爪具纤毛；2 个长雄蕊的花丝下半部连合；子房被毛。长角果线形。花果期 4 ～ 6 月。

生于石质低山，见于东坡南部。

曙南芥属 *Stevenia* Adams ex Fisch.

细叶燥原荠　*Stevenia tenuifolia* (Stephan ex Willd.) D. A. German

半灌木状小草本。主根圆柱形。茎直立，高 5 ～ 30cm，多自基部分枝，基部木质化，密被灰色星状毛。叶稠密，无柄，线形或线状倒披针形，长 0.5 ～ 2cm，宽 1 ～ 2mm，先端钝，基部渐狭，全缘，两面被灰色星状毛。总状花序顶生，花后伸长；萼片直立，椭圆形，具膜质边缘，背面被星状毛；花瓣倒卵形，白色，先端圆，基部具爪。短角果椭圆状卵形，密被星状毛，花柱宿存，每室含 1 粒种子。花果期 6 ～ 9 月。

生于海拔 1400 ～ 1800m 的砾石山坡上，为东坡习见植物。

播娘蒿属 *Descurainia* Webb. et Berth.

播娘蒿　*Descurainia sophia* (L.) Webb. ex Prantl

一年生或二年生草本。茎直立，高 15 ～ 50cm，具纵条棱，密被灰白色分叉状短毛。叶长 3 ～ 8cm，二至三回羽状全裂或深裂，裂片线形或倒卵状长椭圆形，长 2 ～ 3mm，先端钝，全缘或具不规则的小裂片，两面密被分叉状短毛。总状花序顶生，开花时成伞房状，花后稍伸长；萼片直立，长椭圆形或倒卵状长椭圆形，先端圆，背面疏被分叉状柔毛；花瓣淡黄色，匙形或倒卵状披针形，与萼片等长，先端圆，基部具长爪；子房圆柱形，花柱短，柱头头状。长角果细圆柱形，无毛，种子每室 1 列。花期 5 ～ 6 月，果期 6 ～ 7 月。

生于海拔 1200 ～ 1500m 的山口或冲沟，见于山麓地带。

阴山芥属 *Yinshania* Y. C. Ma et Y. Z. Zhao

阴山芥 *Yinshania acutangula* (O. E. Schulz) Y. H. Zhang

一年生草本，高达 0.6m。茎有锐棱，被长单毛。基生叶和茎下部叶羽状全裂，裂片 5 ～ 11 片，被贴生单毛；小叶薄，长 0.5 ～ 2cm，基部楔形，先端钝，有小尖突；茎上部叶与茎下部叶相似，向上叶柄渐短。总状花序顶生或腋生，花序轴直，具多花。萼片卵形；花瓣白色，倒卵形。短角果椭圆形或长卵圆形。种子长卵圆形，种皮有网纹，棕色。花期 7 ～ 8 月，果期 8 ～ 10 月。

生于海拔 1400 ～ 1800m 的沟谷、溪边，见于小口子沟、贺兰口沟、插旗口沟。

独行菜属 *Lepidium* L.

独行菜 *Lepidium apetalum* Willd.

一年生或二年生草本，高 10 ～ 25cm。茎淡绿色，被棒状腺毛，多分枝。基生叶平铺地面，长 4 ～ 8cm，宽 1 ～ 2cm，羽状浅裂或深裂，裂片椭圆形或三角状椭圆形，下延成柄；茎生叶狭披针形至线形，无柄，边缘疏被棒状腺毛。总状花序顶生，花后伸长；花梗被腺毛；萼片边缘白色膜质，背面疏生柔毛；花瓣小，白色，长圆形，长为萼片的 1/2；雄蕊 2 枚，位于子房两侧。短角果扁平，近圆形，先端凹缺，具狭翅，2 室，每室含 1 粒种子。花期 4 ～ 5 月，果期 5 ～ 6 月。

生于山麓冲沟或居民点附近，为东坡习见植物。

宽叶独行菜　*Lepidium latifolium* L.

多年生草本。根茎粗壮，浅棕色。茎直立，高 20 ～ 50cm，淡绿色，具纵条纹，无毛或上部微被柔毛，上部分枝。基生叶具柄，椭圆形或卵状长椭圆形，长 4 ～ 8cm，宽 2 ～ 3.5cm，先端钝圆，基部楔形，边缘具粗钝齿，两面疏被短柔毛；茎生叶无柄，椭圆状披针形或披针形，先端尖，基部渐狭，边缘疏具钝或尖锯齿，两面疏被柔毛。总状花序顶生和腋生，组成圆锥花序状；花小，密集；萼片卵形，边缘白色膜质，无毛；花瓣倒卵形，白色或基部紫红色；雄蕊 6 枚。短角果椭圆形，扁平，无毛，柱头宿存；果梗细，无毛。花期 5 ～ 7 月，果期 8 ～ 9 月。

生于山麓冲沟、盐碱地和居民点附近，为东坡习见植物。

蔊菜属 *Rorippa* Scop.

沼生蔊菜　*Rorippa palustris* (L.) Besser

一年生或二年生草本，高达 50cm，植株无毛或有单毛。茎直立，具棱，下部常带紫色。基生叶多数，有柄，长圆形或窄长圆形，羽状深裂或大头羽裂，长 5 ～ 10cm，侧裂片 3 ～ 7 对，不规则浅裂或深波状，基部耳状抱茎；茎生叶向上渐小，近无柄，羽状深裂或具齿，基部耳状抱茎。总状花序顶生或腋生，具多数小花。花梗纤细；萼片长椭圆形；花瓣黄色或淡黄色，长倒卵形或楔形，与萼片近等长。短角果椭圆形，果瓣肿胀，果柄长于角果。种子褐色，近卵圆形，扁，具网纹。花期 4 ～ 7 月，果期 6 ～ 8 月。

生于海拔 1400 ～ 2000m 的沟谷溪边湿地，见于大水沟、苏峪口沟、插旗口沟、小口子沟等。

糖芥属 *Erysimum* L.

小花糖芥　*Erysimum cheiranthoides* L.

一年生或二年生草本。茎直立，高 30 ～ 60cm，圆柱形，有时下部紫红色，密被丁字毛。叶线形或狭披针形，长 3 ～ 7cm，宽 2 ～ 6mm，具 1 条中脉，在背面隆起，两面密被三叉状毛。总状花序顶生和腋生，花后伸长；萼片直立，外侧 2 片长椭圆形，内侧 2 片较狭，先端内弯，背面被三叉状毛；花瓣倒卵形，黄色，先端圆钝；雄蕊离生；子房圆柱形，柱头头状，微 2 裂，疏被三叉状毛。长角果线形，具纵棱，被三叉状毛。花期 6 ～ 7 月，果期 7 ～ 8 月。

生于海拔 1800 ～ 2300m 的沟谷溪边湿地或阴坡石缝中，见于大水沟、插旗口沟。

垂果南芥属 *Catolobus* Al-Shehbaz

垂果南芥　*Catolobus pendulus* (L.) Al-Shehbaz

二年生草本。主根圆柱状。茎直立，高 50 ～ 60cm，单一或上部分枝，圆柱形，微有纵条棱，密被单硬毛。叶长椭圆形、长卵形或卵状披针形，长 3 ～ 10cm，宽 0.7 ～ 4cm，先端长渐尖，基部心形，抱茎，边缘具齿牙状钝齿或全缘，两面密被分叉毛和单毛；下部叶具短柄，被分枝毛和单毛。总状花序顶生和腋生；花梗密被星状毛；萼片直立，椭圆形，边缘膜质，背面密被星状毛；花瓣匙形，先端圆，基部具长爪；子房圆柱形，花柱短，柱头头状。长角果线形，无毛。花期 6 ～ 7 月，果期 7 ～ 8 月。

生于海拔 2000 ～ 3000m 的灌丛、沟谷溪流边，见于苏峪口沟、小口子沟、黄旗口沟。

针喙芥属 *Acirostrum* Y. Z. Zhao

针喙芥 *Acirostrum alaschanicum* (Maxim.) Y. Z. Zhao

多年生草本。直根圆柱形，棕褐色，顶端多头，具多数枯萎残叶柄。叶基生，莲座状，长 2 ～ 4cm，宽 6 ～ 10mm，先端圆，基部渐狭成柄，每边具 1 ～ 3 个锯齿，两面前半部被单毛，叶缘密被刺毛状缘毛。花葶自基部抽出，总状花序顶生，开花时呈伞房状，花后伸长；萼片边缘膜质，背面密生长毛；花瓣倒卵状长椭圆形，白色或淡紫红色；雄蕊离生，稍短于花瓣；花柱长，柱头头状，稍 2 裂，无毛。长角果线形，果瓣中脉明显。花期 5 ～ 6 月，果期 6 ～ 7 月。

生于海拔 1900 ～ 2800m 的阴湿岩石缝隙中，见于苏峪口沟、黄旗口沟、插旗口沟、大水沟等。

南芥属 *Arabis* L.

硬毛南芥 *Arabis hirsuta* (L.) Scop.

一年生草本。茎直立，高 40 ～ 70cm，单一，圆柱形，基部常为紫红色，密被分枝毛及单硬毛。叶长椭圆形、狭卵形或卵状披针形，长 2.5 ～ 3cm，宽 5 ～ 8mm，先端圆钝，基部截形，抱茎，全缘或疏具波状齿牙，两面密生分枝毛及少数单硬毛。总状花序顶生和腋生；萼片直立，卵状披针形，边缘膜质，外面 2 片基部成囊状；花瓣倒卵状披针形，先端圆，白色；子房圆柱形，花柱短，柱头头状，2 裂，无毛。长角果线形，直立，无毛，果瓣具 1 条中脉。花期 5 ～ 6 月，果期 6 ～ 7 月。

生于海拔 2000 ～ 2500m 的山地沟谷中，见于大水沟、插旗口沟。

葶苈属 *Draba* L.

葶苈　*Draba nemorosa* L.

一年生或二年生草本，高达 45cm。茎直立，被单毛、叉状毛和分枝毛。莲座状基生叶长倒卵形，边缘疏生细齿或近全缘；茎生叶长卵形或卵形，先端尖，基部楔形或渐圆，边缘有细齿，被单毛、叉状毛和星状毛。总状花序有花 25 ～ 90 朵，成伞房状。萼片椭圆形；花瓣黄色，花后白色，倒楔形，先端凹；花药短心形；子房密生单毛，花柱几不发育，柱头小。短角果长圆形或长椭圆形，被短单毛或无毛。种子椭圆形，褐色，有小疣。花期 3 ～ 4 月上旬，果期 5 ～ 6 月。

生于海拔 2000 ～ 2800m 的山坡草甸、林缘、沟谷溪边，见于东坡各沟。

喜山葶苈 *Draba oreades* Schrenk

多年生矮小草本，高达 15cm。茎下部宿存鳞片状枯叶，上部叶丛生成莲座状，有时互生；叶长 0.4 ～ 3cm，先端钝，基部楔形，全缘，有时有锯齿，背面和叶缘有单毛、叉状毛和星状毛，或有少量不规则分枝毛，腹面有时近无毛。花茎密被长单毛及叉状毛。总状花序近头状，具 2 ～ 18 朵花。萼片长卵形，被单毛；花瓣黄色，倒卵形。果序轴不伸长或稍伸长。短角果短宽卵形或尖卵形，顶端渐尖，基部圆钝，无毛，稀有毛；宿存花柱。种子卵圆形，褐色。花期 6 ～ 8 月。

生于海拔 3000 ～ 3500m 的高山草甸或灌丛中，见于贺兰口沟。

菥蓂属 *Thlaspi* L.

菥蓂 *Thlaspi arvense* L.

一年生草本。全株无毛。茎直立，高 15 ～ 30cm，稍分枝或不分枝，淡绿色，具纵条棱。基生叶椭圆形，长 5 ～ 7cm，宽 1 ～ 1.5cm，全缘；茎生叶长 3 ～ 6cm，宽 1 ～ 2.2cm，先端钝，基部箭形，抱茎，边缘具粗锯齿或全缘。总状花序顶生和腋生，花梗纤细；萼片斜升，卵形，先端钝，边缘白色膜质；花瓣白色，矩圆形，先端圆形或微凹，基部具爪。短角果圆形或宽倒卵形，周围有翅，先端凹缺，扁平，每室含种子 2 ～ 8 粒。花期 5 ～ 6 月，果期 6 ～ 7 月。

生于海拔 1500 ～ 3000m 的山麓和山地沟谷草甸，见于中部山麓。

大蒜芥属 *Sisymbrium* L.

垂果大蒜芥　*Sisymbrium heteromallum* C. A. Mey.

一年生或二年生草本，高达 90cm。茎直立，单一或分枝，被疏毛。茎下部叶长椭圆形或披针形，篦齿状羽状深裂，顶端裂片披针形，全缘或有齿，侧裂片 2 ～ 6 对，卵状披针形或线形，常有齿；茎上部叶无柄，羽裂，裂片线形，常有齿。花有苞片；萼片淡黄色；花瓣黄色，先端钝，基部有爪。长角果线形，开展或外弯；果瓣稍隆起；果柄纤细，常外弯。种子长圆形，黄棕色。花果期 4 ～ 9 月。

生于海拔 1400 ～ 2200m 的山地沟谷、灌丛中，见于大水沟、苏峪口沟、小口子沟、黄旗口沟、甘沟。

四十七　檀香科 Santalaceae

本科共有（34～）39～44 属 450～900 种，分布于热带和温带地区。中国产 10 属 51 种，南北地区均有分布。宁夏贺兰山产 1 属 1 种。

百蕊草属 *Thesium* L.

急折百蕊草　*Thesium refractum* C. A. Mey.

多年生草本，高可达 60cm。茎直立，灰绿色，具纵棱，无毛，多分枝。单叶，互生，条形，长 4～7cm，宽 3～4mm，无毛，通常具 1 条脉；无柄。单歧聚伞花序顶生或腋生，花小，绿色，花序轴呈“之”字形弯曲，花下具 3 片不等长的苞片；花被筒形，5 裂，裂片椭圆状披针形，两侧各有 1 片小裂片，内折包被花丝；雄蕊 5 枚，与花被裂片对生，着生于花被裂片的基部，长为花被裂片的 1/2；子房下位，花柱单一，柱头头状，稍短于花被裂片。坚果椭圆形，具明显纵肋。花期 7 月，果期 7～8 月。

生于海拔 2400～2600m 的沟谷灌丛下，见于插旗口沟。

四十八　柽柳科 Tamaricaceae

本科共有3属100余种，广布于温带和亚热带地区，欧洲、亚洲、非洲均产。中国有3属32种，主产于西北、内蒙古及华北地区。宁夏贺兰山产3属5种。

红砂属 *Reaumuria* L.

红砂　*Reaumuria songarica* (Pall.) Maxim.

矮小灌木，高15～25cm。茎多分枝，老枝灰黄色，幼枝色稍淡。叶常3～5片簇生，肉质，短圆柱状或倒披针状线形，长0.8～4mm，宽约0.7mm，先端钝，浅灰绿色，具腺。花单生于叶腋或在小枝上集成疏松的穗状；苞片3片，长椭圆形，绿色，具白色膜质边缘；花小型，无柄，花萼钟形，中下部连合，上部5齿裂，裂片三角状卵形，边缘膜质；花瓣5片，粉红色或白色，矩圆形，先端钝，弯曲成兜形，基部狭楔形，里面中下部具2片矩圆形鳞片，雄蕊通常6枚，离生，与花瓣近等长；子房长椭圆形，花柱3个。蒴果长圆状卵形，光滑无毛，3瓣裂。种子长矩圆形，全体被灰白色长柔毛。花期7～8月，果期8～9月。

生于海拔1200～1500m的砾石质、沙砾质荒漠或盐化洪积扇上，见于东坡北端洪积扇。

黄花红砂 *Reaumuria trigyna* Maxim.

亚灌木，高达 30cm。树皮片状剥裂。茎多分枝。幼枝纤细，淡绿色。叶肉质，半圆柱状条形，先端渐粗，长 0.5 ～ 1.5cm，常 2 ～ 5 片簇生。花单生于叶腋，5 数。花梗纤细；苞片约 10 片，宽卵形，覆瓦状排列，与萼茎密接；萼片 5 片，基部合生，与苞片同形；花瓣黄色，长圆状倒卵形，里面下半部有 2 个鳞片状附属物；雄蕊 15 枚，花丝钻形；花柱 3 个，长于子房，宿存。蒴果长圆形，3 瓣裂。花期 7 ～ 8 月，果期 8 ～ 9 月。

生于山坡砾石地，见于大武口沟以北及三关口。

柽柳属 *Tamarix* L.

柽柳 *Tamarix chinensis* Lour.

灌木，高 1 ～ 3m。树皮灰褐色，小枝红色或褐色。叶线形，长 1 ～ 5cm，宽 2 ～ 4mm，近全缘或具疏细齿，反卷，两面被白色绢毛；叶柄基部稍扩展，疏被毛。叶花后开展。花序梗短，具 2 ～ 3 片小叶片，花序轴疏被柔毛；苞片卵形、椭圆形、矩圆形或倒卵圆形，淡褐色或黄绿色，背面无毛或雌株苞片边缘和基部被柔毛，里面基部被毛；腹腺 1 个；雄蕊花丝完全合生成单体，花丝无毛，花药红色；子房无毛，花柱明显。蒴果圆锥形。花果期 5 ～ 6 月。

生于山麓盐碱地上，见于汝箕沟、韭菜沟等。

短穗柽柳　*Tamarix laxa* Willd.

灌木，高 1.5 ～ 3m，树皮灰色，小枝短而直伸，脆而易折断。叶黄绿色，长约 1 ～ 2mm，宽约 0.5mm，先端具短尖头，基部变狭而略下延，边缘狭膜质。总状花序侧生于去年生的老枝上，早春绽放，长达 4cm，粗 5 ～ 7mm，着花稀疏，被有稀疏长圆形的棕色鳞被；苞片先端钝，边缘膜质，上半部软骨质；花梗长约 2mm；花 4 数，萼片 4 片，卵形；花瓣 4 片，粉红色；花盘 4 裂，肉质，暗红色；雄蕊 4 枚，与花瓣等长或略长，花药红紫色，钝，有小头或突尖。花柱 3 个，顶端有头状的柱头。蒴果狭。花期 4 ～ 5 月。

生于山麓盐碱地上，见于汝箕沟、榆树沟。

水柏枝属 *Myricaria* Desv.

宽苞水柏枝　*Myricaria bracteata* Royle

灌木，高达 3m。当年生枝红棕色或黄绿色。叶卵形、卵状披针形或窄长圆形，长 2 ～ 4mm，密集。总状花序顶生于当年生枝上，密集呈穗状；苞片宽卵形或椭圆形，具宽膜质啮齿状边，先端尖或尾尖；萼片披针形或长圆形；花瓣倒卵形或倒卵状长圆形，常内曲，粉红色或淡紫色，花后宿存；雄蕊花丝连合至中部或中部以上。蒴果狭圆锥形。种子顶端芒柱上半部被白色长柔毛。花期 6 ～ 7 月，果期 8 ～ 9 月。

生于低山丘陵地带，见于大水沟、正义关。

四十九　白花丹科 Plumbaginaceae

本科约有 25 属 440 种，世界广布，主要分布于亚洲中部和地中海地区。中国有 7 属 46 种，分布于北部和西南地区，主产于新疆。宁夏贺兰山产 1 属 3 种。

补血草属 *Limonium* Mill.

黄花补血草　*Limonium aureum* (L.) Hill

多年生草本，高 10 ～ 30cm。叶基生，长 1 ～ 4cm，宽 5 ～ 10mm，顶端圆钝，具小尖头，基部渐狭成扁平的叶柄。穗状花序生于分枝顶端，组成伞房状圆锥花序；花序轴 2 至数条，自基部开始多回二叉状分枝，常呈“之”字形弯曲，密生瘤状小突起；苞片宽卵形，顶端钝，边缘具狭膜质边，小苞片先端 2 裂，具宽的膜质边缘；花萼漏斗状，被细硬毛，萼裂片 5 片，先端具 1 个小芒尖；花瓣橙黄色，基部合生；雄蕊 5 枚；子房倒卵形，柱头丝状圆柱形。蒴果倒卵状矩圆形，具 5 条棱。花期 6 ～ 8 月，果期 7 ～ 9 月。

生于山麓和北部荒漠的盐碱地，见于石炭井、归德沟。

二色补血草　*Limonium bicolor* (Bunge) Kuntze

多年生草本，高 20 ～ 50cm。叶基生，匙形、倒卵状匙形至矩圆状匙形，长 2 ～ 10cm，宽 0.5 ～ 2cm，先端圆钝，具短尖头，基部渐狭成柄，两面无毛。花序轴 1 至数个，自下部开始多回分叉，穗状花序着生于小枝顶端，较密集，组成顶生圆锥花序；苞片矩圆状宽卵形，具狭膜质边缘，小苞片与苞片相似，边缘宽膜质，背部无毛，紫红色；花萼漏斗状，沿脉密被细硬毛，边缘 5 裂，裂片宽三角形，先端圆钝，裂片间具小褶，白色；花冠黄色，基部合生，顶端微凹，与萼片近等长；雄蕊 5 枚，着生于花瓣基部；子房倒卵圆形，花柱 5 个，离生。花期 5 ～ 7 月，果期 6 ～ 8 月。

生于海拔 1500 ～ 2200m 的沟谷、灌丛中，见于苏峪口沟、贺兰口沟、黄旗口沟、插旗口沟等。

细枝补血草　*Limonium tenellum* (Turcz.) Kuntze

多年生草本，高 10 ～ 20cm。叶基生，质厚，矩圆状匙形或线状倒披针形，长 5 ～ 15mm，宽 1 ～ 3mm，先端圆或急尖，具短尖，基部渐狭成柄。花序轴 2 至数个，自基部多回分枝，呈“之”字形弯曲，组成伞房状圆锥花序；苞片宽卵形，先端圆或钝，边缘膜质，小苞片与苞片相似，具宽膜质边缘，背部被细硬毛；花萼漏斗状，沿脉被细硬毛，淡紫色后变白色，边缘 5 裂，裂片三角形，先端急尖，具短芒尖，边缘具不整齐的细锯齿，裂片间具褶；花冠淡紫红色；雄蕊 5 枚；子房倒卵圆形，柱头丝状圆柱形。花期 6 ～ 8 月，果期 7 ～ 9 月。

生于山麓荒漠草原或砾石质山坡，为东坡习见植物。

五十　蓼科 Polygonaceae

本科约有 50 属 1120 余种，世界广布，但主产于北温带。中国有 14 属 213 种，全国广布。宁夏贺兰山产 10 属 20 种。

荞麦属 *Fagopyrum* Mill.

苦荞麦　*Fagopyrum tataricum* (L.) Gaertn.

一年生草本，高 30 ～ 70cm。茎直立，分枝，有时不分枝，具细沟纹，绿色或微带紫色；小枝具乳头状突起。下部茎生叶具长柄，叶长 2.5 ～ 7cm，宽 2.5 ～ 8.5cm，先端渐尖，基部微心形，裂片稍外展，先端尖头，全缘或微波状，两面沿叶脉具乳头状毛；上部茎生叶稍小，具短柄；托叶鞘三角形，膜质，无毛。总状花序腋生和顶生，细长，花簇疏松；花被白色或淡粉红色，裂片椭圆形，被稀疏柔毛，宿存。小坚果圆锥状卵形，灰棕色，具 3 条棱，上端角棱、锐利，下端平钝或波状。花果期 6 ～ 9 月。

生于海拔 1400 ～ 1600m 的山地沟谷，见于黄旗口沟。

蓼属 *Persicaria* (L.) Mill.

尼泊尔蓼　*Persicaria nepalensis* (Meisn.) H. Gross

一年生草本，高 30 ～ 50cm。茎直立或下部平卧，多下部分枝，具纵沟纹。叶片长 3 ～ 5cm，宽 1 ～ 3cm，先端渐尖，基部截形至宽楔形，下延至叶柄基部，背面密生黄色腺点，边缘具细密乳头状突起；下部叶有柄，上部叶无柄；托叶鞘膜质，管形，先端截形，浅褐色。头状花序顶生或腋生，具叶状总苞；苞卵状椭圆形，先端尖，边缘膜质，背部绿色，内含 1 朵花；花被紫红色，通常 4 深裂，裂片长圆形，先端钝圆；雄蕊 5 ～ 6 枚，与花被近等长；花柱 2 个，下部合生，柱头头状。小坚果扁卵形，两面凸，先端微尖，全包藏于宿存的花被内。花期 7 ～ 8 月，果期 8 ～ 9 月。

生于海拔 2200 ～ 2800m 的沟谷、水边湿地，见于插旗口沟。

箭头蓼　*Persicaria sagittate* (L.) H. Gross

一年生草本，高约 40cm。茎伏卧或直立，细弱，四棱形，沿棱具倒生钩刺，无毛。叶具柄，柄长约 1cm，具倒生钩刺；叶片长卵形至长卵状披针形，长 4 ～ 10cm，宽 3 ～ 5cm，先端急尖或钝，基部箭形，腹面及叶缘疏生刚伏毛，背面无毛，沿中脉具倒生钩刺；托叶鞘膜质，褐色，斜形，边缘具刚毛。头状花序顶生，通常成对，花密集，总花梗无毛；苞片矩圆状卵形；花白色或淡红色，花被 5 深裂，裂片矩圆形；雄蕊 8 枚；花柱 3 个，下部合生，柱头头状。小坚果卵形，有 3 条棱，黑色。花果期 7 ～ 9 月。

生于海拔 1800 ～ 2400m 的山坡沟谷中，见于大水沟。

冰岛蓼属 *Koenigia* L.

柔毛蓼 *Koenigia pilosa* Maxim.

一年生小草本，高 10 ～ 20cm。茎细弱，直立，紫红色，节上具倒生的白色柔毛。叶片三角状卵形，长 6 ～ 13mm，宽 4 ～ 8mm，先端钝圆，基部圆形或截形，稍下延，腹面无毛，背面被稀疏长柔毛，叶缘具缘毛；叶柄细，无毛；托叶鞘膜质，淡褐色，上部 2 裂，近茎节处具倒生白色柔毛。花簇生于枝端，具叶状总苞；花梗短或几无；花被白色，4 深裂，裂片椭圆形；雄蕊 7 枚，较花被短，2 ～ 5 枚发育；花柱 3 个，甚短，柱头头状。小坚果卵形，具 3 条棱，黄褐色，先端露出花被外。花果期 7 ～ 9 月。

生于海拔 2400 ～ 2600m 的山地林下林缘、阴湿坡地，见于插旗口沟。

拳参属 *Bistorta* (L.) Adans.

拳参　*Bistorta officinalis* Raf.

多年生草本，高 40 ~ 70cm。茎直立，单一或 2 ~ 3 条茎自根状茎发出。基生叶及茎下部叶具长柄，叶柄长达 10cm，具纵条纹，无毛；叶片先端渐尖，基部楔形或圆形，稍下延，边缘全缘，叶脉直达叶片边缘；托叶鞘膜质，浅褐色，先端斜形；茎上部叶渐小，披针形，无柄，基部常抱茎。穗状花序圆柱状，顶生，紧密；苞片膜质，内含 4 朵花；花梗纤细，顶端具关节；花被白色或粉红色，5 深裂，裂片椭圆形；雄蕊 8 枚，与花被近等长；花柱 3 个。小坚果椭圆形，具 3 条棱，褐色或黑褐色，常露出宿存花被外。花期 6 ~ 7 月，果期 8 ~ 9 月。

生于海拔 2500m 以上的林缘、灌丛或亚高山草甸，见于中段山脊两侧。

珠芽蓼　*Bistorta vivipara* (L.) Gray

多年生草本，高 30 ~ 60cm。根状茎粗短，肥厚，生多数须根，常具残存的老叶。茎直立，细弱，紫红色，具纵条纹。基生叶及茎下部叶具长柄，具纵条纹；叶片革质，长 5 ~ 17cm，宽 1 ~ 3.5cm，先端急尖或渐尖，基部圆形或楔形，常偏斜，边缘略向背反卷，叶脉达叶缘成细小的齿牙；上部茎生叶渐小；托叶鞘膜质，先端斜形。穗状花序顶生，紧密；苞片膜质；珠芽圆卵形，褐色；花梗细，几乎与花被等长；花被白色或粉红色，5 深裂；雄蕊 8 枚，露出花被外，花药暗紫色；花柱 3 个，线形，基部合生，柱头小，头状。小坚果卵形，具 3 条棱，深褐色，有光泽。花期 6 月，果期 6 ~ 7 月。

生于海拔 2600m 以上的林缘、灌丛、草甸，见于苏峪口沟、贺兰口沟。

大黄属 *Rheum* L.

矮大黄　*Rheum nanum* Siev. ex Pall.

多年生草本，高 15 ～ 25cm。茎由根茎顶部抽出，无茎生叶。基生叶具短柄，叶片革质或近革质，基部浅心形，叶缘具白色星状瘤，两面沿叶脉疏生白色星状瘤及乳头状突起，脉掌状，由叶基向上伸出 3 条主脉。圆锥花序顶生，通常为 2 次分枝；苞片小，卵形，褐色，肉质状；花梗基部具关节；花小，黄色，花被片 6 片，排列成 2 轮，外轮 3 片较小；雄蕊 9 枚，花丝较短；子房三棱形，花柱 3 个，柱头头状。小坚果肾圆形，具 3 条棱，沿棱具宽翅，顶部略凹，基部浅心形，花被宿存。花果期 6 ～ 7 月。

生于北部荒漠化较强的石质山丘，见于归德沟、汝箕沟。

总序大黄　*Rheum racemiferum* Maxim.

多年生草本。茎直立，中空，高 30 ～ 70cm，具纵沟棱。基生叶大，革质，长 5 ～ 15cm，宽 4 ～ 13cm，先端钝圆，基部近心形，边缘皱波状；叶柄粗壮，基部稍扩大；托叶鞘宽卵形；茎生叶小。圆锥花序顶生，苞片披针形，膜质，褐色，中部以下具关节；花小，白绿色；花被片 6 片，排列为 2 轮，外轮 3 片较小，内轮 3 片较大，宽椭圆形；雄蕊 9 枚；子房三棱形，花柱 3 个，向下弯曲，极短，柱头膨大成马蹄形。小坚果宽卵形或椭圆形，具 3 条棱，沿棱具翅，翅暗红色，顶端凹陷，基部心形，花被宿存。花期 6 月，果期 7 月。

生于海拔 1600 ～ 2600m 的山地岩崖石壁上，见于贺兰口沟、苏峪口沟、小口子沟等。

单脉大黄　*Rheum uninerve* Maxim.

草本，高 10 ～ 25cm。叶基生，叶片近革质，长 4 ～ 12cm，宽 3 ～ 7.5cm，先端钝或圆形，基部宽楔形或楔形，边缘具较弱的皱波及不整齐的波状齿，叶脉为掌状的羽状脉。圆锥花序 1 ～ 3 个，自根状茎顶部抽出，与基生叶等长或超出；苞片小，三角状卵形；花梗下部具关节；花小，白色，花被片 6 片，排成 2 轮，外轮 3 片较小，椭圆形，内轮 3 片较大，宽椭圆形，均被微毛；雄蕊 9 枚；子房三棱形，花柱 3 个，向下弯曲，柱头头状。小坚果宽椭圆形，沿棱具宽翅，顶端略凹陷，基部心形，花被宿存。花期 6 ～ 7 月，果期 8 ～ 9 月。

生于海拔 1100 ～ 1400m 的砾石质山坡上，见于汝箕沟、归德沟、洪积扇区域。

酸模属 *Rumex* L.

皱叶酸模 *Rumex crispus* L.

多年生草本，高 50 ～ 70cm。根肥厚，直根或呈分叉状，断面黄色。茎直立，单生，具纵沟纹，带红色。叶长 15 ～ 28cm，宽 2 ～ 4cm，先端渐尖，基部楔形，边缘具波状皱褶；叶柄稍短于叶片，无毛；托叶鞘膜质，常破裂脱落；上部茎生叶渐小，具短柄。花两性，多数花簇轮生；花序狭圆锥状，分枝紧密；花梗细，中部以下具关节；外轮花被片椭圆形，内轮花被片果时增大，宽卵形，先端钝圆，基部深心形，边缘具皱褶，网脉明显，全部或仅 1 片具瘤状物，瘤状物卵形，橘黄色；雄蕊 6 枚，柱头 3 个，画笔状。小坚果卵状三棱形，包藏于内花被片内。花期 6 月，果期 7 月。

生于海拔 1200 ～ 2000m 的沟谷溪流湿地，见于苏峪口沟、插旗口沟、黄旗口沟、大水沟等。

羊蹄 *Rumex japonicus* Houtt.

多年生草本，高达 1m。基生叶长圆形或披针状长圆形，长 8 ～ 25cm，基部圆形或心形，边缘微波状，叶柄长 4 ～ 12cm；茎上部叶窄长圆形，叶柄较短；托叶鞘膜质，易开裂，早落。花两性；多花轮生，花序圆锥状。花梗细长，中下部具关节，外花被片椭圆形，内花被片果时增大，宽心形，先端渐尖，基部心形，具不整齐小齿，具长卵形小瘤，瘦果宽卵形，具 3 条锐棱。花期 5 ～ 6 月，果期 6 ～ 7 月。

生于海拔 1500m 的渠沟边或路旁湿地，见于插旗口沟。

巴天酸模 *Rumex patientia* L.

多年生草本，高 40 ～ 80cm。根粗壮，肥厚。茎直立，单一，具纵沟纹。基生叶和下部茎生叶长椭圆形或长圆状披针形，长 15 ～ 30cm，宽 5 ～ 10cm，两面无毛；叶柄粗壮，腹面具沟槽；茎上部叶小而狭；托叶鞘膜质，管状。圆锥花序大型，顶生和腋生；花两性，花梗短，中部以下具关节；花被片 6 片，排列为 2 轮，外轮花被片长圆状卵形，内轮花被片果时增大，呈宽卵形，基部圆形或微心形，仅有 1 片具小瘤，小瘤狭长卵形。小坚果卵状三棱形，角棱锐，褐色。花期 5 月，果期 6 ～ 7 月。

生于海拔约 2200m 的林缘、沟谷湿地，见于苏峪口沟。

西伯利亚蓼属 *Knorringia* (Czukav.) Tzvelev

西伯利亚蓼 *Knorringia sibirica* (Laxm.) Tzvelev

多年生草本，高 20 ～ 30cm。根状茎细长，节上生多数须根。茎直立或基部伏卧，通常自基部分枝。叶长 5 ～ 15cm，宽 0.5 ～ 2.5cm，先端锐尖或钝，基部具 1 对小裂片而略呈戟形，并下延成叶柄，全缘，腹面无毛，背面具腺点。圆锥花序顶生，由多数花穗集合而成，花簇间断；苞漏斗状，顶端截形，或具小尖头，内含 5 ～ 6 朵花；花被绿白色，5 深裂，裂片椭圆形；雄蕊 7 ～ 8 枚，与花被近等长；花柱 3 个，柱头头状。小坚果卵形，具 3 条棱，黑色，有光泽，包藏于宿存花被内。花期 6 ～ 7 月，果期 7 ～ 8 月。

生于山麓溪流边盐渍化湿地，为东坡习见植物。

藤蓼属 *Fallopia* Adans.

木藤蓼 *Fallopia aubertii* (L. Henry) Holub

多年生草本或半灌木，长达 3m。茎缠绕，近木质，具纵沟纹。叶簇生或在花序下为互生；叶片长 2 ～ 4cm，宽 1.5 ～ 3cm，先端急尖，基部浅心形；叶柄长 1 ～ 3cm；托叶鞘膜质，浅褐色，顶端截形，常破碎。圆锥花序大型，顶生；苞膜质，鞘状，先端斜形，急尖，内含 3 ～ 6 朵花；花梗细，上部具翅，下部具关节；花被白色，5 深裂，外面裂片 3 片，背部具翅，翅下延至花梗下部关节，里面裂片 2 片，较外轮稍短；雄蕊 8 枚，较花被稍短，花丝下部扁平；花柱短，柱头 3 个，盾状。小坚果卵形，具 3 条棱，黑褐色，包藏于宿存花被内；翅倒卵形，基部下延。花期 7 月，果期 8 ～ 9 月。

生于海拔 1500 ～ 2200m 的沟谷灌丛中，见于苏峪口沟、黄旗口沟、小口子沟、贺兰口沟等。

卷茎蓼　*Fallopia convolvulus* (L.) Á. Löve

一年生草本。茎缠绕，长 20 ～ 40cm，具纵沟纹，基部多分枝。叶三角状卵形或戟状卵心形，长 2 ～ 7cm，宽 1 ～ 5cm，先端长渐尖，基部心形或戟形，两面无毛或沿叶脉及叶缘疏具乳头状突起；叶柄细，具纵条棱，棱上具极细的钩刺；托叶鞘膜质，先端截形。花簇生于叶腋，向上成具叶的短总状花序；苞膜质，表面具乳头状突起，通常含 2 ～ 4 朵花；花梗上端具关节；花被淡绿色，边缘白色，5 浅裂，果时稍增大，里面裂片 2 片，卵圆形，外面裂片 3 片，舟状，较里面裂片稍长；雄蕊 8 枚，下部与花被合生；花柱短，柱头 3 个。小坚果卵形，具 3 条棱，黑色，表面具小点，全部包藏于宿存花被内。花果期 6 ～ 7 月。

生于海拔 1800 ～ 2300m 的沟谷、灌丛中，见于苏峪口沟、黄旗口沟、插旗口沟等。

木蓼属 *Atraphaxis* L.

沙木蓼　*Atraphaxis bracteata* Losinsk.

灌木，高 1 ～ 1.5m。小枝淡褐色或灰黄色；老枝灰褐色，皮条状剥落。叶互生，长 2 ～ 3.5cm，宽 1 ～ 2.5cm，先端圆形，具小尖头，基部宽楔形，边缘褶皱，网脉两面均明显；叶柄基部具关节，托叶鞘膜质，斜形，顶端常 2 裂。总状花序生于当年生枝条的顶端和叶腋中；苞片卵形，边缘膜质，中部较厚，每一苞腋内生 1 朵花，花梗中部具关节；花被片 5 片，淡红色，排列为 2 轮，外轮花被片较小，宽卵形，内轮花被片圆形或心形，顶端钝圆；雄蕊 9 枚，花丝锥形，基部宽扁，花药 2 室；子房三棱形，花柱 3 个，柱头头状。小坚果卵状三棱形。花期 5 月，果期 6 ～ 7 月。

生于海拔 1000 ～ 1500m 的流动沙丘间低地、半固定沙地，见于北段沙地。

东北木蓼 *Atraphaxis manshurica* Kitag.

灌木，高约1m，上部多分枝，树皮灰褐色，条状剥落。叶倒披针形或线形，长2～4cm，宽0.3～0.8cm，先端尖，基部渐窄，全缘，绿色，无毛，近无柄，基部具关节；托叶鞘膜质，基部褐色，上部白色，2裂。总状花序顶生，有时数个组成圆锥状。花梗中上部具关节；花被片5片，淡红色，内轮3片，椭圆形或宽椭圆形，果时增大，外轮2片，椭圆形，果时反折。瘦果窄卵形，具3条棱，顶端尖，基部宽楔形，暗褐色，微有光泽。花期7～8月，果期8～9月。

生于海拔1200～1400m的固定沙地、干旱山坡，见于韭菜沟。

锐枝木蓼　*Atraphaxis pungens* (M. Bieb.) Jaub. et Spach

灌木，高达 80cm。主干多分枝，树皮灰褐色，条状剥裂。老枝顶端无叶，成刺状。叶宽椭圆形或倒卵形，蓝绿色，长 1 ～ 2cm，宽 0.5 ～ 1cm，先端圆钝，有时具短尖或微凹，基部宽楔形或近圆形，近全缘，无毛，叶脉明显；叶柄基部具关节。总状花序侧生。花梗细，中上部具关节；花被片 5 片，淡红色或绿白色，内轮 3 片，圆心形，网脉明显，果时增大，外轮 2 片，宽椭圆形，果时反折。瘦果宽卵形，具 3 条棱，顶端尖，黑褐色，有光泽。花期 5 ～ 8 月。

生于低山石质丘陵坡地，见于东坡北部。

萹蓄属 *Polygonum* L.

萹蓄　*Polygonum aviculare* L.

一年生草本，高达 40cm。基部多分枝。叶椭圆形、窄椭圆形或披针形，长 1 ～ 4cm，宽 0.3 ～ 1.2cm，先端圆或尖，基部楔形，全缘，无毛；叶柄短，基部具关节，托叶鞘膜质，下部褐色，上部白色，撕裂。花单生或数朵簇生于叶腋，遍布植株；苞片薄膜质。花梗细，顶部具关节；花被 5 深裂，花被片椭圆形，绿色，边缘白或淡红色；雄蕊 8 枚，花丝基部宽，花柱 3 个。瘦果卵形，具 3 条棱，黑褐色，密被由小点组成的细条纹，无光泽，与宿存花被近等长或稍长。花期 5 ～ 7 月，果期 6 ～ 8 月。

生于海拔 2700m 以下的沟谷溪流边，各沟道均有分布。

圆叶萹蓄　*Polygonum intramongolicum* A. J. Li

小灌木，高 40 ～ 50cm。叶长 1 ～ 1.5cm，宽 1 ～ 1.3cm，近革质，顶端圆钝，基部宽楔形或近圆形，边缘皱波状，腹面绿色，沿中脉具小突起，背面灰绿色，中脉凸出，侧脉明显，沿叶脉具小突起，两面密被洼点；叶柄短，基部具关节；托叶鞘膜质，偏斜。花序总状，顶生，稀疏；苞片漏斗状，膜质，褐色；花梗中部具关节；花被 5 深裂，淡红色或白色，花被片倒卵形，背部具绿色脉纹；雄蕊 8 枚，花丝基部扩展；花柱 3 个，中下部合生，柱头头状。瘦果宽卵形，具 3 条锐棱，黑褐色，密被颗粒状小点，微有光泽，包于宿存花被内。花期 5 ～ 6 月，果期 6 ～ 7 月。

生于沟谷溪边，见于三关口、大窑沟、大口子沟等。

五十一　石竹科 Caryophyllaceae

本科共有 70 ～ 80 属近 2000 种，世界广布，主要分布于北半球的温带和暖温带，少数分布于非洲、大洋洲和南美洲。中国有 30 属 390 种，全国广布，以北部和西部为主要分布区。宁夏贺兰山产 9 属 21 种。

裸果木属 *Gymnocarpos* Forssk.

裸果木　*Gymnocarpos przewalskii* Maxim.

半灌木，高 30 ～ 50cm。茎分枝多而曲折；树皮灰黄色，具不规则纵裂；嫩枝红赭色，节部膨大。叶线状扁圆柱形，长 0.5 ～ 1cm，宽 1 ～ 1.5mm，先端锐尖，具小尖头；托叶膜质。聚伞花序叶腋生；苞片膜质，白色透明，宽椭圆形；花托钟状漏斗形，具肉质花盘；萼片 5 片，倒披针形，先端具小尖头，外面被短柔毛；无花瓣；雄蕊 2 轮，外轮 5 枚，无花药，内轮 5 枚，与萼片对生，具花药；子房上位，近球形，含 1 枚基生胚珠，花柱 1 个，丝状。瘦果包藏于宿存花萼中。花期 5 ～ 6 月，果期 6 ～ 7 月。

生于干旱山坡，见于大窑沟。

牛漆姑属 *Spergularia* (Pers.) J. & C. Presl

牛漆姑 *Spergularia marina* (L.) Griseb.

一年生或二年生草本，稀多年生，高达30cm。根茎细稍肉质。茎丛生，上部密被柔毛。叶线形，长0.5～3cm，宽1～1.5mm，稍肉质，先端尖；托叶宽三角形，膜质。花顶生或腋生。花梗密被腺柔毛；萼片卵形，密被腺柔毛；花瓣淡粉紫色或白色，卵状长圆形或椭圆状卵形；雄蕊5枚；花柱3个。蒴果卵圆形，长于宿萼，3瓣裂。种子淡褐色，平滑或具乳头，无翅，少数具翅，边缘啮蚀状。花期4～7月，果期5～9月。

生于海拔2000m以下的沟谷溪流边湿地，见于大水沟。

卷耳属 *Cerastium* L.

卷耳 *Cerastium arvense* subsp. *strictum* Gaudin

多年生疏丛草本，高10～35cm。茎基部匍匐，上部直立，绿色并带淡紫红色，下部被向下的毛，上部混生腺毛。叶长1～2.5cm，宽1.5～4mm，顶端急尖，基部楔形，抱茎，被疏长柔毛，叶腋具不育短枝。聚伞花序顶生，具3～7朵花；苞片披针形，草质，被柔毛，边缘膜质；花梗细，密被白色腺柔毛；萼片5片，披针形，顶端钝尖，边缘膜质，外面密被长柔毛；花瓣5片，白色，倒卵形，长是萼片的1倍或更长，顶端2裂深达1/4～1/3；雄蕊10枚，短于花瓣；花柱5个，线形。蒴果长圆形，长于宿存萼1/3，顶端倾斜，10齿裂。种子肾形，褐色，略扁，具瘤状凸起。花期5～8月，果期7～9月。

生于海拔2000～3000m的林缘、沟谷溪流边，见于苏峪口沟、黄旗口沟。

簇生泉卷耳　*Cerastium fontanum* subsp. *vulgare* (Hartm.) Greuter & Burdet

一、二年生或多年生草本，高 15 ～ 30cm。茎单生或丛生，近直立，被白色短柔毛和腺毛。基生叶近匙形或倒卵状披针形，两面被短柔毛；茎生叶近无柄，叶片长 1 ～ 3 cm，宽 3 ～ 10mm，顶端急尖或钝尖，两面均被短柔毛，边缘具缘毛。聚伞花序顶生；苞片草质；花梗细，密被长腺毛，花后弯垂；萼片 5 片，长圆状披针形，外面密被长腺毛，边缘中部以上膜质；花瓣 5 片，白色，倒卵状长圆形，等长或微短于萼片，顶端 2 浅裂，基部渐狭，无毛；雄蕊短于花瓣，花丝扁线形，无毛；花柱 5 个，短线形。蒴果圆柱形，长为宿存萼的 2 倍，顶端 10 齿裂。种子褐色，具瘤状凸起。花期 5 ～ 6 月，果期 6 ～ 7 月。

生于海拔 2000 ～ 2500m 的沟谷湿地，见于苏峪口沟、黄旗口沟。

繁缕属 *Stellaria* L.

贺兰山繁缕　*Stellaria alaschanica* Y. Z. Zhao

多年生草本，高达 15cm。茎丛生，多分枝，4 条棱，沿棱被倒向柔毛。叶披针状线形，长 0.5 ～ 2cm，宽 1 ～ 2.5mm，具缘毛。聚伞花序顶生，具 1 ～ 3 朵花；苞片卵状披针形，边缘宽膜质。萼片卵状披针形；花瓣 2 深裂达基部，裂片长圆状线形；雄蕊稍长于花瓣。蒴果长圆状卵圆形，长大约是宿萼的 1 倍，黄绿色。种子多数，宽卵圆形或近圆形，稍扁，深褐色，近平滑。花期 7 月，果期 8 月。

生于海拔 2500 ～ 3100m 的云杉林下、石质山坡及灌丛下，见于主峰山脊两侧。

短瓣繁缕　*Stellaria brachypetala* Bunge

多年生草本，高达 30cm，全株近无毛。叶卵状披针形，长 1 ～ 2cm，宽 1.5 ～ 4mm，先端渐尖，基部楔形。聚伞花序具数朵花；苞片草质。萼片卵状披针形；花瓣甚短于萼片，2 深裂，裂片线形；雄蕊 10 枚。蒴果卵圆形。种子卵圆形，具皱纹凸起。花期 6 ～ 8 月，果期 8 ～ 9 月。

生于海拔 2500 ～ 3100m 的沟谷中，见于大口子沟、小口子沟。

二柱繁缕 *Stellaria bistyla* Y. Z. Zhao

多年生草本，高 10 ～ 30cm。茎多数，散生，二歧或单歧分枝，被短柔毛。叶椭圆形、狭椭圆形或宽椭圆形，长 1.4 ～ 3cm，宽 3 ～ 10mm，先端渐尖，基部渐狭成柄，具狭骨质边缘，有缘毛或无。二歧聚伞花序生于茎顶，具多花；花梗细长，被短柔毛；苞片与叶同形；萼片长倒卵形，先端锐尖，边缘宽膜质；花瓣白色，宽倒卵形或椭圆形，顶端浅 2 裂；雄蕊 10 枚；子房倒卵形，1 室，花柱 2 个。蒴果倒卵形或矩圆形，顶端 4 齿裂。花果期 6 ～ 9 月。

生于海拔 2000 ～ 2800m 的沟谷石缝或林缘中，见于苏峪口沟、小口子沟、黄旗口沟、贺兰口沟等。

银柴胡 *Stellaria dichotoma* var. *lanceolata* Bunge

多年生草本，高 15 ～ 60cm，全株呈扁球形，被腺毛。主根粗壮，圆柱形。茎丛生，圆柱形，多次二歧分枝，被腺毛或短柔毛。叶线状披针形、披针形或长圆状披针形，长 0.2 ～ 2.5cm，宽 1.5 ～ 5mm，先端渐尖，基部圆形或近心形，微抱茎，全缘，两面被腺毛或柔毛，稀无毛。聚伞花序顶生，具多数花；花梗细，长 1 ～ 2cm，被柔毛；萼片 5 片，披针形，长 4 ～ 5mm，顶端渐尖，边缘膜质，外面多少被腺毛或短柔毛，稀近无毛，中脉明显；花瓣 5 片，白色，轮廓倒披针形，长 4mm，2 深裂至 1/3 处或中部，裂片近线形；雄蕊 10 枚，长仅花瓣的 1/3 ～ 1/2；子房卵形或宽椭圆状倒卵形；花柱 3 个，线形。蒴果宽卵形，比宿存萼短，6 齿裂，含 1 粒种子。种子卵圆形，褐黑色，微扁，脊具少数疣状凸起。花期 5 ～ 6 月，果期 7 ～ 8 月。

生于海拔 1400 ～ 2100m 的浅山沟谷河滩，见于大水沟、石炭井、麻黄沟、汝箕沟等。

禾叶繁缕 *Stellaria graminea* L.

多年生草本，高达30cm；全株无毛。茎丛生。叶线形，长0.5～4cm，宽1.5～3mm，先端尖，疏生缘毛，具3条脉。聚伞花序顶生；苞片披针形。花梗纤细；萼片披针形，绿色，具3条脉；花瓣稍短于萼片，2深裂；花药带褐色。蒴果卵状长圆形，短于宿萼，6瓣裂。种子扁圆形，黄褐色，具粒状凸起。花期5～7月，果期8～9月。

生于海拔2000m的山坡草地或林缘中，见于大口子沟、贺兰口沟。

蝇子草属 *Silene* L.

贺兰山蝇子草　*Silene alaschanica* (Maxim.) Bocquet

多年生草本，高达 30cm，全株密被腺毛。茎疏丛生。基生叶长 3 ～ 7cm，宽 0.7 ～ 1.3cm，基部渐狭成柄状，两面及边缘被腺毛；上部茎生叶披针形，较基生叶小。花序总状，具 1 ～ 4 朵花。花梗细，密被腺柔毛；苞片线状披针形；花萼钟形，口张开，被腺毛，纵脉暗绿或紫色，萼齿三角状卵形；花瓣伸出花萼，爪伸出，狭楔形，具三角形耳，基部具长缘毛，瓣片淡紫色，宽倒卵形，2 深裂，两侧各具 1 片线形裂片；副花冠椭圆形，具缺刻；雄蕊微伸出花冠喉部；花柱伸出。蒴果卵圆形，微短于宿萼，10 齿裂。种子圆肾形，肥厚，脊具小瘤。花期 6 ～ 7 月，果期 7 ～ 8 月。

生于海拔约 2000m 的沟谷溪边湿地，见于大水沟。

女娄菜　*Silene aprica* Turcz.

一年生或二年生草本，高达 70cm，全株密被灰色柔毛。基生叶长 4 ～ 7cm，宽 4 ～ 8mm，基部渐窄成柄状；茎生叶倒披针形、披针形或线状披针形。圆锥花序。花梗直立；苞片披针形，渐尖，草质，具缘毛；花萼卵状钟形，密被柔毛，纵脉绿色，萼齿三角状披针形；雌雄蕊柄极短或近无，被柔毛；花瓣白色或淡红色，爪倒披针形，具缘毛，瓣片倒卵形，2 裂；副花冠舌状；花丝基部具缘毛，雄蕊及花柱内藏。蒴果卵圆形，与宿萼近等长。种子圆肾形，具小瘤。花期 5 ～ 7 月，果期 6 ～ 8 月。

生于海拔 1800 ～ 2400m 的山地沟谷中，见于苏峪口沟、黄旗口沟。

山蚂蚱草 *Silene jeniseensis* Willd.

多年生草本，高 40 ～ 55cm。茎直立，密被倒生短毛，向上渐无毛。基生叶倒披针形，茎生叶线状披针形，长 3 ～ 7cm，宽 2 ～ 7mm，全缘。聚伞花序总状，顶生或腋生，花轮生；苞片卵状披针形，先端长尾状，边缘膜质，具缘毛；花萼钟形，具 10 条脉，萼齿三角形，先端稍钝，边缘膜质，具缘毛；花瓣白色，基部渐狭成爪；雄蕊 10 枚，与花瓣等长或稍长；子房长卵形，无毛，花柱 3 个，线形，被毛。蒴果宽卵形，顶端 6 齿裂。种子肾形，被条状细微突起。花期 7 ～ 8 月，果期 8 ～ 9 月。

生于海拔 1800 ～ 2500m 的石质山坡或沟谷石砾地，见于苏峪口沟、甘沟、黄旗口沟等。

蔓茎蝇子草 *Silene repens* Patrin

多年生草本，高 20 ~ 40cm。茎直立或斜升，丛生，被柔毛。叶长 1.7 ~ 4cm，宽 2 ~ 6mm，先端锐尖，基部渐狭，全缘，中脉在背面隆起，两面被短柔毛。聚伞状圆锥花序顶生，侧生花梗上常具 3 朵花；苞片叶状，披针形，被短毛；花梗短，密生短柔毛；花萼筒形，具 10 条脉，密被短柔毛，萼齿宽卵形，先端钝，边缘宽膜质；花瓣先端 2 裂，基部具长爪，喉部具 2 片鳞片，白色、淡黄白色或淡绿白色；雄蕊 10 枚，稍长于花冠；子房卵圆形，花柱 3 个。蒴果卵状长圆形。种子圆肾形，黑褐色，表面具线状隆起。

生于海拔 1800 ~ 2900m 的沟谷、草甸及林缘中，为宁夏贺兰山习见植物。

宁夏蝇子草 *Silene ningxiaensis* C. L. Tang

多年生草本，高达 45cm。根粗壮。茎疏丛生，稀单生。基生叶簇生，线形，长 3 ~ 5cm，宽 1 ~ 2.5mm，基部渐窄，边缘基部具缘毛；茎生叶少，较小。总状花序，具 2 ~ 5 朵花。花梗中部具卵状披针形苞片 1 对，下部具缘毛；花萼筒状，果期上部微膨大，纵脉有时紫色，萼齿三角状披针形，具缘毛；雌雄蕊柄长；花瓣白色，爪微伸出花萼，狭倒披针形，瓣片狭倒卵形，2 深裂达 2/3，裂片长圆形；副花冠乳头状；雄蕊、花柱伸出。蒴果卵圆形，较宿萼短。种子三角状肾形，灰褐色，具条形低凸起，脊具浅槽。花期 7 ~ 8 月，果期 8 ~ 9 月。

生于海拔 1800 ~ 2800m 的林缘、灌丛或石质山坡上，见于大水沟、苏峪口沟。

老牛筋属 *Eremogone* Fenzl

点地梅状老牛筋 *Eremogone androsacea* (Grubov) Ikonn.

多年生垫状草本，高 5 ～ 10cm。茎多分枝，枝细，直径约 1mm，叶片线状钻形，长 5 ～ 15mm，宽不足 1mm，边缘稍内卷；花 1 ～ 3 朵，呈聚伞状；苞片卵状披针形，顶端尖，边缘具宽白色干膜质；花序与花梗密被腺柔毛；萼片 5 片，卵状披针形，边缘狭膜质，顶端尖，外面被腺柔毛，具 1 条脉；花瓣 5 片，白色，长圆状倒卵形，长于萼片，顶端稍呈波状；花盘具 5 个腺体；雄蕊 10 枚，花丝与萼片近等长；子房卵圆形，花柱 3 个。蒴果卵圆形，稍长于宿存萼，3 瓣裂。花果期 7 ～ 9 月。

生于海拔 2700 ～ 3200m 的碎石山坡上，见于苏峪口沟、插旗口沟、贺兰口沟、大口子沟。

高山老牛筋 *Eremogone meyeri* (Fenzl) Ikonn.

多年生垫状草本，高 3 ～ 7cm。茎多数，直立，上部被腺毛。基生叶丛生，线状钻形，长 1 ～ 2cm，先端渐尖，顶端具刺尖，腹面扁平，背面中央突起，叶的横断面为三角形；茎生叶与基生叶相似而较小，明显短于节间。花单生或 2 ～ 4 朵组成聚伞花序苞片卵状披针形，边缘宽膜质，被腺毛；花梗密被腺毛；萼片 5 片，卵状披针形，先端锐尖，背面被腺毛，中央绿色，边缘膜质；花瓣 5 片，白色矩圆状倒卵形，顶端微缺，长是萼片的 1.5 倍；雄蕊 10 枚，与萼片等长；子房 1 室，花柱 3 个。蒴果卵球形，与萼片等长或稍长，裂瓣再 2 裂。种子多数，近卵形，具疣状突起。花果期 7 ～ 8 月。

生于海拔 2800 ～ 3500m 的高山、亚高山石质山坡或石缝中，见于主峰山脊两侧。

石头花属 *Gypsophila* L.

头状石头花　*Gypsophila capituliflora* Rupr.

多年生草本，高达25cm。茎丛生，无毛，多不分枝。叶线形，近三棱，长1～3cm，宽约1mm，近肉质，无毛，基部叶丛生。聚伞花序顶生，密集近头状；苞片披针形；花萼钟形，具5条紫色脉，齿裂达1/3～1/2，三角形，边缘膜质，具缘毛；花瓣淡紫红色或白色，长倒卵形，先端微凹；雄蕊与花瓣近等长；花柱短。蒴果长圆形，与宿萼近等长。种子球形，具扁平小瘤。花期7～9月，果期8～9月。

生于海拔1200～2500m的石质山坡上，见于苏峪口沟、黄旗口沟、汝箕沟等。

荒漠石头花 *Gypsophila desertorum* (Bge.) Fenzl

多年生草本，高 5 ～ 15cm，全株被棕色腺毛。茎密丛生，斜升，不分枝或上部稍分枝。叶片钻状线形，质硬，长 4 ～ 15mm，宽 0.5 ～ 1mm，锐尖，基部合生，背面中脉凸出，边缘内卷，横切面呈镰刀状弯曲，叶腋常生不育短枝，叶呈假轮生状。二歧聚伞花序；花梗劲直，被腺毛；苞片卵状披针形或披针形，顶端锐尖，密被腺毛；花萼钟形，萼齿裂达中部，卵形，顶端急尖或钝，边缘白色，膜质，被腺柔毛；花瓣白色，具淡紫色脉纹，倒卵状楔形，顶端微凹，基部狭；雄蕊稍短于花瓣；子房卵球形，花柱 2 个。蒴果卵球形。种子肾形，深褐色，具短条状凸起。花期 5 ～ 7 月，果期 8 月。

生于海拔 1420 ～ 1600m 的石砾质和沙质河谷中，见于道路沟和柳条沟。

细叶石头花 *Gypsophila licentiana* Hand.-Mazz.

多年生草本，高达 50cm。茎细长，无毛，丛生。叶线状，长 1 ～ 3cm，宽约 1mm，稍肉质，基部短鞘状，边缘粗糙，先端具骨质尖。聚伞花序顶生，花较密集，无刺。花梗带紫色；苞片三角形；花萼狭钟形，具 5 条绿色或带深紫色脉，脉间白色，干膜质，齿裂达 1/3，萼齿卵形，花瓣白色，三角状楔形，长为萼片的 1.5 ～ 2 倍，先端微凹；雄蕊短于花瓣，不等长；花柱与花瓣近等长。蒴果稍长于宿萼。种子圆肾形，具小疣。花期 7 ～ 8 月，果期 8 ～ 9 月。

生于海拔 1400 ～ 2300m 的石质山坡、林缘，见于苏峪口沟、黄旗口沟、插旗口沟。

麦蓝菜　*Gypsophila vaccaria* Sm.

一年生草本，高 30 ～ 70cm，全株无毛。茎直立，圆筒形，中空，上部分枝。叶无柄，卵状披针形至披针形，长 3 ～ 5cm，宽 0.8 ～ 1.5cm，先端渐尖，基部圆形或近心形，微抱茎，全缘，背面主脉隆起，灰绿色，无毛。伞房状聚伞花序顶生；花梗细长；苞片叶质，较小，披针形，边缘膜质，顶花无小苞片；萼片卵圆形，具 5 条狭翅状绿色脉棱，先端 5 齿裂，裂齿三角形，先端锐尖，边缘宽膜质；花瓣淡红色，狭倒卵形，先端具不整齐的齿裂，基部具长爪；雄蕊 10 枚，不露出；子房长卵圆形，花柱 2 个，线形。蒴果卵形，顶端 4 裂，基部 4 室。种子球形，黑色，表面具疣状突起。花期 5 ～ 6 月，果期 6 ～ 7 月。

生于海拔约 2900m 的沟谷溪边或山麓中，见于插旗口沟。

石竹属 *Dianthus* L.

瞿麦 *Dianthus superbus* L.

多年生草本，高 20 ~ 50cm。茎丛生，直立。叶长 5 ~ 9cm，宽 3 ~ 4mm，先端锐尖，基部成短鞘状抱茎，全缘，中脉在背面隆起。疏散的聚伞花序，花梗细长；苞片 4 ~ 6 片，倒卵形或椭圆形，先端具突尖，长为花萼的 1/4，边缘具短缘毛；花萼长圆筒形，粉绿色或淡紫红色，具多数脉纹，顶端 5 裂，裂齿矩圆状披针形，直立，先端具尖头，边缘膜质；花瓣淡紫红色，先端细裂为流苏状；雄蕊 10 枚，微露出花冠外；花柱 2 个，线形。蒴果狭圆筒形，与萼片近等长，先端 4 齿裂。种子扁卵形，边缘具翅。花期 7 ~ 8 月，果期 8 ~ 9 月。

生于海拔 1900 ~ 2800m 的沟谷、林缘或灌丛草地，见于东坡中段。

五十二　苋科 Amaranthaceae

本科约有 174 属 2050 ～ 2500 种，世界广布。中国有 57 属 233 种，全国广布。宁夏贺兰山产 20 属 32 种。

沙蓬属 *Agriophyllum* M. Bieb.

沙蓬　*Agriophyllum squarrosum* (L.) Moq.

一年生草本，高 30 ～ 55cm。茎坚硬，具不明显的条棱，全株密被分枝毛；多分枝，最下层分枝轮生，上部分枝互生，斜展。叶长 1.3 ～ 6cm，宽 1 ～ 12mm，先端渐尖，基部渐狭，具 3 ～ 9 条脉，背面密被分枝毛，后脱落。花序穗状，紧密，花两性，有 3 ～ 7 朵，腋生；苞片卵形，先端具短刺尖，后期反折；花被片 1 ～ 3 片，膜质；雄蕊 3 枚，花丝扁平，锥形，花药卵圆形。子房扁圆形，被毛，柱头 2 个。胞果圆形或椭圆形，两面扁平或背部稍突，除基部外周围有翅，顶部具短喙，果喙深裂为 2 个扁平线状小喙，微向外弯，小喙先端外侧各具 1 个小齿突。种子近圆形，光滑，扁平。花果期 8 ～ 10 月。

生于山麓沙地及沙砾质山坡，见于石炭井横沟。

虫实属 *Corispermum* L.

毛果绳虫实 *Corispermum tylocarpum* Hance

一年生草本，高 30 ～ 60cm。茎直立或斜升，多分枝，具条棱，有时带紫色，疏被毛或无毛。叶线形，长 2 ～ 4cm，宽 1.5 ～ 4mm，先端锐尖具小尖头，具膜质边缘，具 1 条脉，无毛或具稀疏星状毛。穗状花序细长，苞片较狭，线状披针形至狭披针形，先端渐尖具小尖头，边缘膜质，无毛或疏被星状毛；花被片 1 ～ 3 片，鳞片状，透明；雄蕊 3 ～ 5 枚，伸出花被外。果实椭圆形或倒卵形，背面凸，腹面平或稍凹，通常具瘤状突起和星状毛，无翅或具狭翅，翅的大小约为果核宽度的 1/10。花果期 5 ～ 9 月。

生于山麓沙地及沙砾质土壤中，见于东坡山麓。

轴藜属 *Axyris* L.

轴藜 *Axyris amaranthoides* L.

一年生草本，高 20 ～ 80cm。茎直立，粗壮，微具纵纹；分枝多集中于茎中部以上，纤细，劲直。叶具短柄，顶部渐尖，具小尖头，基部渐狭，全缘，背部密被星状毛，后期秃净；基生叶大，披针形，长 3 ～ 7cm，宽 0.5 ～ 1.3cm，叶脉明显；枝生叶和苞叶较小，狭披针形或狭倒卵形，边缘通常内卷。雄花序穗状；花被裂片 3 片，狭矩圆形，先端急尖，向内卷曲，背部密被毛，后期脱落；雄蕊 3 枚，与裂片对生，伸出花被外。雌花花被片 3 片，白膜质，背部密被毛，后脱落，侧生的 2 片花被片大，宽卵形或近圆形，先端全缘或微具缺刻，近苞片处的花被片较小，矩圆形。果实长椭圆状倒卵形，侧扁，灰黑色。花果期 8 ～ 9 月。

生于海拔约 1500m 的沟谷或村舍旁，见于汝箕沟。

杂配轴藜　*Axyris hybrida* L.

一年生草本，高 5 ～ 40cm。茎直立，多由基部分枝，被星状毛，后渐脱落。叶具短柄，叶片狭卵形或椭圆状披针形，长 0.5 ～ 3.5cm，宽 0.2 ～ 1cm，先端钝或渐尖，具小尖头，基部楔形，全缘，两面密被星状毛。雄花序穗状，花被片 3 片，膜质，矩圆形，背面密被星状毛，后渐脱落；雄蕊 3 枚，伸出花被外，雌花无梗，通常成聚伞花序生于叶腋；苞片披针形或卵形，背面密被星状毛；花被片 3 片，背面密被星状毛。胞果椭圆状倒卵形，顶端具 2 个三角状的附属物。花果期 7 ～ 8 月。

生于海拔 1500 ～ 2300m 的沟谷灌丛或林缘，见于苏峪口沟、贺兰口沟、插旗口沟、大水沟等。

平卧轴藜 *Axyris prostrata* L.

一年生草本，高 6 ～ 25cm。茎平卧或斜升，密被星状毛，后期大多脱落。叶具长柄，几与叶片等长；叶片长 0.5 ～ 1.2cm 或更长，宽 0.4 ～ 1cm，先端圆具小尖头，基部狭缩至叶柄，全缘，两面被星状毛，后渐脱落。雄花集成头状花序，无苞片，花被片 3 ～ 5 片，膜质，背面密被星状毛，后期脱落；雄蕊 3 ～ 5 枚，伸出花被外；雌花着生于苞片柄上，苞片背面密生星状毛，花被片 3 片，膜质；子房卵形，扁平，花柱短，柱头 2 个。胞果卵圆形或倒卵形，扁平，两侧面具同心状皱纹，顶端附属物 2 个，较小，乳头状，有时不显。花果期 7 ～ 8 月。

生于海拔 1900 ～ 2500m 的林缘、沟谷河滩，见于苏峪口沟。

驼绒藜属 *Krascheninnikovia* Gueldenst.

驼绒藜 *Krascheninnikovia ceratoides* (L.) Gueldenst.

灌木，高 20 ～ 50cm，多由下部分枝，老枝灰黄色，幼枝锈黄色，密生星状毛。叶宽线形、线状披针形至披针形，长 1 ～ 2cm，宽 2 ～ 3mm，先端钝或急尖，基部圆形或楔形，全缘，边缘反卷，主脉 1 条，显著，腹面绿色，背面黄绿色，两面密被星状毛。雄花序短而紧密，长达 4cm；雌花管椭圆形，花管裂片角状，长达花管的 1/3，外被 4 束长毛，花柱短，柱头 2 个。胞果直立，被毛。花期 5 月，果期 6 ～ 7 月。

生于海拔 1700 ～ 2000m 的阳坡与半阳坡山坡上，见于苏峪口沟、甘沟、大窑沟等。

刺藜属 *Teloxys* Moq.

刺藜　*Teloxys aristata* (L.) Moq.

一年生草本，高 10 ～ 20cm。茎直立，具纵条棱，无毛或具乳头状突起，多分枝。叶线形或线状披针形，长 2 ～ 5cm，宽 1.5 ～ 5mm，先端渐尖，基部渐狭成短柄，全缘，无毛，具 1 条脉。复二歧式聚伞花序，顶生或腋生，枝先端具芒刺；花两性，几无梗，单生于芒刺枝腋内；花被片 5 片，倒卵状椭圆形或椭圆形，先端急尖或钝，背部稍肥厚，边缘膜质；雄蕊 5 枚，花丝下部宽，花药卵形；子房上下扁，花柱 2 个。胞果圆形，上下扁，果皮透明，与种子贴生。种子横生，黑褐色，光滑。花果期 6 ～ 9 月。

生于海拔 1300 ～ 2200m 的沟谷、干河床，为东坡习见植物。

腺毛藜属 *Dysphania* R. Br.

菊叶香藜　*Dysphania schraderiana* (Roem. & Schult.) Mosyakin & Clemants

一年生草本，高 20 ～ 50cm。茎直立，具纵条棱，多分枝，被腺体及具节的毛。叶互生，具柄，矩圆形或长椭圆形，长 2 ～ 6cm，宽 1.5 ～ 3.5cm，先端钝或渐尖，基部楔形，稀截形下延，边缘羽状浅裂至深裂，裂片边缘具 1 ～ 2 个圆钝齿，两面被毛及颗粒状腺体，尤以背面沿脉较密。复二歧聚伞花序叶腋生；花两性，花被片 5 片，卵状披针形，具狭膜质边缘，背面被腺体及刺状突起；雄蕊 5 枚，花丝扁平。胞果扁球形，不完全包被于花被内。种子横生，双凸镜状，脐部稍凹，有光泽；胚马蹄形。花果期 7 ～ 9 月。

生于海拔 1400 ～ 2000m 的沟谷、干河床、居民点附近，见于苏峪口沟、小口子沟、甘沟、黄旗口沟、大水沟等。

红叶藜属 *Oxybasis* Kar. & Kir.

灰绿藜 *Oxybasis glauca* (L.) S. Fuentes, Uotila & Borsch

一年生草本，高 10 ~ 40cm。茎平卧或斜升，具纵条棱及绿色或紫红色条，基部多分枝，无毛。叶矩圆状卵形至披针形，长 2 ~ 4cm，宽 7 ~ 15mm，先端钝，基部渐狭，边缘具牙齿状缺刻，腹面无粉，背面密被粉，呈灰白色，中脉明显，黄绿色。花两性兼有雌性，通常数花集成团伞花序，再排列成间断的穗状或圆锥状花序；花被片通常 3 ~ 4 片，但花序先端花的花被片有 5 片，狭长圆形，先端钝，背面绿色，边缘膜质，内曲，无毛；雄蕊 1 ~ 2 枚，花丝不伸出花被外；柱头 2 个，极短。胞果顶端露出花被外，果皮膜质，黄白色。种子横生，扁球形，上部中央微凹。花果期 5 ~ 10 月。

生于山麓边缘盐化低地和河滩湿地，为宁夏贺兰山习见植物。

东亚市藜　*Oxybasis micrantha* (Trautv.) Sukhor. & Uotila

一年生草本，高 40 ～ 60cm。茎直立，具纵条棱，光滑或少被白粉，具分枝。叶菱状卵形或菱形，长 3 ～ 9cm，宽 1.5 ～ 6cm，先端渐尖，基部楔形至宽楔形，边缘具不规则的粗锯齿，基部 1 对锯齿大，呈裂片状，两面近同色，无粉或幼时背面被粉；叶柄长 1 ～ 3.5cm。花两性兼有雌花，数朵花集成花簇，再排列成顶生和腋生的圆锥花序；花被片 3 ～ 5 片，狭倒卵形，先端钝；雄蕊 5 枚，超出花被；柱头 2 个，较短。胞果小，近圆形，黑褐色，表面具颗粒状突起。种子横生，表面具点纹。花果期 8 ～ 10 月。

生于海拔 1600 ～ 2300m 的沟谷、路旁、居民点附近，见于苏峪口沟、汝箕沟等。

麻叶藜属 *Chenopodiastrum* S. Fuentes, Uotila & Borsch

杂配藜　*Chenopodiastrum hybridum* (L.) S. Fuentes, Uotila & Borsch

一年生草本，高 40 ～ 90cm。茎直立，粗壮，具纵条棱，无粉或上部稍有粉。叶片三角状卵形至宽卵形，长 3 ～ 12cm，宽 2.5 ～ 10cm，质薄，先端渐尖，基部楔形、近圆形或微心形，边缘不规则浅裂，裂片 2 ～ 3 对。花两性兼有雌性，数花簇生，排列成顶生和腋生的圆锥花序；花被片 5 片，狭卵形，先端钝，背面具纵隆脊，被粉，边缘膜质；雄蕊 5 枚，超出花被片。胞果双凸镜状，果皮膜质，具白色斑点。种子横生，黑色；胚环形。花果期 6 ～ 7 月。

生于海拔 1500 ～ 2300m 的沟谷、灌丛、林缘下，见于苏峪口沟、贺兰口沟、插旗口沟、大水沟、大窑沟等。

滨藜属 *Atriplex* L.

中亚滨藜 *Atriplex centralasiatica* Iljin

一年生草本，高 20 ～ 50cm。茎直立，钝四棱形，分枝多而开展，密被白粉。叶互生；叶片先端钝或短，渐尖，基部宽楔形，边缘具少数缺刻状钝方齿，中部 1 对齿较大，呈裂片状，腹面绿色，稍有粉粒，背面密被粉粒，银白色。花单性，雌雄同株，团伞花序叶腋生，在枝端及茎顶集成间断的穗状花序；雄花花被片 5 片，雄蕊 5 枚，花丝扁平，基部连合；雌花无花被，具 2 片苞片，果时增大，菱形或近圆形，边缘具不等大的三角形牙齿，通常在同一植株上有 2 种苞片，一种膨大成球形，密被棘状突起，另一种略扁平，不具棘状突起。胞果扁平，宽卵形或圆形。种子扁平，棕色。花果期 7 ～ 9 月。

生于山口和山麓冲刷沟或盐生草甸湿地，为宁夏贺兰山习见植物。

西伯利亚滨藜 *Atriplex sibirica* L.

一年生草本，高 20 ～ 50cm。茎直立，钝四棱形，多自基部分枝，被白粉。叶互生，具短柄；叶片菱状卵形、卵状三角形或宽三角形，长 3 ～ 5cm，宽 1.5 ～ 3cm，先端微钝，基部圆形或宽楔形，边缘具不整齐的波状钝齿，中下部的 1 对齿较大，呈裂片状，腹面绿色，无粉或稍被粉，背面灰白色，密被粉。花单性，雌雄同株，簇生于叶腋，在茎上部集成穗状花序；雄花花被片 5 片，宽卵形至卵形，雄蕊 5 枚，花丝扁平，基部连合；雌花无花被，具 2 片苞片，苞片连合成筒状，仅顶缘分离，果时增大，表面具多数不规则的棘状突起。胞果扁平，卵形或近圆形。花果期 6 ～ 9 月。

生于山麓冲刷沟或盐化低地上，为宁夏贺兰山习见植物。

藜属 *Chenopodium* L.

尖头叶藜　*Chenopodium acuminatum* Willd.

一年生草本，高 20 ～ 60cm。茎直立，具纵条棱及绿色条纹，多分枝，被粉。叶片宽卵形、卵形或狭卵形，长 2 ～ 4cm，宽 1 ～ 3cm，先端圆钝或急尖，具短尖头，基部宽楔形，全缘，具半透明的狭环边，腹面绿色，背面灰白色，密被粉，后渐少。花两性，数朵簇生成团伞花序，再于枝上部集成紧密或间断的穗状圆锥花序，花序轴被透明粗毛；花被片 5 片，卵状长圆形，边缘膜质，被粉粒，果时包被果实，背部增厚呈五角星状；雄蕊 5 枚。胞果扁球形。种子横生，黑色，有光泽。花果期 6 ～ 9 月。

生于海拔 1150 ～ 2300m 的山麓、山口、居民点附近，为宁夏贺兰山习见植物。

藜 *Chenopodium album* L.

一年生草本，高 20 ～ 40cm。茎直立，具纵条棱，光滑或少被粉。叶互生，具柄；叶片卵状矩圆形，长 2 ～ 5cm，宽 1 ～ 3.5cm，通常 3 浅裂，中裂片长，两侧边缘近平行，先端圆钝，基部楔形，边缘具不规则的波状齿牙，侧裂片位于近基部，全缘或具 2 浅裂齿，背面稍被粉。花两性，数朵簇生，集成顶生圆锥花序；花被片 5 片，宽卵形，背部绿色，边缘膜质，被粉；雄蕊 5 枚，开花时伸出；柱头 2 个，丝形。胞果包被在花被内，果皮膜质，具明显的蜂窝状网纹。种子圆形，上下扁，双凸镜状，黑色；胚环形。花果期 6 ～ 8 月。

生于山麓田边路旁、河滩上，为贺兰山习见植物。

小白藜 *Chenopodium iljinii* Golosk.

一年生草本，高 15 ～ 45cm，全株被粉。茎通常平卧或斜升，多分枝。叶片三角状卵形或卵状戟形，长 3 ～ 12mm，宽 2 ～ 8mm，先端急尖，基部宽楔形，3 浅裂，侧裂片在基部，或全缘，腹面疏被白粉或无粉，背面密被白粉；叶柄细瘦。花簇生于枝顶及叶腋的小枝上集成短穗状花序；花被片 5 片，宽卵形或椭圆形，先端钝或锐尖，背面密被粉；雄蕊 5 枚，花丝超出花被外；子房扁球形，柱头 2 个。胞果上下扁，包于花被内。种子双凸镜形，有时为扁卵形，黑色，有光泽；胚环形。花果期 7 ～ 8 月。

生于山麓盐碱地、沟谷或草原化荒漠群落中，为宁夏贺兰山习见植物。

平卧藜　*Chenopodium karoi* (Murr) Aellen

一年生草本，高 20 ～ 40cm。茎平卧或斜升，圆柱形，有条棱，多分枝。叶片卵形至宽卵形，长 1.5 ～ 2.5cm，宽 1 ～ 2.5cm；通常 3 浅裂，腹面无粉或稍有粉，背面厚被粉，具离基三出脉，钝头或急尖，具短尖头，基部宽楔形。花数朵簇生，在小枝上排列成短于叶的腋生圆锥花序；花被片 5 片，少为 4 片，卵形，边缘黄色膜质，果时常闭合；雄蕊与花被片同数，开花时花药外露；柱头 2 个，稀 3 个，丝状。胞果近圆形，果皮淡黄色，与种子贴生。种子横生，双凸镜状，黑色，有光泽，表面具蜂窝状洼点。花果期 8 ～ 9 月。

生于海拔 1400 ～ 1950m 的沟谷、居民点附近，见于苏峪口沟。

碱蓬属 *Suaeda* Forssk. ex J. F. Gmel.

碱蓬　*Suaeda glauca* (Bunge) Bunge

一年生草本，高 20 ～ 80cm。茎直立，圆柱形，具纵条棱，自基部分枝。叶狭线状半圆柱形，长 1.5 ～ 3cm，宽 1 ～ 1.5mm，先端微尖，基部渐狭，灰绿色，无毛。花两性兼有雌性，单生或 5 ～ 7 朵簇生于叶的近基部；两性花花被杯状，黄绿色；雌花花被近球形，较肥厚，花被裂片卵状三角形，先端钝，果时增厚，花被略呈五角星状，干后变黑色；雄蕊 5 枚，花药宽卵形或近圆形，伸出花被外；柱头 2 个。胞果包藏于花被内。种子黑色，近圆形，表面具明显点纹。花果期 9 ～ 10 月。

生于山麓盐碱湿地，为宁夏贺兰山习见植物。

平卧碱蓬 *Suaeda prostrata* Pall.

一年生草本，高 20 ～ 50cm，无毛。茎平卧或斜升，基部有分枝并稍木质化，具微条棱，上部的分枝近平展且几等长。叶条形，半圆柱状，灰绿色，长 5 ～ 15mm，宽 1 ～ 1.5mm，先端急尖或微钝，基部稍收缩并稍压扁；侧枝上的叶较短，与花被等长或稍长。团伞花序具 2 至数朵花，腋生；花两性，花被绿色，稍肉质，5 深裂，果时花被裂片增厚呈兜状，基部向外延伸出不规则的翅状或舌状突起；花药宽矩圆形或近圆形，花丝稍外伸；柱头 2 个，黑褐色，花柱不明显。胞果顶基扁；果皮膜质，淡黄褐色。种子双凸镜形或扁卵形，黑色，表面具清晰的蜂窝状点纹，稍有光泽。花果期 7 ～ 10 月。

生于山麓盐碱湿地，为宁夏贺兰山习见植物。

盐地碱蓬　*Suaeda salsa* (L.) Pall.

一年生草本，高 20 ～ 80cm，绿色或紫红色。茎直立，圆柱状，黄褐色，有微条棱，无毛；分枝多集中于茎的上部，细瘦，开散或斜升。叶条形，半圆柱状，通常长 1 ～ 2.5cm，宽 1 ～ 2mm，先端尖或微钝，无柄，枝上部的叶较短。团伞花序通常含 3 ～ 5 朵花，腋生，在分枝上排列成有间断的穗状花序；小苞片卵形，几全缘；花两性，有时兼有雌性；花被半球形，底面平；裂片卵形，稍肉质，具膜质边缘，先端钝，果时背面稍增厚，有时并在基部延伸出三角形或狭翅状突出物；柱头 2 个，有乳头，通常带黑褐色，花柱不明显。胞果包于花被内，果皮膜质，果实成熟后常常破裂而露出种子。种子横生，双凸镜形或歪卵形，黑色，有光泽，周边钝，表面具不清晰的网点纹。花果期 7 ～ 10 月。

生于山麓盐碱地，为宁夏贺兰山习见植物。

盐爪爪属 *Kalidium* Moq.

尖叶盐爪爪　*Kalidium cuspidatum* (Ung.-Sternb.) Grubov

小灌木，高 20 ～ 40cm。茎自基部分枝，斜升，老枝浅灰黄色，小枝黄绿色。叶片卵形，长 1.5 ～ 3mm，宽 1 ～ 1.5mm，顶端急尖稍内弯，基部半抱茎，下延。穗状花序侧生于枝条上部。每一片鳞片状苞片内着生 3 朵花。胞果圆形。种子圆形。花果期 7 ～ 8 月。

生于山麓盐碱洼地、水库、涝坝附近，见于石炭井。

细枝盐爪爪 *Kalidium gracile* Fenzl

小灌木，高 20 ～ 40cm。茎直立，多分枝，老枝灰黄色，无毛，幼枝灰黄绿色。叶互生，不发达，肉质，先端钝，紧贴于枝上。穗状花序顶生，细瘦；每一片鳞片状苞内着生 1 朵花；花被合生，顶端具 4 个膜质小齿，上部扁平成盾状；雄蕊 2 枚，伸出花被外；子房卵形，柱头 2 个，钻形。胞果卵形，果皮膜质，密被乳头状突起。种子卵圆形，两侧压扁，淡红褐色。花果期 7 ～ 8 月。

生于山谷、山麓盐碱洼地，见于石炭井等。

沙冰藜属 *Bassia* All.

木地肤　*Bassia prostrata* (L.) Beck

半灌木，高 10 ～ 60cm。茎短，分枝多而密，呈丛生状，枝斜升，被白色柔毛，有时被长绵毛。叶簇生于短枝上，狭线形或丝状线形，无柄，先端锐尖，长 0.5 ～ 2cm，宽 0.5 ～ 1.5mm，两面被疏或密的柔毛。花两性和雌性，单生或 2 ～ 3 朵生于叶腋，或于枝端构成复穗状花序，花无梗，不具苞片；花被片 5 片，密生柔毛，果时革质且在背面横生翅，翅干膜质，菱形或宽倒卵形，边缘具不规则的钝齿，具多数暗褐色扇状脉纹；雄蕊 5 枚，花丝线形；花柱短，柱头 2 个，具羽毛状突起。胞果扁球形，果皮近膜质，紫褐色。种子近圆形，黑褐色。花果期 6 ～ 9 月。

生于山麓冲沟、低地、居民点附近，也进入山口河滩地，为宁夏贺兰山习见植物。

地肤　*Bassia scoparia* (L.) A. J. Scott

一年生草本，高 50 ～ 100cm。茎直立，粗壮，淡绿色或带红色。叶互生，披针形或线状披针形，先端渐尖，基部渐狭成柄，通常具 3 条脉，两面被短柔毛或无毛，边缘具白色长缘毛。花单生或 2 朵生于叶腋，于枝上排列成稀疏的穗状花序；花被片 5 片，基部合生，黄绿色，背面近先端处有绿色隆脊及横生龙骨状突起，果时龙骨状突起发育成横生短翅。胞果扁球形，果皮膜质。种子卵形，黑褐色。花期 6 ～ 9 月，果期 8 ～ 10 月。

生于山麓冲沟、居民点附近或山口河滩地，为宁夏贺兰山习见植物。

雾冰藜属 *Grubovia* Freitag & G. Kadereit

雾冰藜 *Grubovia dasyphylla* (Fisch. & C. A. Mey.) Freitag & G. Kadereit

一年生草本，高 20 ～ 40cm，全株密被长软毛。茎直立，多分枝，开展。叶互生，肉质，线状半圆柱形，长 0.5 ～ 1.5cm，宽 1 ～ 1.5mm，先端钝，基部渐狭，密被长柔毛。花单生或 2 朵簇生于叶腋，通常仅 1 朵发育；花被球状壶形，密被长柔毛，5 浅裂，果时花被片背部生 5 个锥状刺，形成一平展的五角形状；雄蕊 5 枚，花丝线形，伸出花被外；子房卵形，花柱短，柱头 2 个。果实卵形。种子横生，近圆形，光滑。花果期 7 ～ 9 月。

生于山麓荒漠草原或草原化荒漠群落，为宁夏贺兰山习见植物。

黑翅雾冰藜 *Grubovia melanoptera* (Bunge) Freitag & G. Kadereit

一年生草本，高 5 ～ 25cm。茎直立，多分枝，具棱及色条，被柔毛。叶半圆柱形或圆柱形，长 0.5 ～ 2cm，宽 0.3 ～ 0.5mm，先端急尖或钝，基部渐狭，几无柄。花两性，常 1 ～ 3 朵集生于枝条上部叶腋；花被片 5 片，基部合生，被短柔毛；果时 3 片花被片背部横生翅，翅具黑色脉纹，另外 2 片花被片背部形成角状突起；雄蕊 5 枚，花药矩圆形，花丝外伸；柱头 2 个。胞果扁球形，包于宿存的花被内。花果期 7 ～ 10 月。

生于山坡草地或沙地，见于南端洪积扇。

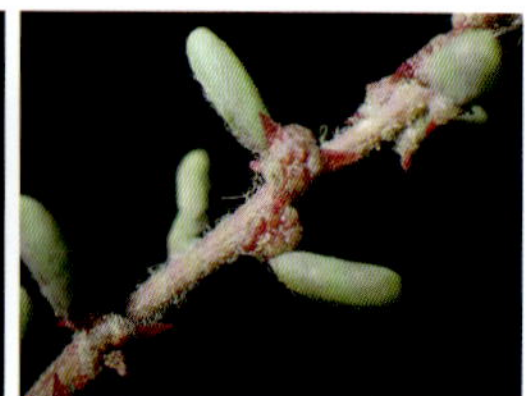

珍珠柴属 *Caroxylon* Thunb.

珍珠柴　*Caroxylon passerinum* (Bunge) Akhani & Roalson

半灌木，高 15 ～ 30cm，植株密生丁字毛。老枝灰黄色，木质，嫩枝草质，黄绿色，短枝缩成球形。叶片锥形或三角形，密被丁字毛，通常早落。花序穗状，顶生；苞片卵形或锥形，被丁字毛，小苞片宽卵形，长于花被；花被片 5 片，长卵形，果时背面中部横生翅，翅黄褐色或淡紫红色，3 个翅较大，肾形，2 个较小，倒卵形，翅以上花被片被丁字毛，在中央聚集成圆锥体，翅以下部分无毛；雄蕊 5 枚，花药矩圆形，顶端具附属物；柱头锥形。胞果扁球形。种子横生。花果期 6 ～ 10 月。

生于山前土质山麓或浅山沟谷，见于苏峪口沟。

猪毛菜属 *Salsola* L.

猪毛菜　*Salsola collina* Pall.

一年生草本，高 30 ～ 100cm。茎由基部分枝，小枝坚硬，圆筒形。叶互生，线状圆柱形，基部扩展，宽的部分边缘膜质，无柄，先端刺状锐尖。花两性，单一或 1 ～ 2 朵腋生，通常在各枝顶端成穗状花序；苞片较叶短，卵状长圆形，具刺尖，边缘干膜质，小苞片 2 片，狭披针形，具刺尖；花被片 5 片，锥形或披针形，直立，背面上部生有不等形短翅，翅以上的花被片膜质，集中在中央；雄蕊 5 枚，超出花被；柱头 2 裂，线形。胞果宽倒卵形，顶端截形。花期 7 ～ 9 月，果期 8 ～ 10 月。

生于山麓冲沟或居民点附近，为宁夏贺兰山习见植物。

山猪毛菜属 *Oreosalsola* Akhani

松叶猪毛菜　*Oreosalsola laricifolia* (Litv. ex Drobow) Akhani

小灌木，高 40 ～ 90cm，多分枝。老枝黑褐色或棕褐色，有浅裂纹，嫩枝乳白色，有光泽。叶互生，老枝上叶簇生于短枝顶端，长 1 ～ 2cm，宽 1 ～ 2mm，肥厚，黄绿色，先端具小尖，基部扩展，扩展处的上部缢缩成柄状，叶片由缢缩处脱落。穗状花序，花单生于苞腋，苞片叶状，线形，小苞片宽卵形；花被片 5 片，长卵形，稍坚硬，果时自背面中下部生横翅，翅黄褐色或淡紫褐色，3 个翅较大，肾形，具多数细密脉纹，2 个翅较小，近圆形或倒卵形，翅以上花被片向中央聚集成圆锥体；雄蕊 5 枚，花药矩圆形，顶端具附属物；柱头钻形，长约为花柱的 2 倍。花果期 5 ～ 9 月。

生于石质低山丘陵或山前洪积扇，为宁夏贺兰山习见植物。

盐生草属 *Halogeton* C. A. Mey.

白茎盐生草　*Halogeton arachnoideus* Moq.

一年生草本，高 10 ～ 40cm。茎直立，多自基部分枝，枝灰白色，幼时被蛛丝状毛，后脱落。叶肉质，圆柱形，长 0.5 ～ 1cm，直径 1 ～ 1.5mm，先端钝，叶腋簇生柔毛。花杂性，2 ～ 3 朵簇生于叶腋；小苞片 2 片，宽卵形，肉质，背部隆起，边缘膜质；花被片 5 片，宽披针形，果时背面近顶部横生膜质翅，半圆形，大小近相等；雄花无花被，雄蕊 5 枚，花丝线形，花药矩圆形；子房卵形，花柱短，柱头 2 个。胞果近圆形，背腹扁。种子圆形，胚螺旋形。花果期 7 ～ 8 月。

生于低山丘陵或山口干河床，见于甘沟、石炭井。

假木贼属 *Anabasis* L.

短叶假木贼　*Anabasis brevifolia* C. A. Mey.

半灌木。茎直立或铺散，高 5 ～ 15cm，由基部主干上分出多数枝条，灰褐色；当年生枝淡绿色，通常具 4 ～ 8 节，节间平滑或具乳头状突起，下部节间圆柱形，上部节间具棱。叶线形，半圆柱状，先端具短刺尖，稍向下弯曲，基部合生成鞘状；近基部的叶较短，宽三角形，贴伏于枝上。花两性，1 ～ 3 朵生于叶腋；小苞片 2 片，卵形，内凹，先端稍肥厚，边缘膜质；花被片 5 片，卵形，先端钝，果时背面具横生翅，翅膜质，淡黄色或橘黄色，外轮 3 片花被片的翅肾形或近圆形，内轮 2 片花被片的翅较狭小，圆形或倒卵形。胞果卵形至宽卵形，黄褐色。花期 7 ～ 8 月，果期 9 月。

生于山前石质山坡上，见于石炭井。

苋属 *Amaranthus* L.

反枝苋 *Amaranthus retroflexus* L.

一年生草本，高 20 ～ 60cm。茎直立，粗壮，淡绿色，有时具淡紫色纵条纹，密被短柔毛。叶长 6 ～ 10cm，宽 2 ～ 4cm，先端钝或微凹，具小刺尖，基部楔形，全缘或微波状，腹面绿色，背面灰绿色，两面被柔毛，背面毛稍密；叶柄腹面具沟槽，被柔毛。圆锥花序密集，顶生和腋生；小苞片及苞片锥形，较花被片长，边缘膜质，背面有绿色突起；花被片 5 片，矩圆形或矩圆状倒披针形，先端微凹或钝，具小刺尖，膜质，有绿色隆起的中肋；雄蕊 5 枚；花柱 3 个。胞果宽倒卵形，环状盖裂。种子扁球形，黑色，有光泽。花果期 7 ～ 9 月。

生于山麓、沟谷、居民点附近，为东坡习见植物。

五十三　马齿苋科 Portulacaceae

本科共有 1 属约 116 种，世界广布，主产于热带、亚热带地区，温带地区亦有少量分布。中国有 1 属 5 种，全国各地均产。宁夏贺兰山产 1 属 1 种。

马齿苋属 *Portulaca* L.

马齿苋　*Portulaca oleracea* L.

一年生肉质草本。茎平卧或斜升，长 10 ～ 20cm，平滑无毛，常带淡红色。叶肉质，细圆柱形，长 1 ～ 2.5cm，直径 2 ～ 3mm，先端圆钝；叶柄极短，叶腋处常生有一撮白色长柔毛。花单生或数朵簇生于枝顶，日开夜合；总苞片 8 ～ 9 片，叶状，轮生，萼片淡黄绿色，卵状三角形，先端急尖，两面无毛；花瓣 5 片或重瓣，倒卵形，先端微凹，红色、紫红色、黄色或白色；雄蕊多数，花丝红色；花柱与雄蕊近等长，柱头常 6 裂，线形。蒴果盖裂，种子多数。花果期 6 ～ 8 月。

生于山麓居民点附近，为宁夏贺兰山习见植物。

五十四　山茱萸科 Cornaceae

本科共有 2 属约 76 种，世界广布。中国有 2 属 36 种，除新疆外，其他地区均产。宁夏贺兰山产 1 属 1 种。

山茱萸属 *Cornus* L.

沙梾　*Cornus bretschneideri* L. Henry

灌木，高达 3m。树皮红紫色，小枝黄绿色或微带淡红色，幼时被丁字毛和柔毛。叶对生，卵形、卵状椭圆形或长椭圆形，长 4 ~ 8cm，宽 2 ~ 4.5cm，先端渐尖，基部圆形，稀微心形或宽楔形，腹面绿色，被柔毛，背面灰绿色，密生丁字毛，侧脉 5 ~ 6 对；叶柄被短柔毛。伞房状聚伞花序，花梗及总花梗被平伏或稍开展的短柔毛；花白色，花萼密被平伏灰白色短毛，萼齿三角形，稍长于花盘；花瓣披针形，外面疏被平伏短毛；雄蕊长于花瓣；花柱短，圆柱形，被稀疏短毛。核果近球形，蓝黑色，被短丁字毛。花期 6 ~ 7 月，果期 7 ~ 8 月。

生于山坡沟谷，见于小口子沟。

五十五　报春花科 Primulaceae

本科共有 58 属约 2590 种，除干旱地区外，世界广布。中国有 18 属 648 种，除西北干旱地区外，全国各地均有分布。宁夏贺兰山产 3 属 8 种。

点地梅属 *Androsace* L.

阿拉善点地梅　*Androsace alaschanica* Maxim.

多年生垫状植物，呈矮小半灌木状，高 3 ～ 5cm。老叶柄宿存，暗褐色，重叠覆盖于分枝上；当年生新叶丛生于分枝顶端，灰绿色，长 0.5 ～ 1.1cm，宽 1 ～ 1.5mm，先端渐尖，具软骨质小尖头，基部渐狭，边缘软骨质，全缘。每一分枝顶端生 1 朵花，稀 2 朵花，密被长柔毛；花萼钟形，疏被柔毛，5 裂至中部；花冠白色，椭圆状圆柱形，花冠裂片先端圆钝或微凹；雄蕊 5 枚，着生于喉部，花丝短，花药卵状椭圆形；子房倒三角状圆锥形，顶端截平，柱头稍增大。蒴果倒三角状圆锥形，顶端 5 瓣裂。花期 6 ～ 7 月，果期 7 ～ 8 月。

生于海拔 1900 ～ 2500m 的石质山坡和岩石缝中，为宁夏贺兰山习见植物。

长叶点地梅 *Androsace longifolia* Turcz.

多年生矮小草本，高 1.5 ～ 5cm。分枝下部被多层暗褐色残存老叶，当年生叶丛生于分枝顶端。叶外层较短，内层较长，长 1 ～ 2.5cm，宽 1 ～ 2mm，先端尖，边缘软骨质，具缘毛。苞片线形，边缘具缘毛；伞形花序具 5 ～ 8 朵花，花梗密被柔毛；花萼单一，钟形，近中裂，裂片三角状披针形，边缘具缘毛；花冠白色或粉红色，花冠裂片卵状椭圆形，先端圆钝；子房倒圆锥形，柱头稍膨大。蒴果倒卵圆形，长于花萼，顶端 5 瓣裂。花期 5 ～ 6 月，果期 6 ～ 7 月。

生于山坡或灌丛下，见于响水沟。

西藏点地梅 *Androsace mariae* Kanitz

多年生草本。匍匐茎纵横蔓延，莲座丛集生成疏丛或密丛，分枝下部具褐色残存老叶，当年生叶丛生于分枝顶端。叶长 4 ～ 28mm，宽 2.5 ～ 6mm，先端急尖或渐尖，具软骨质小尖头，基部渐狭下延成翅状柄，全缘，边缘软骨质，边缘具缘毛。花葶 1 ～ 2 个，疏被长柔毛。伞形花序具花 2 ～ 10 朵；苞片被长柔毛；花梗不等长；花萼钟形，密被长柔毛，萼裂片卵形或三角状卵形；花冠淡紫红色或白色，花冠筒倒卵状圆柱形，黄色，花冠先端圆或微凹；雄蕊 5 枚，花药卵状椭圆形；子房宽倒卵形，柱头稍增大。蒴果倒卵形，稍长于花萼，顶端 5 ～ 7 裂。花期 6 月。

生于海拔 1800 ～ 2800m 的林缘、灌丛下或石质山坡，见于苏峪口沟、黄旗口沟、小口子沟等。

大苞点地梅　*Androsace maxima* L.

一年生草本。莲座状叶丛单生，叶无柄或柄极短，叶草质，狭倒卵形、椭圆形或倒披形，长 0.5 ～ 1.5cm，先端锐尖或稍钝，基部渐窄，中上部有小牙齿，两面近无毛或疏被柔毛。花葶被白色卷曲柔毛和短腺毛；伞形花序多花，被小柔毛和腺毛；苞片椭圆形或倒卵状长圆形。花萼杯状，果时增大，分裂达全长的 2/5，被稀疏柔毛和短腺毛，裂片三角状披针形，渐尖；花冠白色或淡红色，裂片长圆形，先端钝圆。蒴果近球形。花期 6 ～ 7 月，果期 8 月。

生于山坡或沟谷灌丛中，见于苏峪口沟、甘沟。

北点地梅　*Androsace septentrionalis* L.

一年生草本，高 20 ～ 50cm。茎基部有分枝并稍木质化，具微条棱，上部的分枝近平展并几等长。叶条形，半圆柱状，灰绿色，长 5 ～ 15mm，宽 1 ～ 1.5mm；侧枝上的叶较短，等长或稍长于花被。团伞花序 2 至数朵花，腋生；花两性，花被绿色，稍肉质，5 深裂，果时花被裂片增厚呈兜状，基部向外延伸出不规则突起；花药花丝稍外伸；柱头 2 个，黑褐色。胞果顶基扁；果皮膜质，淡黄褐色。种子双凸镜形或扁卵形，黑色，表面具清晰的蜂窝状点纹，稍有光泽。花果期 7 ～ 10 月。

生于海拔 1900 ～ 2500m 的沟谷河滩地、山地林缘、灌丛，见于苏峪口沟、黄旗口沟等。

报春花属 *Primula* L.

天山报春 *Primula nutans* Georgi

多年生草本，高 20 ～ 30cm。根状茎短，须根纤细。叶基生，长 7 ～ 15mm，宽 6 ～ 10mm，先端圆钝，基部圆形或宽楔形，全缘；叶柄两侧具狭翅。花茎直立微具纵棱；伞形花序 1 轮，具 2 ～ 5 朵花；苞片椭圆形，先端钝，基部具耳状附属物；花梗不等长，花萼筒状钟形，萼裂片三角状卵形，边缘具细腺毛；花冠紫红色，高脚碟状，花冠筒长下部细，上部稍增粗，喉部具 1 圈舌状鳞片，花冠裂片倒三角状心形，顶端 2 深裂；雄蕊 5 枚，着生于花冠筒中部，花丝极短，花药长椭圆形，基着；子房椭圆形，长柱头头状。花期 6 月。

见于山地沟谷、林缘、灌丛，见于大水沟、黄旗口沟。

樱草 *Primula sieboldii* E. Morren

多年生草本。叶基生，长 4 ～ 8cm，宽 2.5 ～ 5.5cm，先端圆钝，基部心形，边缘具圆钝缺刻及不规则的圆钝齿，背面被多细胞平伏毛，沿脉较密；叶柄细长，两侧具狭翅。花茎直立，具纵条棱，被短毛；伞形花序 1 轮，具 2 ～ 8 朵花；苞片与花同数，狭三角状披针形，被短腺毛；花萼筒状钟形，裂齿先端尖，背面及边缘具短腺毛；花冠高脚碟状，花冠筒上部稍膨大，花冠裂片倒心形，紫红色，顶端 2 深裂；雄蕊 5 枚，着生于花冠筒喉部，花丝短，花药黄色，卵状长椭圆形，基着；子房上位，圆球形。蒴果圆柱状椭圆形，长于花萼。花期 6 ～ 7 月，果期 7 ～ 8 月。

生于海拔 1350 ～ 2600m 的沟谷、阴坡林缘或灌丛中，见于苏峪口沟、黄旗口沟、插旗口沟、小口子沟等。

珍珠菜属 *Lysimachia* L.

海乳草　*Lysimachia maritima* (L.) Galasso, Banfi & Soldano

多年生小草本，高 4 ～ 10cm。茎直立，常带紫红色，具纵棱。叶交互对生，较密集，长 2 ～ 10mm，宽 1 ～ 3.5mm，先端尖或圆钝，基部渐狭，全缘，两面被腺点。花小，单生于叶腋；花梗短，无毛；花萼钟形，粉红色，花萼裂片倒卵状椭圆形或倒卵形，先端圆；雄蕊 5 枚，着生于萼筒基部，花丝线形，花药卵状椭圆形，基着；子房卵形，柱头稍增大。蒴果近球形，顶端 5 瓣裂。花期 5 ～ 6 月，果期 7 月。

生于山麓湿地或沟谷溪流盐湿地，为东坡习见植物。

五十六　杜鹃花科 Ericaceae

本科约有 126 属约 4010 种，除干旱地区外，世界广布。中国有 23 属 826 种，除西北干旱地区外，全国各地均有分布。宁夏贺兰山产 1 属 1 种。

独丽花属 *Moneses* Salisb. ex Gray

独丽花　*Moneses uniflora* (L.) A. Gray

多年生常绿草本，高 5 ～ 17cm。根状茎细长，横生。叶对生于茎基部，卵圆形或近圆形，长 8 ～ 15mm，宽 6 ～ 13mm，先端圆钝，基部近圆形或宽楔形，边缘具细锯齿，叶柄较叶片短。花葶单一，细长；花单生于花葶顶端；苞片 1 片，边缘具睫毛；花萼 5 全裂，裂片卵状椭圆形，先端钝，边缘具睫毛；花冠白色，花瓣 5 片，平展；雄蕊 10 枚，花丝细长，花药直立，顶端具 2 个管状顶孔；花柱 5 裂。蒴果下垂，近圆球形，花柱宿存。花期 7 月，果期 8 月。

生于海拔 2500 ～ 2800m 的云杉林下，见于苏峪口沟、山脊两侧。

五十七　茜草科 Rubiaceae

本科约有 614 属 13150 种，广布于全世界热带和亚热带地区，少数分布至北温带。中国有 103 属约 810 种，其中特有属有 3 个，特有种约有 355 种，主要分布于南部和东南部，少数分布于西北部和东北部。宁夏贺兰山产 3 属 6 种。

野丁香属 *Leptodermis* Wall.

内蒙野丁香　*Leptodermis ordosica* H. C. Fu & E. W. Ma

矮小灌木，高 20 ～ 40cm。多分枝，老枝暗灰色，小枝较细，灰色或灰黄色。叶对生，长 5 ～ 10mm，宽 2 ～ 5mm，先端突尖或钝圆，基部渐狭或宽楔形，全缘，边缘常反卷，中脉在两面隆起，侧脉不明显；托叶三角状披针形，先端锐尖。花近无梗，1 ～ 3 朵簇生于枝顶和近枝顶的叶腋，小苞片 2 片，中部以下合生，膜质；花萼顶端 4 ～ 5 裂，边缘具睫毛；花冠长漏斗形，里面疏被柔毛，外面密被乳头状微毛，边缘 4 ～ 5 裂，裂片卵状披针形；雄蕊 4 ～ 5 枚；柱头 3 个，线形。蒴果椭圆形，黑褐色，外包宿存的萼裂片及小苞片。花期 6 ～ 7 月，果期 7 ～ 8 月。

生于海拔 1200 ～ 2300m 的石质山坡上，为东坡习见植物。

茜草属 *Rubia* L.

茜草　*Rubia cordifolia* L.

多年生缠绕草本。茎长达 80cm，四棱形，沿棱具倒生小刺。叶通常 4 片轮生，纸质，长 2 ～ 6cm，宽 0.6 ～ 2cm，先端渐尖，基部心形或圆形，全缘，边缘具倒生刺，腹面粗糙；叶柄具棱，沿棱具倒生小刺。聚伞花序顶生或腋生，组成疏松的圆锥花序；小苞片卵状披针形，被短硬毛；花萼筒近球形，无毛；花冠辐状，黄白色或白色，5 裂，裂片长卵形，先端渐尖；雄蕊 5 枚，花药黄色，椭圆形；花柱 2 深裂达中部，柱头头状。果实近球形，橙红色。花期 6 ～ 7 月，果期 7 ～ 9 月。

生于海拔 1500 ～ 2200m 的沟谷灌丛中，见于苏峪口沟、黄旗口沟、小口子沟、插旗口沟、大水沟等。

阿拉善茜草　*Rubia cordifolia* var. *alaschanica* G. H. Liu.

草质攀缘藤木，通常高 1.5 ～ 3.5m。根状茎和其节上的须根均为红色。茎数条，从根状茎的节上发出，细长，方柱形，有 4 条棱，棱上生倒生皮刺，中部以上多分枝。叶通常 4 片轮生，纸质，披针形或长圆状披针形，长 0.7 ～ 3.5cm，顶端渐尖，有时钝尖，基部心形，边缘有齿状皮刺，两面粗糙，脉上有微小皮刺；基出脉 3 条，极少外侧有 1 对很小的基出脉。叶柄有倒生皮刺。聚伞花序腋生和顶生，多回分枝，有花 10 余朵至数十朵，花序和分枝均细瘦，有微小皮刺；花冠淡黄色，干时淡褐色，盛开时花冠檐部直径 3 ～ 3.5mm，花冠裂片近卵形，微伸展，长约 1.5mm，外面无毛。果球形，成熟时黑色或黑紫色。花期 8 ～ 9 月，果期 10 ～ 11 月。

生于海拔 1400 ～ 2200m 的林下、沟谷灌丛中，见于苏峪口沟、小口子沟、黄旗沟。

拉拉藤属 *Galium* L.

北方拉拉藤　*Galium boreale* L.

多年生草本，高 20 ~ 50cm。茎直立，多分枝，四棱形，无毛或被微毛，节部被微毛。叶 4 片轮生，披针形或狭披针形，长 1 ~ 3cm，宽 3 ~ 5mm，先端钝，基部宽楔形，全缘，边缘稍反卷，具短硬毛，腹面无毛或疏被短毛，背面沿脉被短刺毛，基脉三出，腹面凹陷，背面隆起，无叶柄，聚伞花序组成顶生圆锥花序；萼筒被疏或密的白色硬毛；花冠白色，4 深裂，裂片宽椭圆形；雄蕊 4 枚，伸出花冠。花期 5 ~ 8 月，果期 6 ~ 10 月。

生于海拔 1700 ~ 2500m 的林缘及灌丛中，见于苏峪口沟、黄旗口沟、小口子沟等。

细毛拉拉藤　*Galium pusillosetosum* H. Hara

多年生草本，高 5 ～ 40cm。茎簇生，纤细，基部常匍匐，上部直立，具 4 条角棱。叶纸质，每轮 4 ～ 6 片，长 3 ～ 17mm，宽 0.8 ～ 3mm，基部渐狭或阔楔形，具 1 条脉，近无柄或具短柄。聚伞花序腋生或顶生，短而小，少花，常具 1 ～ 3 朵花；苞片叶状；花小；花梗叉开，无毛；花冠淡紫色、黄绿色或白色，辐状，花冠裂片 4 片，卵形，顶端锐尖，里面上部粗糙；雄蕊 4 枚；子房被紧贴的白色硬毛，花柱 2 个，柱头头状。果实近球形，散生钩毛。花果期 5 ～ 8 月。

生于海拔 2000 ～ 2300m 的林缘、沟谷灌丛，见于苏峪口沟、黄旗口沟、小口子沟、贺兰口沟。

蓬子菜　*Galium verum* L.

多年生草本，高 15 ～ 50cm。茎直立，四棱形，被短柔毛。叶 6 ～ 10 片轮生，线形，长 1 ～ 3cm，宽 1 ～ 2mm，先端尖，基部渐狭，边缘反卷，具短硬毛，腹面无毛或疏被短毛，背面被疏或密的短柔毛，具 1 条脉，腹面凹陷，背面明显隆起，无叶柄。聚伞花序组成顶生圆锥花序；萼筒小，无毛；花冠黄色，4 深裂，裂片卵形，先端钝；雄蕊 4 枚，花药椭圆形，黄色，花柱 2 深裂达中部以下，柱头头状。果实近球形，无毛。花期 7 月，果期 8 ～ 9 月。

生于海拔 1800 ～ 2300m 的林缘、灌丛或草甸，见于苏峪口沟、黄旗口沟、贺兰口沟。

五十八　龙胆科 Gentianaceae

本科约有 80 属 700 种，世界广布。中国有 20 属 418 种，南北地区均产。宁夏贺兰山产 8 属 13 种。

百金花属 *Centaurium* Hill

百金花　*Centaurium pulchellum* var. *altaicum* (Griseb.) Kitag. & Hara

一年生草本，高 10 ～ 20cm。茎纤细，呈假二歧分枝，具 4 条纵棱，无毛，有时带紫色。叶对生，茎基部的叶长椭圆形，长 1.5 ～ 2.5cm，宽 4 ～ 6mm，全缘，无毛；茎生叶披针形，长 6 ～ 12mm，宽 2 ～ 4mm。二歧聚伞花序松散；花梗细，具纵棱；花萼筒形，5 深裂，先端渐尖，边缘膜质；花冠高脚碟状，白色或淡红色，花冠筒细长，裂片 5 片，卵状椭圆形，先端钝；雄蕊 5 枚，扭转；子房上位，柱头 2 裂。蒴果圆柱形。种子小，黑褐色。花果期 6 ～ 8 月。

生于沟谷或溪水潮湿处，见于苏峪口沟、黄旗口沟、大水沟、插旗口沟。

龙胆属 *Gentiana* (Tourn.) L.

达乌里秦艽　*Gentiana dahurica* Fisch.

多年生草本，高 10 ～ 25cm。茎微四棱形，基部为残叶纤维所包围。基生叶长 5 ～ 15cm，宽 0.8 ～ 1.5cm，先端渐尖，全缘，具 3 ～ 5 条脉；茎生叶较小，长 2 ～ 5cm，宽 3 ～ 5mm，基部合生，抱茎。聚伞花序顶生或叶腋生，具 1 ～ 3 朵花；花萼钟形，顶端 5 裂，裂片线形；花冠筒状钟形，蓝色，5 裂，裂片卵形，先端尖，褶三角形，边缘具齿状缺刻；雄蕊 5 枚，着生于花冠筒中部；子房上位，花柱短，柱头 2 裂。蒴果倒卵状长椭圆形。花期 7 月，果期 8 ～ 9 月。

生于海拔 2000 ～ 2700m 的林缘灌丛或山地草甸，见于苏峪口沟、贺兰口沟、黄旗口沟、插旗口沟、甘沟等。

秦艽 *Gentiana macrophylla* Pall.

多年生草本，高 20 ～ 50cm。根粗壮，长圆锥形。茎直立或斜升，圆柱形，基部为残叶纤维所包围。基生叶长 10 ～ 15cm，宽 1.5 ～ 3.5cm，先端钝尖，全缘；茎生叶长 1.5 ～ 10cm，宽 1 ～ 2cm，基部合生，抱茎。聚伞花序簇生于茎顶或上部叶腋，呈头状或轮状，无梗；花萼膜质，一侧开裂，顶端具不规则的浅裂齿或截形；花冠筒状钟形，蓝紫色，裂片 5 片，直立，卵形，先端急尖，褶三角形；雄蕊 5 枚，着生于花冠筒中部；子房无柄，花柱短，柱头 2 裂。蒴果长椭圆形。花期 7 ～ 8 月，果期 8 ～ 9 月。

生于海拔 2300 ～ 2500m 的沟谷、林缘草甸，见于苏峪口沟。

鳞叶龙胆　*Gentiana squarrosa* Ledeb.

一年生矮小草本，高 3 ～ 8cm。茎细弱，多分枝，被短腺毛。基生叶较大，长 5 ～ 8mm，宽 3 ～ 6mm，先端具芒尖，反卷；茎生叶较小，长 2 ～ 4mm，宽 1 ～ 1.5mm，基部合生，抱茎。花单生于茎顶；花萼钟形，5 裂，裂片卵形，先端具芒尖，反折，背面具棱；花冠钟形，蓝色，5 裂，裂片卵形，先端锐尖，褶三角形；花蕊 5 个，着生于花冠筒中部；子房上位，花柱短，柱头 2 裂。蒴果倒卵形，2 瓣开裂，果梗长，花萼宿存。花期 5 ～ 7 月，果期 7 ～ 9 月。

生于海拔 1900 ～ 2600m 的草甸、林缘，见于苏峪口沟、黄旗口沟、大水沟等。

獐牙菜属 *Swertia* L.

歧伞獐牙菜　*Swertia dichotoma* L.

一年生草本，高达 12cm。茎细弱，四棱形，棱具窄翅，基部二歧式分枝。下部叶匙形，长 0.7 ～ 1.5cm，先端圆，具柄；中上部叶卵状披针形，长 0.6 ～ 2.2cm，先端尖。花 4 数，聚伞花序顶生或腋生。花萼绿色，长为花冠的 1/2，裂片宽卵形，先端锐尖，边缘及背面脉上稍粗糙；花冠白色，带紫红色，裂片卵形，先端纯，中下部具 2 个黄褐色腺窝，鳞片半圆形；花丝线形；花柱短柱状。蒴果椭圆状卵圆形。种子淡黄色，长圆形，光滑。花期 5 ～ 7 月。

生于海拔 2000 ～ 2300m 的沟谷滩地、阴坡灌丛，见于苏峪口沟、黄旗口沟、小口子沟、插旗口沟等。

翼萼蔓属 *Pterygocalyx* Maxim.

翼萼蔓 *Pterygocalyx volubilis* Maxim.

一年生缠绕草本。单叶对生，披针形、卵状披针形或狭披针形，长 3 ～ 7cm，先端渐尖，基部宽楔形缘，叶脉 1 ～ 3 条；具短柄。花 4 数，单生或聚伞花序，顶生及腋生。花萼钟形，4 裂；花冠蓝色，4 裂，裂片长圆形，无裙；雄蕊 4 枚，生于花冠筒与裂片互生；子房具柄，1 室；柱头 2 裂，半圆状扇形，顶端鸡冠状。蒴果椭圆形，2 瓣裂。种子多数，盘状，具宽翅及蜂窝状网纹。花果期 8 ～ 9 月。

生于海拔 2000 ～ 2300m 的阴坡灌丛中，见于甘沟、小口子沟等。

扁蕾属 *Gentianopsis* Ma

扁蕾 *Gentianopsis barbata* (Froel.) Ma

一年生草本，高 30 ～ 60cm。茎直立，单生，稀丛生，四棱形。基生叶长 2 ～ 5cm，宽 0.5 ～ 1cm；茎生叶长 2 ～ 6cm，宽 0.5 ～ 1.5cm，先端渐尖，主脉在背面明显隆起。花单生于枝顶；花梗长短不等；花萼筒状钟形，具 4 条棱，先端 4 裂，外对裂片披针形，先端长尾尖，内对裂片卵状披针形，先端尾尖；花冠筒状钟形，蓝色或紫蓝色，先端 4 裂，裂片椭圆形，先端圆钝，两侧近基部边缘流苏状；雄蕊 4 枚，着生于花冠中部；蜜腺 4 个；子房圆柱形，花柱不明显，柱头 2 裂。蒴果长椭圆形，具长柄，2 瓣开裂。花期 7 ～ 9 月，果期 8 ～ 10 月。

生于海拔 2000 ～ 2300m 的溪流边或灌丛中，见于苏峪口沟、黄旗口沟等。

湿生扁蕾　*Gentianopsis paludosa* (Hook. f.) Ma

一年生或二年生草本，高 30 ～ 50cm。茎直立，单生或数个丛生，四棱形。基生叶长 1.5 ～ 3cm，宽 5 ～ 8mm，先端钝，全缘，早枯萎；茎生叶长 1 ～ 3cm，宽 5 ～ 8mm。花单生于枝顶；花萼管状钟形，具 4 条棱，长为花冠的 1/2，先端 4 裂，外对狭三角形，长为萼筒的 1/2 或稍长；花冠筒状钟形，淡蓝色或白色，顶端 4 裂，裂片椭圆形，先端钝，两侧基部边缘成流苏状；雄蕊 4 枚，着生于花冠筒中部；蜜腺 4 个，着生于花冠筒基部；子房长圆柱状，具长柄，花柱不明显，柱头 2 裂。蒴果圆柱形，具长柄。花期 6 ～ 8 月，果期 8 ～ 9 月。

生于海拔 2800 ～ 3400m 的高山草甸或灌丛中，见于贺兰山山脊两侧。

喉毛花属 *Comastoma* (Wettst.) Toyok.

镰萼喉毛花 *Comastoma falcatum* (Turcz. ex Kar. & Kir.) Toyok.

一年生草本，高 5 ～ 8cm。茎自基部分枝，四棱形。基生叶长 1 ～ 2cm，宽 3 ～ 6mm，先端圆，基部渐狭成短柄，全缘；茎生叶通常 1 对，长 5 ～ 15mm，宽 2 ～ 3mm，先端圆钝，基部稍合生，抱茎。花单生于茎顶；花萼宽钟形，萼片 5 片，先端尖，基部向外隆起微呈囊状；花冠管状钟形，淡蓝色或蓝紫色，裂片 5 片，椭圆形，先端钝，每一片花冠裂片基部具 2 片流苏状鳞片；雄蕊 5 枚，与花冠裂片互生，花丝扁平；子房无柄，圆柱形，花柱不明显，柱头椭圆形。蒴果圆柱形。花期 7 ～ 8 月，果期 8 ～ 9 月。

生于海拔 2600 ～ 3400m 的高山草甸、灌丛、林缘，见于贺兰口沟、苏峪口沟、大口子沟。

皱边喉毛花 *Comastoma polycladum* (Diels & Gilg) T. N. Ho

一年生草本，高 10 ～ 25cm。茎斜升或直立，纤细，四棱形，无毛，常带紫色，多分枝。基生叶长椭圆形或倒卵状长椭圆形，长 1.5 ～ 2cm，宽 4 ～ 5mm，先端圆钝，基部渐狭成短柄，全缘，具 1 条脉；茎生叶小，披针形至椭圆状披针形，先端尖，基部渐狭，无柄。花单生于茎顶；花萼钟形，5 深裂，裂片披针形或线状披针形，不等长，先端尖；花冠管状钟形，蓝色，花冠裂片 5 片，椭圆形，先端钝尖，基部具 2 片流苏状鳞片；雄蕊 5 枚；子房圆柱形，无花柱，柱头卵形。花期 7 ～ 8 月。

生于海拔 2400 ～ 2600m 的石质山坡或岩缝中，见于甘沟、大口子沟。

柔弱喉毛花　*Comastoma tenellum* (Rottb.) Toyok.

一年生草本，高 5 ～ 14cm。茎斜升，四棱形分枝。叶对生，基生叶排列密集，椭圆状倒披针形，长 0.5 ～ 1cm，宽 0.2 ～ 0.4cm，叶柄短；茎上部具叶 1 ～ 4 对，椭圆形或卵状披针形，长 0.6 ～ 1.2cm，宽 0.3 ～ 0.5cm，钝尖，无柄。花单生于茎端，淡蓝色；花萼 5 深裂，裂片不等形，卵状披针形和披针形，长 0.4 ～ 0.5cm；花冠筒形，5 裂，裂片椭圆状卵形，钝尖，喉部具流苏状副冠；雄蕊 5 枚，内藏；花柱缺，柱头 2 裂。蒴果矩圆形。种子近圆形，褐色。花期 6 ～ 8 月。

生于海拔 2500 ～ 2800m 的高山草甸或灌丛中，见于响水沟。

假龙胆属 *Gentianella* Moench

尖叶假龙胆 *Gentianella acuta* (Michx.) Hultén

一年生草本，高达35cm。茎直伸，单一，上部具短分枝。基生叶早落；茎生叶长1.5～3.5cm，先端尖，基部稍宽。聚伞花序顶生及腋生，组成狭总状圆锥花序。花5数，稀4数；花梗细；萼筒浅钟形，裂片窄披针形，先端渐尖，边缘稍厚，背部具脊花冠蓝色，狭圆筒形，裂片长圆状披针形，先端尖，基部具6～7条不整齐柔毛状流苏。蒴果圆柱形，无柄。种子球形，褐色，具小点状突起。花果期8～9月。

生于海拔1800～2600m的林下、沟谷灌丛中，见于苏峪口沟、小口子沟。

花锚属 *Halenia* Borkh.

卵萼花锚 *Halenia elliptica* D. Don

一年生草本，高30～70cm。茎直立，四棱形，沿棱具狭翅，分枝，无毛。叶对生，长2～5cm，宽0.8～1.5cm，先端钝或尖，基部近圆形或微心形，具5～9条脉；下部叶匙形，具柄，早枯萎。聚伞花序顶生或腋生；花梗纤细；花萼4深裂；花冠蓝紫色，4裂，裂片宽椭圆形，先端急尖，基部具1个向外延伸的距；雄蕊4枚，着生于花冠筒上，花丝线形；子房无柄，卵形，无花柱，柱头2裂，裂片直立。蒴果卵形。种子小，多数，卵圆形，近平滑。花果期7～9月。

生于海拔1600～2100m的沟谷河滩或灌丛中，见于苏峪口沟、甘沟。

五十九　夹竹桃科 Apocynaceae

本科约有 366 属 5100 种，产于热带和亚热带，少数分布到温带地区。中国有 76 属 389 种，产于西南至东南地区。宁夏贺兰山产 3 属 5 种。

罗布麻属 *Apocynum* L.

罗布麻　*Apocynum venetum* L.

亚灌木，高达 4m，除花序外全株无毛。叶常对生，狭椭圆形或狭卵形，长 1 ～ 8cm，基部圆或宽楔形，具叶柄。花萼裂片狭椭圆形或狭卵形；花冠紫红或粉红色，花冠筒钟状，被颗粒状凸起，花盘肉质，5 裂，基部与子房合生。蓇葖果叉生，下垂，箸状圆筒形。种子卵球形或椭圆形。花期 4 ～ 9 月，果期 7 ～ 12 月。

生于北部荒漠化较强的山谷盐碱地，见于石炭井附近。

白前属 *Vincetoxicum* Wolf

华北白前 *Vincetoxicum mongolicum* Maxim.

多年生直立草本，高 30 ～ 65cm。根须状。茎丛生，具纵条棱，绿色或常带暗紫红色。叶对生，革质，长 2 ～ 6cm，宽 4 ～ 10mm，先端渐尖，下部叶尖常钝，基部楔形；叶柄短，长 2 ～ 5mm，无毛。聚伞花序伞房状，叶腋生；总花梗长约 8mm，花梗长约 4mm，暗紫红色，与总花梗均无毛；花萼 5 深裂，裂片狭卵形，长约 1mm，先端尖；花冠暗紫红色，5 深裂，裂片卵形；副花冠黑紫色，5 深裂，裂片肉质，倒卵状椭圆形，顶端圆钝；柱头扁平。蓇葖果单生，狭披针状圆柱形，绿色。种子卵状椭圆形，扁平，顶端具白色种毛。花期 6 ～ 7 月，果期 7 ～ 8 月。

生于北部荒漠化的山谷中，见于石炭井。

鹅绒藤属 *Cynanchum* L.

白首乌 *Cynanchum bungei* Decne.

攀缘性半灌木。根茎块状，肉质。茎纤细，被微毛。叶对生，戟形，长 3 ～ 8cm，宽 1 ～ 5cm，先端渐尖，基部心形，两面被糙硬毛。伞状聚伞花序腋生，花序较叶短；花萼裂片披针形，里面基部无腺体或具少数腺体；花白色，花冠裂片矩圆形；副花冠 5 深裂，裂片披针形，里面中间具舌状片；花粉块每室 1 个，下垂；柱头基部五角形，顶端全缘。蓇葖果单生或双生，无毛。种子卵形，顶端具白绢质种毛。花期 7 ～ 8 月，果期 8 ～ 9 月。

生于山麓冲沟、居民点附近，沟谷河滩地或灌丛中，见于苏峪口沟、甘沟、大水沟、插旗口沟、小口子沟等。

鹅绒藤　*Cynanchum chinense* R. Br.

多年生缠绕草本。茎多分枝，灰绿色，被短柔毛。叶对生，长 4 ～ 9cm，宽 4 ～ 7cm，先端渐尖或急尖，基部心形，全缘；叶柄被短柔毛。聚伞花序叶腋生；花萼 5 深裂，裂片披针形，先端尖，背面被短柔毛；花冠白色，5 深裂；副花冠杯状，顶端裂成 10 个丝状体，外轮 5 个与花冠裂片等长，内轮 5 个稍短；每药室有 1 个花粉块，下垂。蓇葖果通常 1 个发育，少双生，圆柱形，平滑无毛。种子矩圆形，压扁，顶端具一簇白色种毛。花期 6 ～ 8 月，果期 8 ～ 9 月。

生于山麓居民点附近，见于苏峪口沟、黄旗口沟、大水沟、贺兰口沟、拜寺口沟、小口子沟。

地梢瓜　*Cynanchum thesioides* (Freyn) K. Schum.

多年生草本，高 10 ～ 30cm。叶对生或近对生，线形，长 2 ～ 4cm，宽 2 ～ 3mm，全缘，向背面反卷，两面被短硬毛；近无柄。伞状聚伞花序腋生，花梗长且密被短硬毛；花萼 5 深裂，裂片披针形，先端尖；花冠白色，5 深裂，先端钝；副花冠杯状，5 深裂，裂片狭三角形，先端尖；柱头扁平。蓇葖果单生，狭卵状纺锤形，被短硬毛。种子卵形，扁平，顶端具白色种毛。花期 6 ～ 8 月，果期 7 ～ 9 月。

生于浅山坡地、沟谷覆沙地或冲沟中，见于东坡山前洪积扇区。

六十　紫草科 Boraginaceae

本科约有 110 属 1195 种，大部分分布于温带地区，北半球温带地区分布尤为广泛，少数分布于热带山区。中国有 41 属约 266 种，各省区均有分布，西南地区分布尤为广泛。宁夏贺兰山产 6 属 10 种。

牛舌草属 *Anchusa* L.

狼紫草　*Anchusa ovata* Lehm.

一年生草本，高 15 ～ 50cm。茎直立，具纵条棱，被开展的白色长硬毛。叶互生，长 3 ～ 13cm，宽 0.5 ～ 2.5cm，先端圆钝，基部渐狭且下延成长柄，边缘具微波状小齿牙，两面被短伏硬毛。单歧聚伞花序顶生；花梗被硬毛；花萼 5 深裂；花冠紫色，花冠筒中部以下弯曲，裂片 5 片，宽椭圆形，顶端圆；雄蕊 5 枚，着生于花冠筒中部，柱头头状。小坚果 4 个，长卵形，具网状皱纹，密被小疣状突起，着生面位于腹面中部，突起，边缘具环状突起。花期 6 ～ 7 月，果期 7 ～ 8 月。

生于山麓冲沟、居民点附近，见于东坡山麓。

软紫草属 *Arnebia* Forssk.

灰毛软紫草　*Arnebia fimbriata* Maxim.

多年生草本。全株密生灰白色长硬毛。茎通常多条，高 10 ～ 18cm，多分枝。叶无柄，线状长圆形至线状披针形，长 8 ～ 25mm，宽 2 ～ 4mm。镰状聚伞花序，具排列较密的花；苞片线形；花萼裂片钻形，两面密生长硬毛；花冠淡蓝紫色或粉红色，有时为白色，外面稍有毛，筒部直或稍弯曲，裂片宽卵形，几等大；雄蕊着生于花冠筒中部（长柱花）或喉部（短柱花）；子房 4 裂，花柱丝状，稍伸出喉部（长柱花）或仅达花冠筒中部，先端微 2 裂。小坚果三角状卵形，密生疣状突起，无毛。花果期 6 ～ 9 月。

生于海拔 1700m 以下的低山砾石质山坡上，见于甘沟、榆树沟、三关口。

黄花软紫草　*Arnebia guttata* Bunge

多年生草本，高达 25cm。茎常 2 ～ 4 条，直立，多分枝，密被开展长硬毛及短伏毛。叶长 1.5 ～ 5.5cm，先端钝；无柄。镰状聚伞花序；苞片线状披针形。花萼裂片线形，被长伏毛；花冠黄色，筒状钟形，被短柔毛，裂片开展，常具紫色斑点；雄蕊生于花冠筒中部（长柱花）或喉部（短柱花），花药长圆形；花柱丝状，稍伸出喉部（长柱花）或仅达花冠筒中部（短柱花），顶端 2 浅裂，柱头肾形。小坚果三角状卵圆形，淡黄褐色，具疣状突起。花果期 6 ～ 10 月。

生于石质低山丘陵，见于山体北端和三关口。

疏花软紫草 *Arnebia szechenyi* Kanitz

多年生草本。根稍含紫色物质。茎高20～30cm，有疏分枝，密生灰白色短柔毛。叶无叶柄，狭卵形至线状长圆形，长1～2cm，宽2～6mm，先端急尖，两面都有短伏毛和具基盘的短硬毛，边缘具钝锯齿，齿端有硬毛。镰状聚伞花序，长1.5～5cm，有数朵花，排列较疏；苞片与叶同形。花萼裂片线形，两面密生长硬毛和短硬毛；花冠黄色，筒状钟形，长15～22mm，外面有短毛，檐部直径5～7mm，常有紫色斑点；雄蕊着生于花冠筒中部（长柱花）或喉部（短柱花）；子房4裂，花柱丝状，稍伸出喉部（长柱花）或仅达花冠筒中部，先端浅2裂。小坚果三角状卵形。花果期6～9月。

生于石质低山丘陵，见于三关口。

假鹤虱属 *Hackelia* Opiz

反折假鹤虱 *Hackelia deflexa* (Wahlenb.) Opiz

一年生或二年生草本，高15～50cm，密被弯曲长柔毛。茎直立。基生叶和茎下部叶长2～4cm，宽5～10mm，先端钝圆，基部渐狭成柄；茎上部叶较小，无柄。单歧聚伞花序顶生，花偏一侧疏生，仅基部具少数苞片；花萼5裂，裂片卵状披针形，花期直立，果期平展或反折，两面被毛；花冠钟形，蓝色，花冠筒5裂，裂片长圆形或近圆形，喉部具5个附属物；子房4裂，花柱短。小坚果卵形，背面微凸或平，棱缘具锚状刺，基部分离或邻接，腹面具龙骨状突起，两面具疣状突起和短硬毛，着生面位于下部。花果期7～9月。

生于海拔1400～2000m的沟谷沙砾地或阴坡灌丛中，见于苏峪口沟、大水沟。

鹤虱属 *Lappula* Moench

蒙古鹤虱　*Lappula intermedia* (Ledeb.) Popov

一年生草本，高达 60cm。茎直立，常单一，中部以上分枝，密被糙伏毛。茎生叶线形，长 2 ～ 5cm，常沿中肋稍内折，先端钝，两面具基盘糙硬毛。花序长 5 ～ 20cm。花梗直伸；花萼 5 深裂，裂片线形，开展；花冠筒状，裂片长圆形，附属物生于花冠筒中部稍上；雌蕊基部高出小坚果。小坚果宽卵圆形，背盘卵形，被颗粒状突起，边缘具 1 行锚状刺，基部稍宽，腹面常具皱纹。花果期 5 ～ 8 月。

生于低山砾石质坡地，见于苏峪口沟。

鹤虱 *Lappula myosotis* Moench

一年生或二年生草本，高 30 ～ 50cm。根粗壮，长圆锥形，黑褐色。茎多由基部分枝，密被平伏灰白色细硬毛。基生叶长 1 ～ 4cm，宽 2 ～ 4mm，先端圆钝，基部渐狭，下延成长柄，两面密生灰白色硬毛；茎生叶长 1 ～ 3cm，宽 2 ～ 6mm，先端尖，基部渐狭。单歧聚伞花序顶生；花萼 5 深裂，裂片线形，两面密被灰白色长硬毛；花冠蓝色，花冠筒裂片 5 片，近圆形，先端圆钝；雄蕊 5 枚，着生于花冠筒中部；子房 4 裂。小坚果 4 枚，卵形，密生小疣状突起，每边边缘具 2 行锚状刺，近等长。花期 5 ～ 6 月，果期 6 ～ 7 月。

生于海拔约 1900m 的山麓坡地，见于苏峪口沟。

齿缘草属 *Eritrichium* Schrad.

北齿缘草 *Eritrichium borealisinense* Kitag.

多年生草本。全株密被绢状毛，呈灰白色。茎密集丛生，不分枝或上部分枝。基生叶丛生，倒披针形或线状倒披针形，长 3 ～ 6cm，宽 3 ～ 8mm，先端锐尖，基部楔形，具长柄，茎生叶小，无柄。单歧聚伞花序顶生，常二分枝；苞片线状披针形；花萼 5 裂，裂片矩圆状披针形或线状矩圆形，直立或斜展，花冠蓝色，筒部 5 裂，裂片近圆形，喉部附属物稍伸出喉外；子房 4 裂，柱头扁球形。小坚果稍扁，背面微凸，密生疣状突起和短硬毛，棱缘具 1 行彼此分离的锚状刺，腹面有龙骨状突起，着生面位于腹面中部或中下部。花果期 7 ～ 9 月。

生于海拔 1800 ～ 2500m 的石质山坡上，见于苏峪口沟、黄旗口沟等。

少花齿缘草 *Eritrichium pauciflorum* (Ledeb.) DC.

多年生草本，高 10 ～ 20cm，全株密被灰色绢毛。茎数条，基部有短分枝、基生叶片及宿存的枯叶，常形成密簇。基生叶长 3 ～ 6cm，宽 2 ～ 5mm，先端急尖或圆钝，基部渐狭呈柄状；茎生叶长 1 ～ 1.5cm，宽 2 ～ 4mm。花序顶生，花后延长；苞片线状披针形；花梗生短伏毛；花萼裂片先端急尖或圆钝；花冠蓝色，钟状辐形；花药长圆形。小坚果陀螺形，有疣突和毛，着生面宽卵形。花果期 7 ～ 8 月。

生于海拔 2000 ～ 2500m 的石质山坡上，见于苏峪口沟、贺兰口沟、黄旗口沟、大水沟、汝箕沟等。

斑种草属 *Bothriospermum* Bunge

狭苞斑种草 *Bothriospermum kusnetzowii* Bunge ex A. DC.

一年生草本，高 15 ～ 30cm，密被硬毛。茎丛生，平卧或斜升，常自下部分枝。基生叶莲座状，叶片倒披针形或匙形，长 4 ～ 7cm，宽 5 ～ 10mm，先端钝，基部渐狭成柄，两面被硬毛和短伏毛，背面较密，腹面多为具基盘的硬毛，边缘具不规则小牙齿。花序总状，具线形或狭披针形苞片；花萼 5 裂至近基部，密被硬毛和短伏毛；花冠钟形，蓝色或蓝紫色，檐部 5 裂，裂片近圆形，喉部具 5 个顶端 2 裂的附属物；花柱长为花冠筒的 1/2，柱头头状。小坚果肾圆形，密被疣状突起，腹面具 1 个圆形凹陷。花期 5 ～ 6 月，果期 8 月。

生于海拔 1800 ～ 2200m 的沟谷河滩地或石质山坡，见于苏峪口沟、贺兰口沟等。

六十一　旋花科 Convolvulaceae

本科约有58属1650种，广布于热带、亚热带和温带地区，主产于美洲和亚洲的热带、亚热带地区。中国有20属129种，南北地区均产，主产于西南和华南地区。宁夏贺兰山产2属5种。

菟丝子属 *Cuscuta* L.

菟丝子　*Cuscuta chinensis* Lam.

一年生寄生草本。茎细弱，缠绕，黄色，无叶。花多数，簇生，白色或黄白色，近无梗；苞片与小苞片小，鳞片状；花萼杯状，中部以下连合，先端5裂，裂片卵圆形或宽卵圆形，花冠壶状或钟状，长约为花萼的2倍，先端5裂，裂片卵圆形或宽卵圆形，向外反折，宿存；雄蕊5枚，着生于花冠裂片凹缺微下处，花丝短；鳞片长圆形，边缘流苏状；子房扁球形，2室，每室含2枚胚珠，花柱2个，直立，柱头头状。蒴果球形，几乎完全被宿存花被包被，成熟时盖裂。花期7～8月，果期8～10月。

常寄生于豆科和蒿属植物上，见于贺兰山麓和山沟中。

欧洲菟丝子 *Cuscuta europaea* L.

一年生寄生草本。茎细弱，红紫色或淡红色或淡黄色，缠绕，无叶。头状花序具多花，无或几无花梗；苞片矩圆形，先端钝尖；花萼碗状，4～5裂，裂片卵状矩圆形，先端钝圆或钝尖；花冠淡红色，杯形，花冠裂片与花萼裂片同数，裂片三角状卵形，通常向外反折，宿存；雄蕊着生于花冠中部，与花冠裂片互生，花丝与花药近等长；鳞片倒卵圆形，顶端2裂或不分裂，边缘细齿状或流苏状；子房扁球形，2室，每室含2枚胚珠，花柱2个，叉状，柱头棒状。蒴果球形，成熟时稍扁。种子2～4粒，淡褐色。花期7～8月，果期8～9月。

寄生于多种草本植物上，东坡有少量分布。

旋花属 Convolvulus L.

银灰旋花 *Convolvulus ammannii* Desr.

多年生矮小草本。全株密被银灰色绢毛。茎少数或多数，平卧或上升，高5～15cm。叶互生，近无柄，基部的叶倒披针形，长1～2.5cm，宽1.5～3mm，上部叶线形或线状披针形，长3.5～10mm，宽0.5～1mm，先端锐尖，基部狭。花单生于枝端，具细花梗；萼片5片，不等大，外面密被银灰色绢毛，里面仅顶部被毛，外萼片矩圆形或矩圆状椭圆形，内萼片较宽，宽卵圆形，先端具尾尖；花冠漏斗形，白色、淡玫瑰色或白色带紫红色条纹，花冠外瓣中带密被银灰色绢毛，褶内无毛，冠檐5浅裂；雄蕊5枚，较雌蕊短，花丝基部扩大；雌蕊子房被毛，柱头2个，线形。蒴果球形，2裂。种子卵圆形，淡红褐色，光滑。花期6～9月，果期9～10月。

生于山麓荒漠草原、干燥山坡，为东坡习见植物。

田旋花　*Convolvulus arvensis* L.

多年生草本。茎细弱，基部分枝，蔓性或缠绕，具棱角或条纹，近无毛。叶互生，三角状卵形、卵状长圆形或披针形，长 1.5 ～ 6.5cm，宽 1 ～ 3.5cm，先端钝圆，具小刺尖，基部戟形、箭形及心形，全缘或 3 裂，侧裂片开展，微尖，中裂片卵状椭圆形、狭三角形或披针状长椭圆形。花序腋生，被毛或偶见星状毛，常具 1 朵花，有时 2 ～ 3 朵花；苞片 2 片，线形，稍具膜质边缘；萼片 5 片，不等大，外萼片长圆状椭圆形，外面被疏毛，边缘具短缘毛，顶端钝，具小突尖，内萼片近圆形，较外萼片稍短，钝或微凹，具小短尖头，背面下部疏被毛，边缘膜质；花冠宽漏斗形，白色或粉红色，或白色具粉红或红色的瓣中带，冠檐 5 浅裂；雄蕊 5 枚，其中 4 枚长，1 枚短，基部扩大，具小鳞片，花药黄色；雌蕊与雄蕊近等长，子房被毛，柱头 2 个。蒴果卵状球形或圆锥形，无毛。花期 6 ～ 8 月，果期 7 ～ 9 月。

生于山麓冲沟、农田、居民点附近，也进入山谷河滩地，为东坡习见植物。

刺旋花 *Convolvulus tragacanthoides* Turcz.

半灌木，高 5 ～ 12cm，全株被银灰色丝状毛。茎铺散呈垫状，多分枝；小枝坚硬具刺，节间短。叶互生，狭倒披针形或线形，长 0.5 ～ 2.5cm，宽 0.7 ～ 2mm，先端钝，基部渐狭，无柄。花单生或 2 ～ 3 朵集生于枝顶，花梗短粗；萼片椭圆形或长圆状倒卵形，顶端具小尖头；花冠漏斗状，粉红色，具 5 条密生棕黄色长毛的瓣中带，冠檐 5 浅裂；雄蕊 5 枚，不等长，花丝丝状，基部扩大，长为花冠的 1/2；子房被毛，花柱丝状，柱头 2 个，线形，长于雄蕊。蒴果圆锥形，被毛。花期 6 ～ 9 月，果期 8 ～ 10 月。

生于浅山石质山坡或山前洪积扇，见于汝箕沟以南各沟。

六十二　茄科 Solanaceae

本科约有 95 属 2300 种，广布于全世界温带及热带地区，以美洲热带种类最为丰富。中国有 20 属约 101 种，南北地区广布，以西南地区种类较多。宁夏贺兰山产 4 属 7 种。

枸杞属 *Lycium* L.

枸杞　*Lycium chinense* Mill.

灌木，高 0.5 ～ 1.0m。枝条细弱，弓状弯曲或俯垂，淡灰色。单叶互生或 2 ～ 4 片簇生，卵状狭菱形、卵状披针形或长椭圆形，长 1.5 ～ 5cm，宽 0.5 ～ 2.5cm，先端锐尖，基部楔形，全缘，两面无毛。花在长枝上 1 ～ 2 朵生于叶腋，在短枝上同叶簇生；花萼钟形，通常 3 中裂或 4 ～ 5 齿裂，裂片边缘多少有缘毛；花冠漏斗形，淡紫色，檐部 5 深裂，裂片稍长于花冠筒或与之等长，卵形，顶端圆钝，边缘具缘毛；雄蕊稍短于花冠，花丝近基部密生 1 圈绒毛。浆果红色。花果期 7 ～ 10 月。

生于山麓冲沟、山口或村舍附近，见于东坡山麓。

黑果枸杞 *Lycium ruthenicum* Murray

灌木，高 20 ～ 60cm。多分枝，分枝斜升或横卧于地面，白色或灰白色，坚硬，常呈“之”字形弯曲，小枝顶端渐尖成棘刺状，节间短，节上具短棘刺，刺长 0.3 ～ 1.5cm。叶 2 ～ 6 片簇生于短枝上，在幼枝上则单叶互生，肥厚肉质，近无柄，线形、线状披针形、线状倒披针形，先端钝圆，基部渐狭，两侧有时稍反卷，中脉不明显。花 1 ～ 2 朵生于短枝上；花梗细瘦；花萼狭钟形，不规则 2 ～ 4 浅裂，裂片膜质，边缘具稀疏缘毛，果时稍膨大成半球形，包围于果实中下部；花冠漏斗状，淡紫色，檐部 5 浅裂，裂片矩圆状卵形，长为筒部的 1/2 ～ 1/3，无缘毛；雄蕊稍伸出花冠，着生于花冠筒中部，花丝离基部稍上处有疏绒毛；花柱与雄蕊近等长。浆果紫黑色，球形，有时顶端稍凹陷。花果期 6 ～ 10 月。

生于山麓盐碱地，见于石炭井。

天仙子属 *Hyoscyamus* L.

天仙子 *Hyoscyamus niger* L.

二年生草本，高达 1m，全体被黏性腺毛。基生叶莲座状，茎生叶互生，卵形或三角状卵形，长 3 ～ 14cm，宽 1 ～ 7cm，先端渐尖或钝，基部宽楔形，无柄半抱茎，或楔形向下狭细呈长柄状，边缘羽状深裂或浅裂，或为疏牙齿，裂片多为三角形，顶端钝或锐尖。花在茎中部单生于叶腋，在茎上部单生于苞状叶的叶腋内而聚生成蝎尾状总状花序，通常偏向一侧，近无梗或具极短的梗；花萼筒状钟形，密被细腺毛和长柔毛，5 浅裂，裂片大小不等，花后增大成坛状，基部圆形，具 10 条纵肋；花冠钟形，长约为花萼的 1 倍，黄色而具紫色脉纹。蒴果包藏于宿存萼内，长卵圆形。花期 6 ～ 7 月，果期 7 ～ 9 月。

生于山麓冲沟、洼地和村舍附近，为东坡习见植物。

茄属 Solanum L.

龙葵　*Solanum nigrum* L.

一年生草本，高 25 ～ 100cm。茎直立，多分枝，绿色或紫色，近无毛或被微柔毛。单叶互生，卵形，长 2.5 ～ 10cm，宽 1.5 ～ 2.5cm，先端渐尖、急尖或者稍钝，基部宽楔形或楔形，且下延至叶柄，全缘或具少数不规则的波状粗齿，腹面无毛或两面疏被短柔毛。蝎尾状单歧聚伞花序腋外生，具花 4 ～ 10 朵，疏被短柔毛；花萼浅杯状，5 深裂，椭圆形或卵圆形，先端圆；花冠白色，花冠筒 5 深裂，裂片卵圆形；花丝极短；子房卵形，中部以下被白色绒毛，柱头头状。浆果球形，成熟时黑色。花果期 7 ～ 10 月。

生于山麓路旁、冲沟、村舍附近或山谷河滩地，为东坡习见植物。

红果龙葵 *Solanum villosum* Mill.

直立草本，高约40cm，多分枝，小枝被糙伏毛状短柔毛并具有棱角状的狭翅，翅上具瘤状突起。叶卵形至椭圆形，长2～5.5cm，宽1～3cm，先端尖，基部楔形下延，边缘近全缘，浅波状或基部有1～2齿，很少有3～4齿，两面均疏被短柔毛；叶柄具狭翅，被有与叶面相同的毛被。花序近伞形，花紫色，萼杯状，外面被微柔毛，萼齿5个，近三角形，先端钝，花冠檐5裂，裂片卵状披针形，边缘被绒毛；花药黄色，顶孔向内；子房近圆形，花柱丝状，中部以下被白色绒毛，柱头头状。浆果球状，朱红色。种子近卵形，两侧压扁。花果期为夏秋季。

生于沟谷河滩地，见于苏峪口沟、贺兰口沟、大水沟。

青杞 *Solanum septemlobum* Bunge

多年生草本或亚灌木，高20～50cm。茎直立，多分枝，有棱，被白色弯曲的柔毛至近无毛。单叶互生，卵形，长3～7cm，宽2～5cm，通常不整齐的羽状7深裂，有时5～6深裂或上部的近全缘，裂片卵状长椭圆形至披针形，先端尖，两面疏被短柔毛，沿脉及边缘稍密；疏被短柔毛。二歧聚伞花序顶生或与叶对生；总花梗具微柔毛或近无毛；花梗无毛，基部具关节；花萼杯状，疏被白色短柔毛，萼齿5个，宽三角形；花冠蓝紫色，先端5深裂，裂片长圆形；花丝短；花柱细。浆果近球形，成熟时红色。花果期6～10月。

生于海拔1600～2000m的浅山沟谷、村舍附近，见于汝箕沟、大水沟、插旗口沟、贺兰口沟、拜寺口沟、苏峪口沟、黄旗口沟、小口子沟。

曼陀罗属 *Datura* L.

曼陀罗　*Datura stramonium* L.

一年生草本，高 1 ～ 1.5m，全体近无毛或幼嫩时被短柔毛。茎粗壮，圆柱形，浅绿色或带紫色，上部二歧分枝，下部木质化。叶宽卵形，长 8 ～ 17cm，宽 4 ～ 12cm，先端渐尖，基部不对称楔形，边缘具不规则波状浅裂，裂片先端急尖，有时再呈不相等的疏齿状浅裂。花单生于枝杈间或叶腋，直立，具短梗；花萼筒形，筒部有 5 棱角，两棱间稍向内凹，顶端 5 浅裂，裂片三角形，花后自近基部断裂，宿存部分增大并反折；花冠漏斗状，下半部带绿色，上半部白色或带紫色，檐部 5 浅裂；雄蕊不伸出花冠；子房卵形，密生柔针毛。蒴果卵形，表面生有坚硬针刺或无刺，4 瓣裂。花期 7 ～ 9 月，果期 8 ～ 10 月。

生于山麓洼地、村舍附近或沟谷干河床，见于东坡山麓。

六十三　木樨科 Oleaceae

本科约有 28 属 400 种，广布于温带和热带地区，主产于亚洲。中国有 10 属 160 种，南北地区均产。宁夏贺兰山产 1 属 2 种。

丁香属 *Syringa* L.

紫丁香　*Syringa oblata* Lindl.

灌木或小乔木，高可达 5m。树皮灰褐色或灰色。小枝较粗，疏生皮孔。叶片革质或厚纸质，卵圆形至肾形，宽常大于长，长 2 ～ 14cm，宽 2 ～ 15cm，先端短凸尖至长渐尖或锐尖，基部心形、截形至近圆形，或宽楔形，腹面深绿色，背面淡绿色圆锥花序直立，由侧芽抽生，近球形或长圆形；花萼萼齿渐尖、锐尖或钝；花冠紫色，花冠管圆柱形，裂片呈直角开展，卵圆形、椭圆形至倒卵圆形，先端内弯略呈兜状或不内弯；花药黄色，位于距花冠管喉部。果倒卵状椭圆形、卵形至长椭圆形，先端长渐尖，光滑。花期 4 ～ 5 月，果期 6 ～ 10 月。

生于海拔 1550 ～ 2300m 的沟谷和半阴坡灌丛，见于苏峪口沟、贺兰口沟、小口子沟、黄旗口沟等。

羽叶丁香 *Syringa pinnatifolia* Hemsl.

落叶灌木，高 1.5 ～ 3m。小枝灰褐色，无毛，老枝灰黑褐色。奇数羽状复叶，对生，叶轴无毛，腹面具槽，小叶 7 ～ 9 片，狭卵形或卵状椭圆形，长 7 ～ 15mm，宽 3 ～ 7mm，先端圆钝，具小尖头，基部偏斜，宽楔形至近圆形，全缘，腹面绿色，背面灰绿色，两面无毛，顶端 3 片小叶基部常连合；小叶近无柄。圆锥花序侧生，总花梗及花梗均无毛；花萼钟形，先端具不规则的浅齿，无毛，花冠白色或淡粉红色，4 裂，裂片卵圆形；先端稍钝，花冠筒细长；雄蕊 2 枚，着生于花冠筒喉部。蒴果长椭圆形，黑褐色，先端尖，上部具灰白色斑点。花期 5 月，果期 6 月。

生于海拔 1700 ～ 2100m 的沟谷和阴坡、半阴坡灌丛，见于甘沟、榆树沟等。

六十四　车前科 Plantaginaceae

本科约有 105 属 1820 种，世界广布，主产于温带地区。中国有 17 属 150 种，南北地区均产。宁夏贺兰山产 2 属 5 种。

婆婆纳属 *Veronica* L.

北水苦荬　*Veronica anagallis-aquatica* L.

多年生草本，高 20 ～ 60cm。茎直立，不分枝或分枝，常呈暗紫色，无毛。叶对生，椭圆形或卵状椭圆形，长 2 ～ 6cm，宽 0.5 ～ 3cm，先端渐尖、急尖或钝，基部抱茎，边缘具浅钝锯齿或近全缘，两面无毛；无叶柄。总状花序叶腋生；花梗弯曲斜上，无毛；苞片线状披针形，4 深裂，裂片卵状椭圆形或狭卵形，先端尖，无毛；花冠淡紫色，4 深裂，裂片宽卵形；雄蕊短于花冠；子房无毛。蒴果卵圆形或近圆形，无毛，顶端凹缺。花期 5 ～ 9 月，果期 6 ～ 10 月。

生于海拔 1500 ～ 2300m 的沟谷溪流湿地，见于苏峪口沟、大水沟、插旗口沟等。

长果水苦荬 *Veronica anagalloides* Guss.

一年生或多年生草本，高 20 ～ 50cm。茎直立或基部倾斜，不分枝或基部有分枝，下中部近无毛，上部被腺毛。叶对生，披针形至线状披针形，长 2 ～ 5cm，宽 0.5 ～ 1cm，先端渐尖，基部渐狭，半抱茎，边缘近全缘或具锯齿，两面无毛，无柄。总状花序叶腋生；花梗与花序轴成锐角；苞片线状披针形；花萼 4 深裂，裂片椭圆形，背面被腺毛，果期直立，紧贴蒴果；花冠蓝色或淡紫色，4 深裂，裂片宽卵形；雄蕊与花冠近等长；子房无毛。蒴果宽椭圆形，与花萼等长或超出花萼。花期 7 ～ 8 月，果期 8 ～ 9 月。

生于海拔 1500 ～ 2300m 的沟谷溪流湿地，见于苏峪口沟、大水沟、插旗口沟等。

长果婆婆纳 *Veronica ciliata* Fisch.

多年生草本，高 10 ～ 30cm。茎直立，单一，不分枝，被长柔毛。叶对生，卵形或卵状披针形，长 0.5 ～ 3cm，宽 0.3 ～ 1cm，先端钝或锐尖，基部圆形或宽楔形，边缘具锯齿或全缘，两面被柔毛或近无毛；无柄或下部叶具短柄。总状花序 2 ～ 4 支，侧生于茎顶端叶腋，花序短而花密集；苞片线形，长于花梗，除花冠外，花的各部均密被长柔毛；花萼 5 深裂，裂片线状披针形；花冠蓝色或蓝紫色，花冠筒短，长约为花冠长的 1/3，裂片 4 片，前方 1 片小，卵形，后方 3 片倒卵形；雄蕊短于花冠；子房被长柔毛，柱头头状。蒴果长卵形或长卵状锥形，被长柔毛。花期 7 ～ 8 月，果期 8 ～ 9 月。

生于海拔 1500 ～ 2300m 的沟谷溪水边或湿地，见于苏峪口沟、大水沟、插旗口沟等。

车前属 *Plantago* L.

平车前 *Plantago depressa* Willd.

一年生或二年生草本，高 10 ～ 25cm。叶基生或平铺，椭圆形、长椭圆形、卵状长椭圆形或卵状披针形，长 3 ～ 12cm，宽 1 ～ 3.5cm，先端急尖或钝尖，基部渐狭成长柄，边缘具稀疏小齿或不规则锯齿，腹面疏被平伏的短毛或无毛，背面被短柔毛；叶柄疏被柔毛，基部成鞘状。花葶 3 至数条，直立或斜升，被柔毛；穗状花序，上部花密生，下部疏散；苞片三角状卵形或长三角形，背面具绿色龙骨状突起，边缘宽膜质；萼裂片长椭圆形，先端圆钝，背部具龙骨状突起，边缘膜质；花冠裂片卵状披针形或三角状披针形，先端锐尖；雄蕊 4 枚，外露；花柱细长，被短毛。蒴果狭卵形，盖裂。种子 4 ～ 6 粒，椭圆形或三角状卵形，黑色。花期 6 ～ 7 月，果期 7 ～ 8 月。

生于海拔 1300 ～ 2500m 的沟谷溪流湿地，为东坡习见植物。

小车前 *Plantago minuta* Pall.

一年生草本，高 4 ～ 10cm。叶多数，基生，线形或狭线形，长 3 ～ 7cm，宽 2 ～ 4mm，全缘，两面密被长柔毛，基部无柄，鞘状。花葶多数，密被长柔毛。穗状花序顶生，椭圆形或卵形，长 5 ～ 12mm，直径 5 ～ 7mm；苞片圆卵形、宽卵形或卵状三角形，背面上部被长柔毛，中部黑褐色，具宽的膜质边缘；花萼裂片宽卵形或椭圆形，龙骨状突起明显，被毛柔毛，边缘膜质；花冠裂片狭卵形，边缘有细齿；花丝细长，花药长椭圆形；花柱与柱头疏生柔毛。蒴果卵形或卵状椭圆形，果皮膜质，无毛，盖裂。种子 2 粒，黑褐色。花期 6 ～ 7 月，果期 7 ～ 8 月。

生于山麓草原化荒漠，见于宁夏贺兰山北部山区。

六十五　玄参科 Scrophulariaceae

本科共有 59 属 1800 种，世界广布。中国有 7 属 66 种，南北地区均有分布。宁夏贺兰山产 2 属 3 种。

玄参属 *Scrophularia* L.

贺兰山玄参　*Scrophularia alaschanica* Batalin

多年生草本，高 20 ～ 50cm。茎直立，多从基部分枝，四棱形，中空，无毛或被短腺毛。叶卵形或卵状椭圆形，长 3 ～ 8cm，宽 1.5 ～ 5cm，先端渐尖，基部宽楔形或截形，边缘具不规则的粗重锯齿，腹面绿色，背面灰绿色，叶脉隆起，两面无毛；叶柄无毛。聚伞花序呈分节的穗状或顶生成近头状，被短腺毛；苞片线形；花萼密被短腺毛，5 深裂，裂片宽椭圆形，先端圆；花冠黄绿色，花冠筒稍向前倾，喉部稍收缩，冠檐二唇形，上唇明显长于下唇，2 裂，裂片近圆形，下唇 3 裂，中裂片小，宽卵状三角形，侧裂片较宽大，扁圆形；雄蕊短于下唇，退化雄蕊短匙形；子房三角状圆锥形。蒴果卵形或宽卵形，连喙无毛。花期 6 ～ 7 月，果期 7 ～ 8 月。

生于海拔 1700 ～ 2500m 的沟谷，见于苏峪口沟、贺兰口沟、插旗口沟、大口子沟等。

砾玄参 *Scrophularia incisa* Weinm.

半灌木状草本，高 20 ～ 60cm。茎基部木质化，多分枝丛生，疏被短腺毛。基生叶羽状深裂，具长柄；茎生叶对生，长圆形至卵状椭圆形，长 2 ～ 5cm，宽 5 ～ 15mm，基部渐狭成短柄，边缘具不规则尖齿或粗齿，或基部羽状浅裂，脉不网结。圆锥状聚伞花序顶生，总花梗和花梗疏生腺毛；花萼浅杯状，5 裂，裂片卵圆形，边缘膜质；花冠筒膨大成球形，檐部二唇形，上唇 2 裂，下唇 3 裂；雄蕊 4 枚，与上唇近等长，退化雄蕊长矩圆形，贴生于上唇基部，花丝密被短腺毛，花药紫色；花柱无毛，柱头稍 2 裂。蒴果球形或卵圆形，先端具短喙。花期 6 ～ 7 月，果期 7 月。

生于北部荒漠化的低山丘陵或干河床，见于石炭井。

醉鱼草属 *Buddleja* L.

互叶醉鱼草 *Buddleja alternifolia* Maxim.

小灌木，高达 2m。枝开展，弧形弯曲，幼时灰绿色，密被星状毛，老枝灰黄色，毛渐脱落。单叶互生，披针形或狭披针形，长 3 ～ 6cm，宽 4 ～ 6mm，先端渐尖或钝，基部楔形，全缘，腹面暗绿色，疏被星状毛，背面密被灰白色柔毛及星状毛；具叶柄或近无柄。花生于前一年生枝的叶腋，花多数簇生或成圆锥花序；花萼筒状，檐部 4 裂，外面密被灰白色柔毛；花冠紫红色或紫堇色，筒部外面疏被星状毛或无毛，裂片 4 片，卵形或宽椭圆形；雄蕊 4 枚，无花丝，着生于花冠筒中部；子房光滑。蒴果卵状长圆形，深褐色，2 瓣裂。种子多数，具短翅。花期 5 ～ 6 月。

生于海拔 1300 ～ 2300m 的沟口河滩，见于苏峪口沟、插旗口沟、小口子沟等。

六十六　唇形科 Lamiaceae

本科共有220余属3500余种，世界广布，主产于地中海及亚洲西南部。中国有99属941种，全国广布。宁夏贺兰山产15属21种。

牡荆属 *Vitex* L.

荆条 *Vitex negundo* var. *heterophylla* (Franch.) Rehder

灌木，高1～1.5m。老枝圆柱形，灰褐色，幼枝四棱形，被短绒毛。叶对生，掌状复叶，小叶通常5个，长椭圆形、椭圆状披针形或披针形，中间小叶片最大，长4～8cm，宽1.2～3cm，先端渐尖，基部楔形，边缘具缺刻状锯齿、浅裂至羽状深裂，腹面绿色，背面灰白色，两面无毛或背面被油点及细绒毛，两侧小叶片与中间小叶片同形且依次渐小；小叶具柄。圆锥花序顶生；花萼钟形，外面密被灰白色短绒毛，顶端5裂，裂片三角形；花冠蓝紫色，里面喉部被短毛，檐部二唇形；雄蕊4枚，二强，伸出花冠；子房上位，4室，花柱1个，柱头2裂。花期7～8月，果期8～9月。

生于山麓冲沟内，见于中部山麓。

香薷属 *Elsholtzia* Willd.

香薷　*Elsholtzia ciliata* (Thunb.) Hyl.

直立草本，高 0.3 ～ 0.5m。茎通常自中部以上分枝，钝四棱形，具槽，常呈麦秆黄色，老时变紫褐色。叶卵形或椭圆状披针形，长 3 ～ 9cm，宽 1 ～ 4cm，边缘具锯齿，腹面绿色，疏被小硬毛，背面淡绿色。穗状花序长 2 ～ 7cm，宽达 1.3cm，偏向一侧，由多花的轮伞花序组成；苞片宽卵圆形或扁圆形，长宽均约 4mm，多半褪色，外面近无毛，疏布松脂状腺点，里面无毛，边缘具缘毛；花梗纤细。花萼钟形，萼齿 5 个，三角形，前 2 个较长，先端具针状尖头。花冠淡紫色，长约为花萼的 3 倍，外面被柔毛，上部夹生有稀疏腺点，喉部被疏柔毛。雄蕊 4 枚，前面 1 对较长，外伸，花丝无毛。花果期 7 ～ 10 月。

生于海拔 1500 ～ 2500m 的沟谷，见于插旗口沟。

密花香薷　*Elsholtzia densa* Benth.

一年生草本。茎直立，高 20 ～ 60cm，被短柔毛。叶具柄，矩圆状披针形至椭圆形，长 1 ～ 4cm，两面被短柔毛。轮伞花序多花密集，组成密被串珠状疏柔毛的圆柱形假穗状花序；苞片倒卵形，顶端钝，边缘被串珠状疏柔毛；花萼钟状，果时十分膨大而呈圆形，外面及边缘密被具节疏柔毛，具萼齿 5 个，近三角形，不相等，前 2 个较短；花冠淡紫色，外密被具节疏柔毛，内有毛环，上唇直伸，顶端微凹，下唇 3 裂，中裂片较大。小坚果近圆形，外被微柔毛。花期 5 ～ 6 月，果期 6 ～ 8 月。

生于海拔 1500 ～ 2600m 的沟谷，见于大水沟、插旗口沟、苏峪口沟。

裂叶荆芥属 *Schizonepeta* (Benth.) Briq.

小裂叶荆芥　*Schizonepeta annua* (Pall.) Schischk.

一年生草本。茎高 13 ～ 26cm，通常自最基部分枝，分枝常较主茎为短，但顶部均具花序，茎、枝均为钝四棱形，棱上常浅紫褐色，在茎下部则全为紫红色。叶片长 1 ～ 2.3cm，宽 0.7 ～ 2.1cm，二回羽状深裂，全缘或少数具 1 ～ 2 个齿，两面均偶见黄色树脂腺点。花序为多数轮伞花序组成的顶生穗状花序，被白色疏柔毛；位于穗状花序上部的轮伞花序连续，下部的则间断，具 4 ～ 10 朵花；穗状花序下方的 1 ～ 2 对苞叶大，苞片线状钻形；花梗外被白色疏柔毛，自结再分为二叉。花冠淡紫色略超过花萼，外面被具节长柔毛，里面无毛，先端微凹，基部爪状变狭，边缘具不规则的齿缺。雄蕊 4 枚；花柱先端近相等，2 浅裂。小坚果褐色，顶端圆形，微被小毛或无毛，基部急尖。花期 6 ～ 8 月，果期 8 月。

生于海拔 1300 ～ 1900m 的沟谷石河床上，见于汝箕沟、拜寺口沟、大水沟、石炭井等。

多裂叶荆芥 *Schizonepeta multifida* (L.) Briq.

多年生草本，高 10 ～ 30cm。茎直立，四棱形，被白色长柔毛，上部常呈暗紫色。叶卵形，长 1.5 ～ 3.5cm，宽 1 ～ 2cm，羽状浅裂至深裂，基部叶有时全缘，边缘具缘毛；叶柄被长柔毛。轮伞花序密集，组成顶生穗状花序，连续；苞片暗紫色；小苞片紫色；花萼筒形，蓝紫色，下部被短柔毛，上部被长柔毛，萼齿 5 个，狭三角形；花冠淡蓝紫色，外面密生长柔毛，冠檐二唇形，上唇直伸，顶端 2 浅裂，下唇平展，3 裂，中裂片宽大；雄蕊 4 枚，前对较上唇短，后对略超出上唇；花柱与前对雄蕊等长。小坚果扁长圆形，平滑。花期 7 ～ 8 月，果期 8 ～ 9 月。

生于海拔 2000 ～ 2300m 的山坡草地，见于汝箕沟、大水沟。

裂叶荆芥 *Schizonepeta tenuifolia* (Benth.) Briq.

一年生草本。茎高 0.3 ~ 1m，四棱形，茎下部的节及小枝基部通常为微红色。叶通常为指状三裂，大小不等，长 1 ~ 3.5cm，宽 1.5 ~ 2.5cm，先端锐尖，基部楔状渐狭并下延至叶柄。花序为多数轮伞花序组成的顶生穗状花序；苞片叶状，下部的较大，与叶同形，上部的渐变小，乃至与花等长，小苞片线形，极小。花萼管状钟形，被灰色疏柔毛，萼齿 5 个，先端渐尖。花冠青紫色，外面被疏柔毛，里面无毛，冠筒向上扩展，冠檐二唇形，上唇先端 2 浅裂，下唇 3 裂，中裂片最大。雄蕊 4 枚，后对较长，均内藏，花药蓝色；花柱先端近相等，2 裂。小坚果长圆状三棱形，褐色。花期 7 ~ 9 月，果期在 9 月以后。

生于海拔约 1500m 的沟谷岩壁上，见于小口子沟、贺兰口沟。

荆芥属 *Nepeta* L.

大花荆芥 *Nepeta sibirica* L.

多年生上升直立草本。茎高约 40cm，被微柔毛。叶具柄，柄长 0.3 ~ 1.7cm，茎下部者最长；叶片三角状矩圆形至三角状披针形，长 3.4 ~ 9cm，宽 1.2 ~ 2.2cm，两面略被微柔毛，背面尚密被黄色腺点。轮伞花序稀疏排列于茎顶，苞片叶状，渐变小，小苞片条形；花萼喉部极斜，上唇 3 裂，裂至 1/2，下唇 2 裂至基部；花冠蓝色或淡紫色，上唇直立，2 圆裂，下唇 3 裂，中裂片最大。小坚果。花期 7 ~ 9 月，果期在 9 月以后。

生于海拔 1600 ~ 2500m 的沟谷、林缘、灌丛中，见于苏峪口沟、贺兰口沟、小口子沟、黄旗口沟、插旗口沟等。

青兰属 *Dracocephalum* L.

线叶青兰 *Dracocephalum fruticulosum* Stephan ex Willd.

矮小亚灌木，高可达20cm。茎皮灰褐色，分枝微四棱形，带紫色，密被短柔毛。叶小，长5～7mm，宽1～3mm，两面密被短毛及腺点。轮伞花序生于枝顶部，密集成穗状花序；苞片椭圆形，每侧边缘具1～3个小齿；花萼上部紫红色，上唇3裂达本身的3/4，卵形，侧裂齿狭三角形，下唇2裂达基部，边缘具短缘毛；花冠紫红色，外面被短柔毛，冠檐二唇形，上唇宽椭圆形，先端2浅裂，下唇与上唇等长，3裂，中裂片扁，中间2浅裂，侧裂片小；雄蕊4枚，稍伸出花冠，花药黑褐色，药室平叉开；花柱与雄蕊等长，先端2浅裂。花期6～7月。

生于海拔1500～2100m的浅山石质山坡上，见于甘沟、小口子沟、三关口。

白花枝子花　*Dracocephalum heterophyllum* Benth.

多年生草本，高达 15cm，密被倒向微柔毛。叶宽卵形或长卵形，长 1.3 ～ 4cm，先端钝圆，基部心形，背面疏被短柔毛或近无毛，具浅圆齿或锯齿及缘毛，茎上部叶锯齿常具刺；茎上部叶柄短。轮伞花序具 4 ～ 8 朵花，生于茎上部；苞片倒卵状匙形或倒披针形，具 3 ～ 8 对长刺细齿。花萼淡绿色，疏被短柔毛，具缘毛，上唇 3 浅裂，萼齿三角状卵形，具刺尖，下唇 2 深裂，萼齿披针形，先端具刺；花冠白色，密被白色或淡黄色短柔毛。花期 6 ～ 8 月。

生于海拔 2100 ～ 3000m 的亚高山灌丛草甸或林缘，见于苏峪口沟、黄旗口沟、贺兰口沟、大水沟等。

百里香属 *Thymus* L.

百里香　*Thymus mongolicus* (Ronniger) Ronniger

半灌木。不育枝从茎的末端或基部长出，花枝高 2 ～ 10cm，在花序下密被倒向或稍开展的疏柔毛，向下毛变短而疏，具 2 ～ 4 对叶。叶卵形，长 4 ～ 10mm，侧脉 2 ～ 3 对，腺点多少明显；下部叶柄长约为叶片的 1/2，上部的变短。花序头状；花萼筒状钟形或狭钟状，里面在喉部有白色毛环，上唇具 3 个齿，齿三角形，下唇较上唇长或近相等，齿钻形，各齿具睫毛或无毛；花冠紫红色至粉红色，上唇直伸，微凹，下唇开展，3 裂，中裂片较长。小坚果近圆形或卵圆形，光滑。

生于海拔 2000 ～ 2600m 的石质山坡，见于苏峪口沟、贺兰口沟、黄旗口沟、小口子沟、大口子沟等。

薄荷属 *Mentha* L.

薄荷　*Mentha canadensis* L.

多年生草本，高达 60cm。茎多分枝，上部被微柔毛，下部沿棱被微柔毛。具根茎。叶卵状披针形或长圆形，长 3 ～ 5cm，先端尖，基部楔形或圆形，基部以上疏生粗牙齿状锯齿，两面被微柔毛。轮伞花序腋生，球形。花梗细；花萼管状钟形，被微柔毛及腺点，10 条脉不明显，萼齿窄三角状钻形；花冠淡紫色或白色，稍被微柔毛，冠檐 4 裂，上裂片 2 裂，其余 3 片裂片近等大，长圆形，先端钝。小坚果黄褐色，被洼点。花期 7 ～ 9 月，果期 10 月。

生于沟谷溪流边，见于苏峪口沟、插旗口沟、贺兰口沟、马莲口沟。

水棘针属 *Amethystea* L.

水棘针　*Amethystea caerulea* L.

一年生草本，高 20 ～ 50cm。茎直立，多分枝，四棱形，疏被短柔毛，节上稍密。叶片三角形或近卵形，长 2.5 ～ 5cm，3 深裂达基部，裂片椭圆状披针形或披针形，中裂片较大，长 1.5 ～ 4.5cm，宽 5 ～ 15mm，侧裂片较小，先端渐尖，边缘具不规则的粗锯齿或重锯齿，腹面绿色，无毛或近无毛，背面淡绿色，沿叶脉疏被短毛；叶柄具狭翅，边缘疏被短硬毛。松散具长梗的聚伞花序组成圆锥花序；苞片小，针形，具缘毛，花梗与总花梗均被腺毛；花萼钟形，外面疏被腺毛，萼齿 5 个，狭三角形，先端尖，直立；花冠蓝色，稍长于花萼，二唇形，上唇 2 裂，卵形，下唇稍大，3 裂，中裂片近圆形；雄蕊 4 枚；花柱细长，超出雄蕊，顶端不等 2 浅裂，前裂片细尖，后裂片短而不明显。小坚果倒卵状三棱形，背面具网状皱纹。花期 6 ～ 7 月，果期 7 ～ 8 月。

生于山麓冲沟、沟谷河滩地，见于大水沟。

莸属 *Caryopteris* Bunge

蒙古莸　*Caryopteris mongholica* Bunge

矮小灌木，高 20 ～ 50cm。老枝灰褐色，幼枝紫褐色，被灰白色短柔毛。单叶对生，线形、线状披针形或披针形，长 1 ～ 5cm，宽 2 ～ 8mm，先端渐尖或稍钝，基部楔形，全缘或具 1 ～ 3 个粗锯齿，腹面深绿色，背面灰绿色，两面密被短绒毛，背面尤密；具短柄，密被灰白色短绒毛。聚伞花序顶生和腋生，花梗与总花梗密被灰白色短绒毛；花萼钟形，外面密被灰白色短绒毛，顶端 5 裂，裂片披针形或卵状披针形，与萼筒等长或稍长；花冠蓝紫色，高脚碟状，外面被短柔毛，花冠筒细长，先端 5 裂，4 片裂片卵形或三角状卵形，先端尖，另一片裂片较大，椭圆形，先端裂为细丝状；雄蕊 4 枚，二强，花丝丝形，着生于花冠筒上部；花柱细长，稍短于雄蕊，柱头 2 个。果实球形，成熟时裂为 4 个小坚果，斜椭圆形，周围具狭翅。花期 7 月，果期 8 ～ 9 月。

生于海拔 1300 ～ 2400m 的石质山坡草地，见于苏峪口沟、贺兰口沟、插旗口沟、黄旗口沟、拜寺口沟、小口子沟等。

黄芩属 *Scutellaria* L.

甘肃黄芩 *Scutellaria rehderiana* Diels

多年生草本。茎直立，高 12 ～ 35cm，略被下曲的短柔毛。叶具柄，柄长 2.8 ～ 9mm；叶片卵状披针形至卵形，长 1.4 ～ 4cm，宽 0.6 ～ 1.7cm，全缘或下部每侧有 2 ～ 5 个不规则的远离浅牙齿，腹面被极稀疏伏毛，背面脉上疏被细柔毛，边缘密被短睫毛。花序总状，顶生；苞片卵形或椭圆形，被长睫毛，小苞片针状；花冠粉红色、淡紫色至紫蓝色，花冠筒近基部膝曲，下唇中裂片三角状卵圆形；雄蕊 4 枚，二强；花盘环状，前方稍隆起。花期 6 ～ 7 月，果期 7 ～ 8 月。

生于海拔 1200 ～ 2200m 的沟谷砾石地上，见于甘沟、榆树沟、苏峪口沟、大水沟等。

糙苏属 *Phlomoides* Moench

尖齿糙苏 *Phlomoides dentosa* (Franch.) Kamelin & Makhm.

多年生草本，高 20 ～ 50cm。茎直立，四棱形，被短星状毛及混生长硬毛。基生叶长 4 ～ 10cm，宽 3.5 ～ 9cm，顶端圆钝，基部心形，边缘具不整齐的圆钝齿，腹面绿色，背面灰白色，沿脉密被星状毛；叶柄下部混生有长硬毛；茎生叶较小，叶柄向上较短；苞叶与茎生叶同形。轮伞花序具多花；苞片锥形；花萼管状，外面被短星状毛；花冠粉红色，冠檐二唇形，外面密被长柔毛，里面被髯毛，3 裂，中裂片宽倒卵形，侧裂片椭圆形，较小；雄蕊 4 枚，后面 1 对雄蕊较长，基部具附属物，花丝被毛；花柱与后对雄蕊等长，先端不等 2 裂。花期 6 ～ 7 月。

生于海拔 1400 ～ 2200m 的沟谷或路旁，见于苏峪口沟、黄旗口沟、插旗口沟、小口子沟、大口子沟等。

兔唇花属 *Lagochilus* Bunge

冬青叶兔唇花 *Lagochilus ilicifolius* Bunge

多年生铺散植物。茎高 10 ～ 20cm，多分枝，基部木质化，被白色细短硬毛。叶无柄，硬革质，楔状菱形，长约 10mm，顶端 3 ～ 5 个齿裂，齿端短芒状刺状。轮伞花序生于茎中部以上叶腋内，具 2 ～ 4 朵花；具花的叶腋内有苞片，苞片细针状，不具花的叶腋无苞片或稀有针状苞片；花萼筒状钟形，白绿色，萼齿 5 个，近相等，矩圆状披针形；花冠淡黄色，花冠筒近基部有毛环，上唇直立，顶端 2 裂，内外被毛，下唇 3 深裂，中裂片最大，倒心形，顶端深凹，侧裂片顶端具 2 齿；花盘浅；子房无毛。花期 6 ～ 7 月。

生于山麓荒漠草原或山缘石质山坡，为东坡习见植物。

毛冬青叶兔唇花 *Lagochilus ilicifolius* var. *tomentosus* W. Z. Di & Yin Z. Wang

本变种与正种的区别在于花萼筒上部疏生长柔毛。

生境同正种，仅见于苏峪口沟。

益母草属 *Leonurus* L.

益母草 *Leonurus japonicus* Houtt.

一年生或二年生草本，高 40 ～ 80cm。茎直立，钝四棱形，具槽。叶片形状变化较大，下部叶片轮廓卵形，长 3 ～ 7cm，宽 2 ～ 5cm，基部楔形，掌状 3 深裂，中裂片菱状椭圆形，叶脉隆起，被平伏短柔毛；叶柄略具翅；中部叶菱形；花序最上部的苞叶线形。轮伞花序腋生，具多数花；苞片刺状，被微柔毛；花萼管状钟形，萼齿 5 个；花冠粉红色至淡紫红色，冠筒上唇直伸，椭圆形，全缘，边缘具缘毛，下唇短于上唇，3 裂，基部收缩，侧裂片较小，卵圆形；雄蕊 4 枚，前对较长，花丝被微毛。小坚果倒卵状三棱形，顶端截平，黑色，光滑。花期 6 ～ 8 月，果期 7 ～ 9 月。

生于山麓冲沟、居民点附近，为东坡习见植物。

细叶益母草　*Leonurus sibiricus* L.

一年生或二年生草本，高 20 ～ 80cm。茎直立，单一或从基部分枝，钝四棱形，具槽，棱上密被倒向平伏短毛。茎下部的叶早落，中部的叶长 3 ～ 9cm，宽 3.5 ～ 4cm，基部宽楔形，掌状 3 全裂，边缘稍反卷，腹面绿色，被短的糙伏毛，背面淡绿色，被平伏短柔毛；叶柄被平伏短柔毛。轮伞花序腋生，多花，下部远离；小苞片刺状，萼齿 5 个，前 2 个较长，具刺尖，后 3 个较短；花冠粉红色，花冠筒无毛，上唇直伸，长圆形，顶端全缘，外面被长柔毛，下唇较上唇稍短，3 裂；雄蕊 4 枚，前面 1 对较长，花丝扁平，疏被短毛，花柱与前面 1 对雄蕊等长，先端等 2 浅裂。小坚果椭圆状三棱形，顶端截平。花期 6 ～ 8 月，果期 9 月。

生于山麓冲沟、居民点附近，见于苏峪口沟、黄旗口沟、甘沟等。

夏至草属 *Lagopsis* Bunge ex Benth.

夏至草　*Lagopsis supina* (Steph.) Ikonn.-Gal.

多年生草本，高达 35cm。茎带淡紫色，密被微柔毛。叶圆形，长宽均为 1.5 ～ 2cm，先端圆，基部心形，3 浅裂或深裂，裂片具圆齿或长圆状牙齿，基生裂片较大，腹面疏被微柔毛，背面被腺点，沿脉被长柔毛，具缘毛。轮伞花序疏花，小苞片弯刺状，密被微柔毛。花萼密被微柔毛，萼齿三角形；花冠白色，稀粉红色，稍伸出于萼筒，被绵状长柔毛，冠筒上唇长圆形，全缘，下唇中裂片扁圆形，侧裂片椭圆形。小坚果褐色，被鳞片。花期 3 ～ 4 月，果期 5 ～ 6 月。

生于山地宽阔河谷中，见于苏峪口沟、大水沟等。

脓疮草属 *Panzerina* Soják

脓疮草 *Panzerina lanata* var. *alaschanica* (Kuprian.) H. W. Li

多年生草本，高 15 ～ 35cm。茎从基部多分枝，密被白色短绒毛。茎生叶早枯，宽卵形，长 2 ～ 4cm，宽 3 ～ 5mm，掌状 5 深裂，小裂片线状披针形，腹面密被贴生短毛，背面密被绒毛，呈灰色；叶柄细长，被绒毛；苞叶较小，3 深裂。轮伞花序，多花，在顶端组成穗状花序；小苞片钻形，先端具刺尖，被绒毛；花萼管状钟形，外面密被绒毛，里面无毛，萼齿 5 个，宽三角形，先端具短刺尖；花冠黄白色，二唇形。小坚果卵圆状三棱形。花期 6 ～ 7 月，果期 7 ～ 8 月。

生于低山丘陵坡地或沟谷河床覆沙地上，见于汝箕沟以北的区域。

六十七　通泉草科 Mazaceae

本科共有 3 属 33 种，分布于亚洲和大洋洲。中国有 3 属约 28 种，全国广布，以西南部和中部地区最多。宁夏贺兰山产 1 属 1 种。

野胡麻属 *Dodartia* L.

野胡麻　*Dodartia orientalis* L.

多年生直立草本。茎单生或数枝丛生，具多回细长分枝，扫帚状，近基部被棕黄色鳞片，幼嫩时疏被柔毛，老时变无毛。叶疏生，茎下部的对生或近对生，上部的常互生，无柄，宽条形，长 1 ～ 4cm，全缘或有疏齿。总状花序顶生，花数朵疏离；花梗极短；花萼钟状，宿存，萼齿 5 个，正三角形；花冠紫色或深紫红色，筒部长筒状，上唇短而伸直，卵形，2 浅裂，下唇宽圆形，3 裂，中裂片突出，舌状，喉部有 2 条着生多细胞腺毛的纵皱褶；雄蕊 4 枚，二强。蒴果圆球形。花果期 5 ～ 9 月。

生于北部低山丘陵荒漠或石质山坡上，见于石炭井。

六十八　列当科 Orobanchaceae

本科约有 99 属 2060 种，除南极洲外，世界广布，分布于北温带至非洲大陆和马达加斯加。中国有 35 属约 471 种，全国广布，主产于西南地区。宁夏贺兰山产 7 属 12 种。

地黄属 *Rehmannia* Libosch. ex Fisch. & C. A. Mey.

地黄　*Rehmannia glutinosa* (Gaertn.) Libosch. ex Fisch. & C. A. Mey.

多年生直立草本，高 10 ～ 30cm，全体密被白色长腺毛。叶多基生，莲座状，柄长 1 ～ 2cm，叶片倒卵状披针形至长椭圆形，长 3 ～ 10cm，边缘齿钝或尖；茎生叶无或有而远比基生叶小。总状花序顶生，有时自茎基部生花；苞片下部的大，比花梗长，有时叶状，上部的小；花多少下垂；花萼筒部坛状，萼齿 5 个，反折，后面 1 个略长；花冠紫红色，中端略向下曲，上唇裂片反折，下唇 3 片裂片伸直，长方形，顶端微凹；子房 2 室，花后渐变 1 室。蒴果卵形。花期 5 ～ 6 月，果期 6 ～ 7 月。

生于海拔 1600 ～ 2000m 的沟谷河滩地，为东坡习见植物。

大黄花属 *Cymbaria* L.

光药大黄花 *Cymbaria mongolica* Maxim.

多年生草本。丛生，高 5 ～ 20cm。茎基部为鳞片所覆盖，密被短柔毛。叶无柄，对生，或在茎上部近互生，矩圆状披针形至条状披针形，长 23 ～ 25mm，宽 3 ～ 4mm。花少数，生于叶腋，每茎 1 ～ 4 朵；小苞片 2 片，全缘或有 1 ～ 2 个小齿；萼齿 5 个或有时 6 个，钻形，齿间有 1 ～ 2 个或偶有 3 个线形小齿；花冠黄色，上唇略盔状，裂片向前而外侧反卷，下唇 3 裂，开展；雄蕊顶端无毛或偶有少数长柔毛；子房矩圆形。蒴果长卵状。种子长卵形，周围有 1 圈狭翅。花期 5 ～ 6 月，果期 7 ～ 8 月。

生于山麓石质山坡上，见于甘沟、榆林沟等。

肉苁蓉属 *Cistanche* Hoffmg. et Link

沙苁蓉 *Cistanche sinensis* Beck

多年生草本，高 15 ～ 70cm。茎直立，肉质，圆柱形，直径 15 ～ 20mm，鲜黄色。叶鳞片状，卵形、卵状披针形至狭披针形，长 5 ～ 20mm。穗状花序顶生，圆柱形；苞片矩圆状披针形至线状披针形，背面及边缘密被蛛丝状毛，常较花萼长；小苞片线形，被蛛丝状毛；花萼钟形，4 深裂，向轴面深裂达基部，裂片矩圆状披针形，多少被蛛丝状毛；花冠淡黄色，稀裂片带淡红色，管状钟形，花冠筒内雄蕊着生处有 1 圈长柔毛；花药被长柔毛。蒴果 2 深裂。花期 5 ～ 6 月，果期 6 ～ 7 月。

生于海拔 1200 ～ 1400m 荒漠草原或荒漠砾石地，见于石炭井、汝箕沟、麻黄沟。

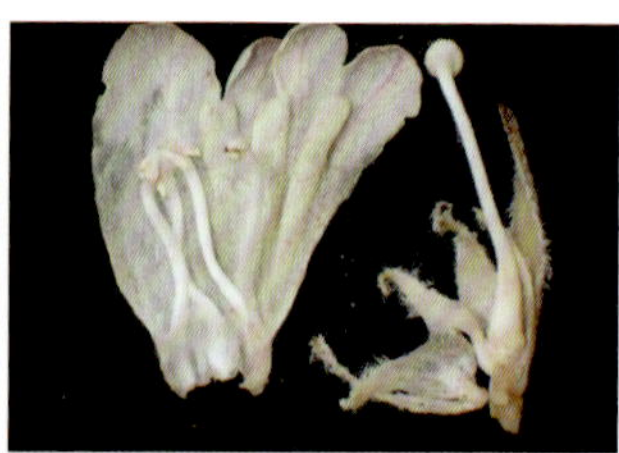

列当属 *Orobanche* L.

弯管列当 *Orobanche cernua* Loefl.

一、二年生或多年生寄生草本，高 15 ～ 35cm，全株密被腺毛，常具多分枝的肉质根。茎黄褐色，圆柱状。叶三角状卵形或卵状披针形，长 1 ～ 1.5cm，宽 5 ～ 7mm，连同苞片、花萼和花冠外面密被腺毛。花序穗状，具多数花；苞片卵形或卵状披针形。花萼钟状，2 深裂至基部。花冠在花丝着生处明显膨大，向上缢缩，口部稍膨大，筒部淡黄色，下唇稍短于上唇，3 裂，裂片淡紫色或淡蓝色，近圆形。雄蕊 4 枚，花丝着生于距筒基部 5 ～ 7mm 处，无毛，基部稍增粗，花药卵形，常无毛。蒴果干后深褐色。种子长椭圆形，表面具网状纹饰，网眼底部具蜂巢状凹点。花期 5 ～ 7 月，果期 7 ～ 9 月。

生于山坡草地，见于苏峪口沟、插旗口沟、大水沟等。

列当 *Orobanche coerulescens* Steph.

一年生寄生草本，高 14 ～ 23cm，全株被蛛丝状绵毛。茎直立，不分枝，肉质，粗壮，黄褐色或暗褐色，直径 5 ～ 10mm。叶鳞片状，互生，狭卵形、卵状披针形或狭披针形，长 1 ～ 2.5cm，宽 2.5 ～ 5mm，先端尖。穗状花序顶生；苞片卵状披针形，稍短于花，先端尾状渐尖；花萼 2 深裂达基部，每一裂片再 2 浅裂；花冠筒形，蓝紫色或淡紫色，筒部稍弯曲，檐部二唇形，上唇宽，顶部微凹，下唇 3 裂，中裂片较大；雄蕊 4 枚，着生于花冠筒中部以下，花丝基部被毛，花药无毛；子房上位，椭圆形，柱头头状。蒴果卵状椭圆形，2 瓣裂。花期 7 月，果期 8 月。

生于山麓砾质地，寄生于蒿属植物上，为宁夏贺兰山习见植物。

小米草属 *Euphrasia* L.

小米草　*Euphrasia pectinata* Ten.

一年生草本。茎直立，高达 30cm，不分枝或下部分枝，被白色柔毛。叶与苞片无柄，卵形或宽卵形，长 0.5 ～ 2cm，基部楔形，每边有数个稍钝而具急尖的锯齿，两面脉上及叶缘多少被刚毛，无腺毛。花序初花期短而花密集，果期逐渐伸长，而果疏离。花萼管状，被刚毛，裂片窄三角形；花冠白色或淡紫色，外面被柔毛，背面较密，其余部分较疏，下唇裂片先端凹缺；花药棕色。蒴果窄长圆状。种子白色。花期 6 ～ 9 月。

生于海拔 2000 ～ 2800m 的林缘、沟谷溪水边或草甸上，见于苏峪口沟、黄旗口沟等。

疗齿草属 *Odontites* Ludwig

疗齿草 *Odontites vulgaris* Moench

一年生草本，高达 60cm，全株被贴伏倒生的白色细硬毛。茎常在中上部分枝，上部四棱形。叶披针形至线状披针形，长 1 ～ 4.5cm，边缘疏生锯齿；无柄。穗状花序顶生，苞片下部的叶状；花萼裂片窄三角形；花冠紫色、紫红色或淡红色，外被白色柔毛。蒴果上部被细刚毛。种子椭圆形。花期 7 ～ 8 月。

生于海拔 1800 ～ 2200m 的沟谷溪流边，见于大水沟、汝箕沟、插旗口沟等。

马先蒿属 *Pedicularis* L.

阿拉善马先蒿 *Pedicularis alaschanica* Maxim.

多年生草本，高达 35cm。多茎，稍直立，侧枝多铺散上升，基部分枝，微有 4 条棱，密被锈色绒毛。基生叶早枯，茎生叶密，下部对生，上部 3 ～ 4 片轮生；叶柄扁平，有宽翅，被毛；叶披针状长圆形或卵状长圆形，长 2.5 ～ 3cm，宽 1 ～ 1.5cm，两面近光滑，羽状全裂，裂片 7 ～ 9 对，线形，有细锯齿。花序穗状，长约 20cm；苞片叶状。花萼膜质，前方开裂，脉凸起，沿脉被柔毛，萼齿 5 个，不等；花冠黄色，花冠筒中上部稍前膝曲，上唇近顶端弯转成喙，下唇与上唇近等长，3 浅裂，中裂片近菱形，较小；花丝前方 1 对端部有长柔毛。

生于海拔 2000 ～ 2500m 的云杉林缘或灌丛，见于苏峪口沟、大口子沟、贺兰口沟。

藓生马先蒿 *Pedicularis muscicola* Maxim.

多年生草本。干后多变黑。茎丛生，长达 30cm，被白色柔毛。叶互生，长 3 ～ 5cm，宽 8 ～ 18mm，羽状全裂，裂片对生或下部者互生，每侧具 8 ～ 12 片，边缘具锐重锯齿；下部叶柄向上渐短，扁平，疏被柔毛。花生于叶腋，花梗被柔毛；花萼长管状，被柔毛，前方不裂，萼齿 5 个，近相等，基部近三角形，中部稍狭，全缘；花冠玫瑰红色，花冠管细长，盔直立部分很短，几在基部即向左方扭折使其顶部向下，前端渐细为卷曲长喙，喙反向上方卷曲下唇极大，长宽达 2cm，侧裂片稍大，长圆形，先端圆钝；雄蕊花丝均无毛；花柱稍伸出于喙端。蒴果卵圆形，包藏于宿存花萼内。花期 5 ～ 7 月，果期 7 ～ 8 月。

生于海拔 2000 ～ 2700m 的云杉林下或林缘，见于苏峪口沟、黄旗口沟、插旗口沟、大口子沟等。

粗野马先蒿 *Pedicularis rudis* Maxim.

多年生草本，高 40 ～ 60cm。茎直立，上部常分枝，中空，被柔毛。茎生叶互生，长 3 ～ 15cm，宽 0.8 ～ 2.2cm，羽状深裂，裂片紧密，多达 24 对，矩圆形至披针形；抱茎。穗状花序顶生；下部苞片叶状，具浅裂，上部者渐变全缘，卵形；花萼狭钟形，密被腺毛，萼齿 5 个，卵形，边缘具锯齿；花冠白色，盔上部紫红色，弓曲，额部黄色，端稍上仰而成一小凸喙，下缘具须毛，背部毛较密，下唇裂片卵状椭圆形，均具睫毛；花丝无毛。蒴果宽卵形，略侧扁，前端具刺尖。花期 7 ～ 8 月，果期 8 ～ 9 月。

生于海拔 2100 ～ 2500m 的沟谷草甸、林下或林缘下，见于苏峪口沟、贺兰口沟等。

红纹马先蒿 *Pedicularis striata* Pall.

多年生草本，高达 1m。茎直立，密被短卷毛，老时近无毛。基生叶丛生，茎生叶多数，柄短，叶披针形，长达 10cm，宽 3 ～ 4cm，羽状深裂或全裂，裂片线形，有锯齿。花序穗状，花轴被密毛；苞片短于花，无毛或被缘毛。花萼被疏毛，萼齿 5 个，不等，卵状三角形，近全缘；花冠黄色，具绛红色脉纹，上唇镰刀形，顶端下缘具 2 个齿，下唇稍短于上唇，不甚张开，3 浅裂，中裂片较小，叠置于侧裂片之下；花丝 1 对，有毛。蒴果卵圆形，有短突尖。花期 6 ～ 7 月，果期 7 ～ 8 月。

生于海拔 2000 ～ 2500m 的沟谷草地上，见于苏峪口沟、黄旗口沟等。

六十九　紫葳科 Bignoniaceae

本科约有 110 属 700 种，主产于热带和亚热带地区。中国有 12 属 34 种，南北地区均产。宁夏贺兰山产 1 属 2 种。

角蒿属 *Incarvillea* Juss.

角蒿　*Incarvillea sinensis* Lam.

一年生草本，高 15 ～ 50cm。茎直立，圆柱状，有条纹，被微柔毛。叶基部对生，上部叶互生，二至三回羽状深裂至全裂，裂片 4 ～ 7 对，下部裂片再羽状分裂，最终裂片线形或线状披针形，腹面绿色，背面淡绿色，近无毛。总状花序顶生，具 4 ～ 18 朵花，花梗被毛，基部具 1 片苞片和 2 片小苞片，背面被毛；花萼钟形，被毛，顶端 5 裂，裂片钻形，基部膨大，疏被柔毛，裂片间具膜质短齿，先端 2 裂；花冠红色或红紫色，漏斗状，先端 5 裂，略呈二唇形，上唇 2 裂，相等，下唇 3 裂，中裂片稍大；雄蕊 4 枚，着生于花冠中部以下，花丝内曲，无毛，花药 2 室，水平叉开，近基部及室的两侧均具硬毛；子房圆柱形，花柱红色，柱头 2 裂。蒴果长角状，弯曲，顶端渐尖。种子卵形，平凸，褐色，具白色膜质翅。花期 6 ～ 8 月，果期 7 ～ 9 月。

生于山麓冲沟、居民点附近、沟谷干河床上，见于贺兰口沟、黄旗口沟、插旗口沟等。

七十　桔梗科 Campanulaceae

本科共有 86 属 2300 余种，世界广布，主产于温带和亚热带地区。中国有 16 属约 159 种，全国广布，以西南地区最丰富。宁夏贺兰山产 1 属 1 种。

沙参属 *Adenophora* Fisch.

宁夏沙参　*Adenophora ningxianica* D. Y. Hong ex S. Ge & D. Y. Hong

多年生草本，高 25 ～ 45cm。茎直立，多数丛生，不分枝，无毛或疏被短硬毛。茎生叶互生，狭卵状披针形、披针形或狭披针形，长 1.5 ～ 4.5cm，宽 4 ～ 12mm，先端渐尖，基部楔形，边缘具不规则的疏锯齿，两面无毛或近无毛，无柄或具极短柄。总状花序顶生，或具分枝而成圆锥花序；花梗细；花萼无毛，裂片钻形或钻状披针形，边缘常有 1 对瘤状小齿，个别裂片全缘；花冠筒状钟形，蓝色或蓝紫色，5 浅裂，裂片卵状三角形，花盘短筒状，无毛；花柱稍伸出花冠。蒴果长椭圆形。花期 7 ～ 8 月，果期 9 月。

生于海拔 1600 ～ 2500m 的山坡、崖壁石缝中，见于苏峪口沟、贺兰口沟、黄旗口沟、大水沟、插旗口沟、甘沟等。

七十一　菊科 Asteraceae

本科共有 1692 属 24000 ～ 32000 种，世界广布。中国有 248 属 2300 余种，另引种栽培 100 余属，全国广布。宁夏贺兰山产 36 属 84 种。

大丁草属 *Leibnitzia* Cass.

大丁草　*Leibnitzia anandria* (L.) Turcz.

多年生草本。有春秋二型，春型株高 5 ～ 10cm，秋型株高达 30cm。叶基生，莲座状，宽卵形或倒披针状长椭圆形，春型的叶较小，秋型的叶较大，长 2 ～ 15cm，宽 1.5 ～ 5cm，顶端圆钝，基部心形或渐狭成叶柄，提琴状羽状分裂，顶端裂片宽卵形，有不规则的圆齿，齿端有凸尖头，背面及叶柄密生白色绵毛。花茎直立，密生白色蛛丝状绵毛，后渐脱毛，苞片条形；头状花序单生，春型的有舌状花和筒状花，秋型的仅有筒状花；总苞筒状钟形；总苞片约有 3 层，外层较短，条形，内层条状披针形；舌状花 1 层，雌性；筒状花两性。瘦果两端收缩，冠毛污白色。秋型花期 7 ～ 9 月，果期 9 月。

生于海拔 1800 ～ 2400m 的沟谷、林缘、灌丛中，见于苏峪口沟、小口子沟、黄旗口沟、插旗口沟、大水沟等。

蓝刺头属 *Echinops* L.

火烙草 *Echinops przewalskyi* Iljin

多年生草本，高 20 ～ 30cm。茎直立，单生，密被蛛丝状灰白色绵毛。叶质厚，革质，茎下部叶和中部叶长 13 ～ 20cm，宽 6 ～ 9cm，羽状深裂，顶端具长刺芒，淡黄色，腹面黄绿色，被蛛丝状绵毛，背面灰白色，密被蛛丝状绵毛，具柄；茎上部叶小，长椭圆形或卵状披针形。复头状花序单生于茎顶；头状花序；外层总苞片菱形，边缘深撕裂状，内层长椭圆形，顶端具芒尖，边缘膜质，中部暗褐色；花冠裂片线形，蓝色。瘦果圆柱形，密被黄棕色柔毛，冠毛下部连合。花期 6 月，果期 7 ～ 8 月。

生于砾石质山坡，见于苏峪口沟、黄渠沟、甘沟、汝箕沟、大水沟、大口子沟等。

革苞菊属 *Tugarinovia* Iljin

卵叶革苞菊 *Tugarinovia mongolica* var. *ovatifolia* Y. Ling & Ma

多年生草本。茎基被绵状污白色厚茸毛。花茎不分枝，被白色密茸毛，稍有沟，无叶。叶多数生于茎基上成莲座状叶丛，通常长 7 ～ 15cm，宽 2 ～ 4cm，有基部扩大且被长茸毛的叶柄；叶卵形，侧脉 3 ～ 5 对，被疏或密的蛛丝状毛或茸毛。头状花序在茎端单生。总苞倒卵圆形；总苞片 3 ～ 4 层，被蛛丝状绵毛，外层由较宽长的苞叶组成，革质，绿色，有浅齿和生于齿端的黄色刺；内层较短，线状披针形，无齿，上部稍紫红色，顶端有刺。小花多数，花冠管状，花白色。瘦果矩圆形，冠毛污白色，有不等长而上部稍粗厚的微糙毛。花果期 3 ～ 5 月。

生于低山丘陵砾石质山坡，见于三关口、榆树沟、大窑沟。

猬菊属 *Olgaea* Iljin

猬菊　*Olgaea lomonossowii* (Trautv.) Iljin

多年生草本，高 15 ～ 40cm。茎直立，多由基部分枝，具纵棱，密被灰白色绵毛。基生叶长 7 ～ 15cm，宽 2 ～ 3.5cm，先端尖，基部渐狭成具翅的柄，羽状浅裂至深裂，边缘具不规则的小刺齿，腹面绿色，背面灰白色；茎生叶线状长椭圆形或长椭圆形，羽状浅裂或具不规则的缺刻状齿，基部向茎下延成翅。头状花序大，单生于枝顶或茎顶；总苞宽钟形；总苞片多层，长针状，先端具硬长刺尖，暗紫色，被蛛丝状绵毛，管状花紫红色，花冠裂片 5 个，线形。瘦果长椭圆形，稍扁，无毛；冠毛污黄色，不等长，基部合生。花果期 8 ～ 9 月。

生于海拔约 2000m 的砾石质山坡和干河床上，见于苏峪口沟。

火媒草 *Olgaea leucophylla* (Turcz.) Iljin

多年生草本，高 30 ~ 60cm。茎直立，粗壮，具纵沟棱，密被白色绵毛。叶长 5 ~ 20cm，宽 1.5 ~ 3cm，先端尖，具长硬刺，基部沿茎下延成翅，腹面绿色，疏被蛛丝状绵毛，背面灰白色，密被灰白色蛛丝状绵毛；基生叶及茎下部的叶具柄。头状花序大，生于枝端者常较小；总苞宽钟形或半球形；总苞片多层，线状披针形，先端具长刺尖，外层短，绿色或棕黄色，内层长，淡紫红色；管状花粉红色，花冠裂片线形；花药基部长尾状。瘦果矩圆形，稍扁，具纵纹和褐斑，冠毛黄褐色。花期 7 ~ 9 月，果期 8 ~ 10 月。

生于山麓干河床和覆沙地或砾石质山坡上，东坡有少量分布。

风毛菊属 Saussurea DC.

阿拉善风毛菊 *Saussurea alaschanica* Maxim.

多年生草本，高 20 ~ 30cm。茎单生，直立，有棱，被稀疏蛛丝状毛，常带紫红色。基生叶及下部茎叶椭圆形或卵状椭圆形，长 2.5 ~ 13cm，宽 1.5 ~ 5cm，顶端渐尖，基部宽楔形或几圆形，边缘有尖锯齿，有长叶柄；中部茎叶逐渐变小，有短叶柄；上部茎叶披针形或椭圆状披针形，无柄，全部叶两面异色，腹面绿色，无毛，背面灰白色，被稠密的白色绒毛。头状花序 1 ~ 3 个，在茎顶密集排列成伞房花序，花序梗极粗短，被蛛丝状毛。总苞钟状；总苞片 4 ~ 5 层，暗紫色，被长柔毛，外层卵形或卵状披针形，顶端长渐尖，内层线形，顶端长渐尖。小花紫红色。瘦果圆柱状，黑褐色。花果期 7 ~ 9 月。

生于海拔 2000 ~ 2800m 的林缘、沟谷或湿润山坡上，见于大口子沟、苏峪口沟、贺兰口沟、插旗口沟等。

禾叶风毛菊　*Saussurea graminea* Dunn

多年生草本，高 3 ～ 25cm。茎直立，密被白色绢状柔毛。基生叶狭线形，长 3 ～ 15cm，宽 1 ～ 3mm，顶端渐尖，基部稍呈鞘状，边缘全缘，内卷，腹面被稀疏绢状柔毛或几无毛，背面密被绒毛；茎生叶少数，与基生叶同形，较短。头状花序单生于茎端。总苞钟状；总苞片 4 ～ 5 层，密或疏被绢状长柔毛，外层卵状披针形，顶端长渐尖，反折，稀不反折，中层披针形，内层线形。小花紫色。瘦果圆柱状，淡黄褐色。花果期 7 ～ 8 月。

生于海拔 3000 ～ 3500m 的高山灌丛草，见于主峰山脊两侧。

西北风毛菊 *Saussurea petrovii* Lipsch.

多年生草本，高 5 ～ 20cm。茎直立。基生叶及下部与中部茎叶线形、线状长圆形或长圆形，长 2 ～ 10cm，宽 2 ～ 4mm，顶端急尖或渐尖，基部楔形渐狭，无柄，边缘有稀疏的小锯齿，齿顶有软骨质小尖头；上部茎叶及最上部茎叶小，线形，边缘全缘，全部叶两面异色，腹面绿色，无毛，背面灰白色，被稠密的白色绒毛。头状花序少数，在茎顶排列成伞房花序。总苞圆柱状；总苞片 4 ～ 5 层，外层卵形，顶端短渐尖，中层长圆形，顶端短渐尖，内层长椭圆形，顶端急尖，全部总苞片外面被稀疏的白色蛛丝状短柔毛。小花粉红色。瘦果圆柱状，褐色。花果期 6 ～ 9 月。

生于海拔约 2000m 的石质山坡上，见于汝箕沟。

盐地风毛菊 *Saussurea salsa* (Pall.) Spreng.

多年生草本，高 15 ～ 50cm。茎单生或数个，上部或自中部以上伞房花序状分枝。基生叶与下部茎叶全部长圆形，长 5 ～ 30cm，宽 2 ～ 6cm，大头羽状深裂或浅裂，侧裂 2 对，椭圆形或三角形；中下部茎叶长圆形、长圆状线形或披针形，无柄；上部茎叶明显较小，披针形，基部楔形，无柄，全缘，绿色，背面有白色透明的腺点，叶质地厚，肉质。头状花序多数，在茎枝顶端排成伞房花序，有花序梗。总苞狭圆柱状；总苞 7 层，外层卵形，中层披针形，顶端急尖，内层长披针形，顶端急尖，全部总苞片外面被蛛丝状绵毛。小花粉紫色。瘦果长圆形，红褐色。花果期 7 ～ 9 月。

生于草甸或盐碱地上，见于山前盐碱滩。

阿右风毛菊 *Saussurea jurineoides* H. C. Fu

多年生草本，高 10 ～ 20cm。茎单生或少数丛生，直立，具纵条棱。叶片椭圆形或披针形，长 5 ～ 8cm，宽 1.5 ～ 2cm，不规则羽状深裂或全裂；顶裂片条形或条状披针形，先端渐尖，全缘；侧裂片 4 ～ 8 对，平展，向下或稍向上弯，披针形或条状披针形，先端渐尖，具小尖头全缘或疏具小齿；叶具短柄，基部扩大半抱茎。上部叶较小，披针形或条状披针形，疏具小牙齿，或呈不规则羽状浅裂或深裂，接近头状花序。头状花序单生于茎顶；总苞宽钟状；总苞片 5 层，黄绿色，先端具刺尖，反折，密被长柔毛和腺点，外层的卵状披针形，中层的披针形，内层的条状披针形；托片条状钻形；花冠粉红色。瘦果圆柱形，褐色，具纵肋；冠毛 2 层，白色。花果期 7 ～ 8 月。

生于海拔 2500 ～ 2700m 的干旱石质山坡上，见于苏峪口沟、插旗口沟。

苓菊属 *Jurinea* Cass.

蒙疆苓菊 *Jurinea mongolica* Maxim.

多年生草本，高达 25cm。茎基密被绵毛及残存褐色叶柄。茎粗壮，分枝。基生叶长椭圆形或长椭圆状披针形，羽状深裂、浅裂或齿裂，侧裂片 3 ～ 4 对，长披针形或长椭圆状披针形，裂片全缘，反卷；茎生叶两面几同色，绿色或灰绿色，疏被蛛丝毛。头状花序大，单生于枝端；总苞碗状；总苞片 4 ～ 5 层，革质，最外层的披针形，中层的披针形或长圆状披针形，最内层的线状长椭圆形或宽线形；苞片革质，直立。花冠红色。瘦果淡黄色，倒圆锥状。花期 5 ～ 8 月。

生于山麓草原化荒漠或荒漠草原的覆沙地、干河床上，见于东坡北部山麓和落石滩。

牛蒡属 *Arctium* L.

牛蒡　*Arctium lappa* L.

二年生草本，高 30 ～ 80cm。茎直立，上部多分枝，具纵条棱，疏被短柔毛。基生叶大型，丛生，宽卵形或心形，长 40 ～ 50cm，宽 30 ～ 40cm，先端钝，具小尖头，基部心形，全缘或具小齿，常波状起伏，腹面绿色，无毛，背面灰绿色，密被灰白色绵毛；叶柄长，粗壮，具纵棱，疏被绵毛；茎生叶互生，宽卵形，具短柄。头状花序单生于枝顶或多数排列成伞房状；总苞球形；总苞片多层，刚硬，下部边缘具骨质齿，顶端具钩状刺；管状花紫红色。瘦果椭圆形或倒卵形，具 3 条棱；冠毛短，刚毛状。花果期 6 ～ 8 月。

生于山麓水沟、村舍附近，见于苏峪口沟、小口子沟。

蓟属 *Cirsium* Mill.

丝路蓟　*Cirsium arvense* (L.) Scop.

多年生草本。茎直立，高 50 ～ 160cm，上部分枝，接头状花序下部有稀疏蛛丝毛。下部茎叶长 7 ～ 17cm，宽 1.5 ～ 4.5cm，羽状浅裂或半裂，基部渐狭，齿缘针刺较短；中部及上部茎叶渐小，全部叶两面同色，绿色或背面色淡。头状花序较多数在茎枝顶端排成圆锥状伞房花序。总苞片约有 5 层，覆瓦状排列。小花紫红色，雌性小花细管部为细丝状；两性小花花冠细管部为细丝状。全部小花檐部 5 裂，几达基部。瘦果淡黄色，几圆柱形，顶端截形，但稍见偏斜。冠毛污白色，多层，基部连合成环，整体脱落；冠毛刚毛长羽毛状。花果期 6 ～ 9 月。

生于沟谷河边湿地，见于插旗口沟。

刺儿菜　*Cirsium arvense* var. *integrifolium* Wimm. & Grab.

多年生草本，高 30 ～ 60cm。茎直立，具纵沟棱，无毛或疏被蛛丝状毛。茎下部叶及中部叶长 5 ～ 10cm，宽 1 ～ 2.5cm，先端钝或尖，基部渐狭或钝圆，无毛或疏被蛛丝状毛，背面灰白色，被蛛丝状毛，无柄；上部叶渐变小。头状花序单生于茎顶或数个生于茎顶和枝端；总苞钟形；总苞片多层，外层的较短，先端具刺尖，内层的较长，线状披针形，先端长渐尖，干膜质，边缘及上部背面疏被蛛丝状毛，雌雄异株，花冠紫红色。瘦果椭圆形或长卵形，稍扁，无毛；冠毛羽状，初较花冠短，果熟时与花冠等长或较长。花果期 7 ～ 9 月。

生于山麓村舍、路旁及农田，为东坡习见植物。

大刺儿菜 *Cirsium arvense* var. *setosum* (Willd.) Ledeb.

多年生草本，高 50 ～ 100cm。茎下部叶和中部叶长椭圆形或长椭圆状披针形，长 5 ～ 12cm，宽 2 ～ 5cm，先端钝，具刺尖，基部渐狭，边缘具缺刻状粗锯齿或羽状浅裂，裂片先端及边缘具细刺，腹面绿色，无毛或疏被蛛丝状毛，背面淡绿色，疏被蛛丝状毛，无柄或具短柄；上部叶渐变小，全缘或具齿。头状花序多数在茎顶排列成疏松的伞房花序；总苞钟形；总苞片多层，外层的较短，卵状披针形，先端具刺尖，内层的较长，线状披针形；先端稍扩展，干膜质；花单性，雌雄异株，花冠紫红色，花冠裂片深至冠檐的基部。瘦果倒卵形或椭圆形，无毛；冠毛羽状，较花长。花果期 6 ～ 9 月。

生于山麓村舍、路旁及农田，为东坡习见植物。

飞廉属 *Carduus* L.

飞廉　*Carduus nutans* L.

二年生或多年生草本。茎单生或簇生，茎枝疏被蛛丝毛和长毛。中下部茎生叶长卵形或披针形，长 10 ～ 40cm，羽状半裂或深裂，侧裂片 5 ～ 7 对，斜三角形或三角状卵形，两面同色，沿脉被长毛。头状花序下垂或下倾，单生于茎枝顶端；总苞钟状或宽钟状，总苞片多层，向内层渐长，无毛或疏被蛛丝状毛，最外层长三角形，中层及内层三角状披针形，长椭圆形或椭圆状披针形，最内层苞片宽线形或线状披针形。小花紫色。瘦果灰黄色，楔形，稍扁，有多数浅褐色纵纹及横纹，果缘全缘；冠毛白色，锯齿状。花果期 6 ～ 10 月。

生于山麓村舍、道路或干河床上，为东坡习见植物。

麻花头属 *Klasea* Cass.

蕴苞麻花头　*Klasea centauroides* subsp. *strangulata* (Iljin) L. Martins

多年生草本，高 35 ～ 80cm。茎直立，单生或少数丛生，不分枝，具纵沟棱，下部疏被皱曲毛。基生叶与茎下部的叶椭圆形，长 10 ～ 15cm，宽 3.5 ～ 5cm，两面被皱曲的毛，边缘具短缘毛；叶柄柄基扩展成鞘状，带紫红色；茎中部及上部的叶大头羽状深裂，顶裂片较宽大，三角状卵形或卵状披针形，边缘具不规则的齿牙。头状花序单生于茎顶；总苞半球形；总苞片 5 ～ 6 层，上半部紫褐色，外层和中层总苞片卵形，先端尖至具锐尖头，内层矩圆形，顶端具线形淡黄色的附片；花冠紫红色。瘦果椭圆形，褐色。花期 6 ～ 7 月，果期 7 ～ 9 月。

生于海拔 2400 ～ 2600m 的石质山坡和岩缝中，见于苏峪口沟。

漏芦属 *Rhaponticum* Vaill.

顶羽菊 *Rhaponticum repens* (L.) Hidalgo

多年生草本，高 30 ～ 50cm。茎直立，多分枝，具纵棱，密被灰白色短绵毛。叶长椭圆状披针形至线状长椭圆形，长 2 ～ 8cm，宽 3 ～ 10mm，先端锐尖，具小尖头，基部渐狭，全缘或具疏齿或裂片，腹面无毛，背面疏被灰白色绵毛，两面密生腺点；无柄。头状花序单生于枝端；总苞卵形或椭圆状卵形；总苞片 4 ～ 5 层，外层的宽卵形，上半部透明膜质，先端急尖，下半部绿色，质稍厚，内层的披针形或宽披针形，透明膜质，先端渐尖，被浅棕色长柔毛；花冠紫红色。瘦果圆柱形，褐色。花期 6 ～ 7 月，果期 7 ～ 8 月。

生于山麓盐碱地、居民点附近或沟谷干河床上，见于苏峪口沟、汝箕沟、石炭井等。

祁州漏芦　*Rhaponticum uniflorum* (L.) DC.

多年生草本，高 40 ～ 80cm。茎直立，单生，不分枝，具纵沟棱，被白色绵毛或短柔毛。基生叶与茎下部叶长椭圆形，长 10 ～ 20cm，宽 2 ～ 6cm，羽状深裂至全裂，裂片矩圆形、卵状披针形或线状披针形，先端尖或钝，边缘具不规则的齿牙，两面被蛛丝状绵毛与短糙毛；叶柄密被绵毛；茎中部及上部叶较小，具短柄或无柄。头状花序大；总苞宽钟形；总苞片多层，外层与中层总苞片宽卵形或卵形，掌状撕裂状，内层披针形或线形；花冠淡紫红色。瘦果倒圆锥形，棕褐色。花期 6 ～ 7 月，果期 7 ～ 8 月。

生于海拔 1800 ～ 2000m 的石质山坡上，见于苏峪口沟、黄旗口沟、大水沟、甘沟等。

鸦葱属 *Takhtajaniantha* Nazarova

鸦葱　*Takhtajaniantha austriaca* (Willd.) Zaika, Sukhor. & N. Kilian

多年生草本，高 5 ～ 50cm。茎直立。基生叶线形或狭线形，长 6 ～ 35cm，宽 3 ～ 8mm，先端长渐尖，基部渐狭成具翅的柄，柄基扩展成鞘状，边缘平直或稀稍波状皱曲，两面无毛，叶脉白色。头状花序单生于茎顶；总苞钟形；总苞片 3 ～ 4 层，外层的三角状卵形或卵形，先端尖或钝，内层的披针形或披针状长椭圆形，先端钝；舌状花黄色。瘦果圆柱形，黄棕色。花期 6 ～ 7 月，果期 7 ～ 8 月。

生于海拔 2000 ～ 2500m 的石质山坡或沟谷岩缝中，见于苏峪口沟、甘沟等。

棉毛鸦葱 *Takhtajaniantha capito* (Maxim.) Zaika, Sukhor. & N. Kilian

多年生草本，高 5 ～ 13cm。茎少数或多数簇生。基生叶莲座状，卵形、匙形、长椭圆形、披针状长椭圆形或线状长椭圆形，长 5 ～ 9cm，宽 0.3 ～ 2.5cm，顶端圆形或钝或尾状长渐尖，向下渐狭成长或短柄，柄基鞘状扩大，半抱茎；茎生叶少数，2 ～ 3 片，较小，卵形或披针形；全部叶质地坚硬，稍革质，边缘皱波状，离基有五至九出脉。头状花序单生于茎端，极少单生于枝端；总苞钟状；总苞片 4 ～ 5 层，外层向内层渐长，外层的卵形或长卵形，中层的长椭圆状披针形，内层长披针形；舌状小花黄色。瘦果圆柱状，淡黄色。花果期 5 ～ 8 月。

生于低山石质山坡上，见于南段洪积扇。

蒙古鸦葱 *Takhtajaniantha mongolica* (Maxim.) Zaika, Sukhor. & N. Kilian

多年生草本，高 10 ～ 20cm。茎基部平卧、斜升或直立，不分枝或上部分枝。叶厚，稍肉质，具不明显的 3 ～ 5 条脉，基生叶披针形或线状披针形，长 5 ～ 10cm，宽 2 ～ 9mm，先端渐尖或锐尖，具小尖头，基部渐狭成短柄，柄基扩大成鞘状。头状花序单生于茎顶或分枝顶端；总苞圆柱形；总苞片 3 ～ 4 层，无毛，外层三角状卵形或宽卵形，内层长椭圆形或线状长椭圆形，先端尖；舌状花 12 ～ 15 朵，黄色。瘦果圆柱形，黄褐色。花期 6 ～ 7 月，果期 7 ～ 8 月。

生于山麓草原化荒漠中，见于汝箕沟。

帚状鸦葱　*Takhtajaniantha pseudodivaricata* (Lipsch.) Zaika, Sukhor. & N. Kilian

多年生草本。根粗壮，颈部具多数纤维状残存枯叶。茎多数自根颈发生，多分枝，分枝细长，向上弯曲，具纵条棱，被短柔毛。叶线形，先端长渐尖，无毛，上部叶短小。头状花序单生于枝顶；总苞圆柱状；总苞片约有 5 层，外层的三角形，先端尖，内层的披针状长椭圆形，边缘狭膜质；具 7 ～ 12 朵舌状花，黄色，两性，结实。瘦果圆柱形，稍弯曲，暗褐色，冠毛羽状。花期 5 ～ 6 月，果期 7 ～ 8 月。

生于低山石质山坡上，见于汝箕沟、苏峪口沟。

拐轴鸦葱属 *Lipschitzia* Zaika, Sukhor. & N. Kilian

拐轴鸦葱　*Lipschitzia divaricata* (Turcz.) Zaika, Sukhor. & N. Kilian

多年生草本。根圆柱形，不分枝。茎多数自根状茎上部发生，叉状分枝，灰绿色，具白粉。叶线形，先端反卷弯曲，两面被短柔毛，上部叶短小。头状花序单生于枝顶；总苞柱状；总苞片 3 ～ 4 层，外层的卵形，先端尖，中肋明显隆起，内层的披针形，先端稍钝，边缘干膜质，背面密生白色蛛丝状短毛；舌状花 4 ～ 5 朵，黄色，与内层总苞片等长，两性，结实。瘦果圆柱形，淡黄褐色，具纵棱，无毛，冠毛羽状。花期 5 ～ 6 月，果期 7 ～ 8 月。

生于山麓荒草原的砾沙地或干河床上，见于道路沟。

岩参属 *Cicerbita* Wallr.

抱茎岩参　*Cicerbita auriculiformis* (C. Shih) N. Kilian

一年生草本，高 75cm。茎直立，单生，基部直径 2mm，上部圆锥花序状分枝，无毛。基部叶花期枯萎脱落；中部茎叶大头羽状全裂或深裂，有 3 ～ 9cm 的狭翼柄；上部茎叶渐小，不分裂，长心形或披针状心形，向基部渐扩大或极扩大抱茎。头状花序多数，在茎枝顶端排成圆锥状花序，含 5 朵舌状小花。总苞狭圆柱状，长 8mm，宽 2mm；总苞片 2 层，外层的极短，顶端急尖，内层的长，长椭圆形，顶端钝；全部总苞片外面无毛。舌状小花紫色。瘦果倒披针形或长椭圆形，压扁，每面有 4 条细肋，无毛，黄褐色，顶端突然收窄成长 1mm 的喙。花果期 8 月。

生于海拔 2000 ～ 2500m 的沟谷岩缝中，见于苏峪口沟。

莴苣属 *Lactuca* L.

乳苣　*Lactuca tatarica* (L.) C. A. Mey.

多年生草本，高 10 ～ 60cm。茎单生或数个丛生，直立或斜升，上部分枝，具纵棱，无毛。基生叶及茎下部叶质厚，长椭圆形或长椭圆状披针形，长 5 ～ 15cm，宽 1 ～ 2.5cm，先端锐尖或渐尖，具小尖头，基部渐狭成具翅的柄，柄基稍扩展，半抱茎，羽状浅裂至深裂，侧裂片三角形或三角状披针形，边缘具小尖齿牙，两面无毛，灰绿色；茎上部叶披针形，全缘，无柄。头状花序多数，在茎顶排列成开展的圆锥花序；总苞圆筒形；总苞片 3 层；舌状花紫色或淡紫色。瘦果长椭圆形，灰色或黑色。花果期 6 ～ 8 月。

生于海拔 1700m 以下的浅山沟谷或干河床上，为东坡习见植物。

苦苣菜属 *Sonchus* L.

苣荬菜　*Sonchus wightianus* DC.

多年生草本，高 30 ～ 80cm。基生叶与茎下部的叶长椭圆形、长椭圆状披针形或倒披针形，长 5 ～ 17cm，宽 1 ～ 2.5cm，先端圆钝或急尖，基部渐狭成具翅的柄，茎下部叶柄基稍扩大半抱茎，边缘具波状牙齿或羽状浅裂，裂片三角形，边缘具不规则的细尖齿牙。头状花序 4 ～ 10 个，在茎顶排列成疏散的伞房花序；总苞宽钟形；总苞片约有 3 层，外层的狭卵形，中层的披针形或卵状披针形，先端尖，内层的线状披针形或线形，先端钝；舌状花黄色。瘦果长椭圆形，褐色。花果期 6 ～ 8 月。

生于山麓农田、地梗、村舍附近，见于小口子沟、苏峪口沟。

苦苣菜 *Sonchus oleraceus* L.

一年生或二年生草本，高 20 ～ 70cm。茎直立。叶互生，质薄，长椭圆形、倒卵状长椭圆形或卵状椭圆形，长 7 ～ 18cm，宽 5 ～ 9cm，大头羽状深裂或全裂，或羽状深裂，顶裂片大，三角形或三角状戟形，侧裂片椭圆形、卵状椭圆形或三角形，边缘具不规则的小尖齿牙，两面无毛；下部叶有具翅的柄，上部叶无柄，基部扩展为尖的戟形耳，抱茎。头状花序数个，在茎顶排列成伞房花序；总苞钟形或圆筒形；总苞片约有 3 层，不等长，外层的卵状披针形，中层的披针形，先端尖，内层的线状长椭圆形，先端钝，边缘膜质；舌状花黄色。瘦果长椭圆状倒卵形，褐色。花果期 5 ～ 8 月。

生于山麓农田、地梗、村舍附近，为东坡习见植物。

蒲公英属 *Taraxacum* F. H. Wigg.

蒲公英 *Taraxacum mongolicum* Hand.-Mazz.

多年生草本，高 10 ～ 40cm。叶倒卵状披针形、倒卵状长椭圆形或倒披针形，长 5 ～ 25cm，宽 1 ～ 6cm，先端钝圆或急尖，基部渐狭成柄，大头羽状深裂或浅裂，或不分裂而边缘具不规则的倒向齿牙。顶裂片较大，三角形或三角状戟形，侧裂片三角形或三角状披针形，全缘或有小齿，裂片间夹生有小齿，两面无毛，叶柄及主脉常带红色。花葶 1 至数个，与叶近等长或较叶为长；总苞宽钟形；总苞片 2 ～ 3 层，外层的卵状披针形或披针形，内层的线状披针形，长为外层总苞片的 1.5 ～ 2 倍，顶端具小角；舌状花黄色。瘦果倒披针形，棕褐色。花果期 5 ～ 7 月。

生于沟谷、干河床或溪流湿地上，为东坡习见植物。

东北蒲公英　*Taraxacum ohwianum* Kitam.

多年生草本。叶倒披针形，长 10 ～ 30cm，先端尖或钝，不规则羽状浅裂至深裂，裂片三角形或长三角形，全缘或边缘疏生齿。花葶多数，高 10 ～ 20cm，花期超出叶或与叶近等长，微被疏柔毛，近顶端处密被白色蛛丝状毛；头状花序直径 25 ～ 35mm；总苞长 13 ～ 15mm；外层总苞片花期伏贴，宽卵形，暗紫色，具狭窄的白色膜质边缘，边缘疏生缘毛；内层总苞片线状披针形，长为外层总苞片的 2 ～ 2.5 倍，先端钝；舌状花黄色，边缘花舌片背面有紫色条纹。瘦果长椭圆形，麦秆黄色，长 3 ～ 3.5mm，上部有刺状突起，向下近平滑，顶端略突然缢缩成圆锥至圆柱形喙基，长 0.5 ～ 1mm；喙纤细，长 8 ～ 11mm；冠毛污白色，长 8mm。花果期 4 ～ 6 月。

生于海拔 1800 ～ 2300m 的沟谷、溪流湿地中，见于苏峪口沟、黄旗口沟。

白缘蒲公英 *Taraxacum platypecidum* Diels

多年生草本，高 7 ～ 15cm。叶倒卵状披针形或披针形，长 6 ～ 10cm，宽 1.5 ～ 2.5cm，先端稍钝或尖，基部渐狭成柄，紫红色，羽状浅裂，顶裂片大，三角形，全缘或具疏齿，侧裂片小，三角形或长三角形，下倾，全缘或上侧具疏齿，两面被蛛丝状长柔毛。花葶 2 至数个，与叶等长或较叶长；总苞宽钟形，外层的宽卵形或卵状披针形，具狭的膜质边缘，背面绿色，顶端无小角，边缘具蛛丝状缘毛，内层的卵状披针形或卵状长椭圆形，长为外层总苞片的 2 倍，顶端无小角；舌状黄色，外围舌片背面具橘红色条纹。瘦果淡褐色。花果期 6 ～ 7 月。

生于海拔 1800 ～ 2200m 的沟谷、溪流湿地中，见于苏峪口沟、黄旗口沟。

深裂蒲公英 *Taraxacum asiaticum* (Tausch) Kirschner & Štěpánek

多年生草本。叶线形或狭披针形，长 4 ～ 20cm，宽 3 ～ 9mm，具波状齿，羽状浅裂至羽状深裂，顶裂片较大，戟形或狭戟形，两侧的小裂片狭尖，侧裂片三角状披针形至线形，裂片间常有缺刻或小裂片。花葶数个，与叶等长或长于叶，顶端光滑或被蛛丝状柔毛；头状花序总苞基部卵形；外层总苞片宽卵形、卵形或卵状披针形，有明显的宽膜质边缘，先端有紫红色突起或较短的小角；内层总苞片线形或披针形，长是外层总苞片的 2 ～ 2.5 倍，先端有紫色略钝突起或不明显的小角；舌状花黄色。瘦果倒卵状披针形，麦秆黄色或褐色。花果期 4 ～ 9 月。

生于山麓河溪、塘坝边缘湿地中，为东坡习见植物。

苦荬菜属 *Ixeris* Cass.

中华苦荬菜　*Ixeris chinensis* (Thunb.) Nakai

多年生草本，高 10 ～ 30cm。茎丛生，具分枝，直立或斜升。基生叶莲座状，线状披针形，长 2 ～ 15cm，宽 0.3 ～ 1cm，先端渐尖或钝圆，基部渐狭下延成柄，边缘全缘、具疏齿牙或不规则的羽状浅裂或深裂；叶柄基部扩展；茎生叶 1 ～ 2 个，披针形或线状披针形，先端渐尖，基部稍抱茎，无柄。头状花序多数，排列成疏伞房状圆锥花序；总苞圆筒状；总苞片 2 层，外层总苞片小，卵形，先端尖，边缘狭膜质，内层总苞片线状披针形或线状矩圆形，先端钝或尖，边缘狭膜质；舌状花黄色、白色或淡紫红色。瘦果狭披针形，稍扁，红棕色。花果期 5 ～ 8 月。

生于沟谷、林缘下，为东坡习见植物。

假还阳参属 *Crepidiastrum* Nakai

叉枝假还阳参　*Crepidiastrum akagii* (Kitag.) J. W. Zhang & N. Kilian

多年生草本，高 15 ～ 35cm。茎多数丛生，直立，由基部开始呈二叉状分枝，具纵条棱，无毛。基生叶多数，长椭圆状披针形或倒披针形，长 3 ～ 10cm，宽 1 ～ 3cm，先端渐尖或锐尖，基部渐狭成柄，羽状深裂，裂片三角形或三角状卵形，全缘或具 1 ～ 2 个尖齿牙，两面无毛；茎生叶线形，全缘，无柄。头状花序在茎顶排列成聚伞状圆锥花序；总苞圆筒形；总苞片 2 层，外层的短小，卵形或卵状披针形，顶端背面具小角，内层的线状长椭圆形，边缘膜质，顶端背面具小角；舌状花黄色。瘦果纺锤形，黑色，具粗细不等的纵肋。花果期 7 ～ 8 月。

生于海拔 1800 ～ 2500m 的山坡或沟谷岩缝中，见于苏峪口沟。

尖裂假还阳参　*Crepidiastrum sonchifolium* (Bunge) Pak & Kawano

多年生草本，高 20 ～ 40cm。茎直立，丛生或单生。基生叶铺散，倒卵状披针形，长 3 ～ 7cm，宽 7 ～ 15mm，先端圆钝或急尖，基部渐狭下延成柄，边缘具疏齿牙、缺刻状粗齿牙或不规则羽状深裂；茎生叶狭小，线状披针形或矩圆状披针形，先端锐尖，基部扩展成耳状抱茎，耳圆形，全缘或下部具尖齿牙。头状花序多数，排列成稍疏散的伞房状圆锥花序；总苞圆筒形；总苞片 2 层，外层的小，卵形或三角状卵形，内层的线形或线状披针形；舌状花淡黄色。瘦果线状披针形，黑色，具 10 条等粗的纵棱，棱上具刺状小突起。花果期 6 ～ 8 月。

多生于沟谷、灌丛中，为东坡习见植物。

细叶假还阳参　*Crepidiastrum tenuifolium* (Willd.) Sennikov

多年生草本，高 10 ～ 35cm。茎数个丛生或单生，直立。基生叶披针形或长椭圆状披针形，长 5 ～ 15cm，宽 1.5 ～ 3cm，羽状全裂或深裂，裂片线形或线状披针形，全缘或具疏齿牙，两面无毛，具长柄；上部叶狭线形，全缘，无柄。聚伞状圆锥花序顶生；总苞圆筒形；总苞片 2 层，外层的短小，卵状披针形，顶部背面具小角，内层的线状长椭圆形，长为外层总苞片的 3 ～ 3.5 倍，顶端钝，边缘膜质，背部被白色皱曲柔毛，顶端背部具明显小角；舌状花黄色或淡黄色。瘦果纺锤形，黑色，具数条粗细不等的纵肋。花果期 7 ～ 9 月。

生于海拔 2200 ～ 2500m 的岩缝或石质山坡上，见于苏峪口沟、汝箕沟等。

还阳参属 *Crepis* L.

还阳参 *Crepis rigescens* Diels

多年生草本，高 20 ～ 60cm。茎直立，自上部或自中部以上分枝。基部茎叶极小，鳞片状或线钻形；中部茎叶线形，长 3 ～ 8cm，宽 0.5 ～ 5mm，边缘全缘，反卷，两面无毛。头状花序直立，在茎枝顶端排成伞房状花序。总苞圆柱状至钟状；总苞片 4 层，外面被白色蛛丝状毛或无毛，外层及最外层的小，不等长，线形或披针形，顶端急尖，内层及最内层的披针形或椭圆状披针形，顶端急尖，边缘白色膜质，内面无毛。舌状小花黄色。瘦果纺锤形，黑褐色。花果期 4 ～ 7 月。

生于海拔 1600 ～ 2500m 的石质山坡、草坡上，见于苏峪口沟、黄渠口沟、小口子沟、甘沟、大水沟等。

合耳菊属 *Synotis* (C. B. Clarke) C. Jeffrey & Y. L. Chen

术叶合耳菊 *Synotis atractylidifolia* (Y. Ling) C. Jeffrey & Y. L. Chen

半灌木，高 30 ～ 50cm。地下茎粗壮，木质。茎直立，丛生，下部木质化，无毛，常带暗紫红色。基生叶花期枯萎，茎生叶互生，长 3 ～ 8cm，宽 0.5 ～ 1.5cm，先端渐尖，基部渐狭，边缘具细锯齿；无柄。头状花序多数；总苞筒状钟形或钟形；总苞片 1 层，约 8 个，先端尖，带紫红色，边缘膜质，外层具 1 ～ 3 个小总苞片；舌状花 3 ～ 5 朵，花冠舌片黄色，管状花约有 10 朵。瘦果圆柱形，褐色，具纵棱，无毛；冠毛糙毛状，白色。花期 6 ～ 9 月，果期 8 ～ 10 月。

生于海拔 1600 ～ 2400m 的沟谷、岩缝或干河床上，为东坡习见植物。

火绒草属 *Leontopodium* R. Br. ex Cass.

火绒草　*Leontopodium leontopodioides* (Willd.) Beauverd

多年生草本，高 10 ～ 30cm。花茎直立，密生白色绵毛状茸毛。茎生叶长 2 ～ 4cm，宽 2 ～ 4mm，具小尖头，基部稍狭，两面密被绵毛状茸毛；苞叶少数，较茎上部叶短，与花序等长或稍长，先端尖，两面密被茸毛，稍直立，不组成展开的苞叶群；头状花序 5 ～ 7 个，密集；总苞半球形，密被白色绵毛状茸毛，总苞片约 4 层；小花雌雄异株，稀同株；雄花花冠狭漏斗形，顶端具裂片；雌花花冠细管状，顶端具裂片。瘦果长圆柱状；冠毛白色，稍长于花冠，雄花冠毛上部不增粗或增粗，雌花冠细丝状，具细齿或上部具毛状齿。花期 6 ～ 7 月，果期 7 ～ 9 月。

生于海拔 2000 ～ 2500m 的山坡或林缘中，见于苏峪口沟、黄旗口沟、大水沟、甘沟等。

矮火绒草 *Leontopodium nanum* (Hook. f. & Thomson ex C. B. Clarke) Hand.-Mazz.

多年生垫状草本，高 4 ～ 10cm。根状茎分枝细，木质。不育枝叶呈莲座状。花茎通常单生，直立，密生白色长绵毛或后渐脱落。基部叶丛生；茎生叶匙形或线状匙形，长 5 ～ 15mm，宽 2 ～ 3mm，先端圆钝，基部渐狭成短窄的鞘部，边缘平，质稍厚，两面密被长柔毛状绵毛，苞叶少数，与茎生叶同形而较短小，与花序等长、稍短或稍长，直立，不开展成星状苞叶群。头状花序 1 ～ 3 个；总苞被灰白色绵毛，总苞片 4 ～ 5 层，线形或披针形，先端钝或尖，褐色或深褐色，无毛，露于绵毛之上；花雌雄异株；雄花花冠漏斗状；雌花花冠细管状，先端 4 裂，花柱外露，柱状 2 裂，不等长。不育子房和瘦果无毛或疏被短毛；冠毛白色，基部带淡褐色，雌花冠毛细丝状，具短锯齿，雄花冠毛上部增粗。花期 5 ～ 6 月，果期 6 ～ 7 月。

生于海拔 2900 ～ 3500m 的高山灌丛或草甸，见于苏峪口沟。

紫菀属 *Aster* L.

阿尔泰狗娃花 *Aster altaicus* Willd.

多年生直立草本，高 20 ～ 60cm，被腺点和毛。叶互生，条形、矩圆状披针形、倒披针形或近匙形，长 2.5 ～ 6cm，稀 10cm，宽 0.7 ～ 1.5cm，两面或背面被毛，常有腺点。头状花序，单生于枝顶或排成伞房状；总苞片 2 ～ 3 层，草质，被毛和腺，边缘膜质；舌状花约有 20 朵，舌片浅蓝紫色；筒状花有 5 片裂片，其中 1 片较长。瘦果扁，倒卵状矩圆形，被绢毛，上部有腺点；冠毛污白色或红褐色，有不等长的微糙毛。花果期 7 ～ 9 月。

生于山麓荒漠草原或草原化荒漠中，为东坡习见植物。

三脉紫菀 *Aster ageratoides* Turcz.

多年生草本，高 40 ～ 100cm。茎直立，有柔毛或粗毛。下部叶宽卵形，急狭成长柄，在花期枯落；中部叶椭圆形或矩圆状披针形，长 5 ～ 15cm，宽 1 ～ 5cm，顶端渐尖，基部楔形，边缘有 3 ～ 7 对浅或深锯齿；上部叶渐小，有浅齿或全缘；全部叶纸质，腹面有短糙毛，背面有短柔毛，或两面有短茸毛，背面沿脉有粗毛，有离基三出脉，侧脉 3 ～ 4 对。头状花序，排列成伞房状或圆锥伞房状；总苞倒锥状或半球形；总苞片 3 层，条状矩圆形，上部绿色或紫褐色，下部干膜质；舌状花 10 余朵，舌片紫色、浅红色或白色；筒状花黄色。瘦果，冠毛浅红褐色或污白色。花果期 7 ～ 12 月。

生于海拔 1500 ～ 1900m 的山地林缘、灌丛中，见于甘沟、黄渠口沟等。

紫菀木属 *Asterothamnus* Novopokr.

中亚紫菀木 *Asterothamnus centraliasiaticus* Novopokr.

半灌木，高 20 ～ 40cm，下部多分枝，枝有被绒毛的腋芽，小枝被灰白色卷曲短绒毛。叶矩圆状条形或近条形，长 12 ～ 15mm，宽 1.5 ～ 2mm，边缘反卷，背面被灰绿色、腹面被灰白色卷曲密绒毛。头状花序较大，在枝端排成疏伞房状，总花梗较粗壮，总苞宽倒卵形，总苞片 3 ～ 4 层，上端通常紫红色，背面被灰白色蛛丝状短毛，边缘白色，宽膜质，边缘舌状花淡紫色，两性花筒状；花柱分枝顶端有短三角状附器；冠毛糙毛状，与花冠等长。花果期 7 ～ 9 月。

生于山麓沟谷、干河床或沙砾地中，见于甘沟、汝箕沟、苏峪口沟。

飞蓬属 *Erigeron* L.

堪察加飞蓬 *Erigeron acris* subsp. *kamtschaticus* (DC.) Hara

二年生草本，高 30 ～ 75cm。茎直立，单生或簇生，上部具分枝或无，疏被多细胞长毛或近无毛。基生叶和茎下部叶倒披针形，长 2 ～ 10cm，宽 3 ～ 10mm，先端锐尖，基部渐狭，边缘疏具不规则小锯齿，两面及边缘疏被硬毛，具叶柄；中部及上部叶密生，较小，披针形，全缘，无柄。头状花序多数在茎顶排列成圆锥状；总苞片 3 层，边缘膜质，背面被短腺毛，或混生有长硬毛；雌花二型，外层花舌状，淡紫色，内层花管状，两性花管状，花冠管部上端均被微毛。瘦果密被短伏毛；冠毛两层，外层短，内层长。花果期 7 ～ 9 月。

生于低山沟谷或干燥山坡上，见于大水沟、苏峪口沟。

长茎飞蓬 *Erigeron acris* subsp. *politus* (Fr.) Schinz & R. Keller

二年生或多年生草本。茎数个，高 10 ～ 50cm，基部直径 1 ～ 4mm，直立，或基部略弯曲，上部有分枝，枝细长，紫色或少有绿色，头状花序下仅有具柄腺毛或杂有少数开展的长硬毛；叶全缘，质较硬，绿色，或叶柄紫色，边缘常有睫毛状的长节毛，两面无毛，基部叶密集，莲座状，花期常枯萎；头状花序较少数，生于伸长的小枝顶端，排列成伞房状或伞房状圆锥花序，长 7 ～ 10mm，宽 12 ～ 22mm，总苞半球形，总苞片 3 层，短于花盘，舌片淡红色或淡紫色，顶端全缘，较内层细管状，无色；两性花管状，黄色，长 3.5 ～ 5mm，檐部窄锥形，管部长 1.5 ～ 5mm，上部被疏微毛，裂片暗紫色。瘦果长圆状披针形，扁压，密被多少贴生的短毛；冠毛白色，2 层，刚毛状，外层的极短，内层的长 4.5 ～ 6mm。花期 7 ～ 9 月。

生于海拔 2500 ～ 3000m 的林缘、灌丛或草甸，见于苏峪口沟。

小蓬草　*Erigeron canadensis* L.

一年生草本。茎直立，高 50 ～ 100cm 或更高，圆柱状，多少具棱，有条纹。叶密集，基部叶花期常枯萎，下部叶倒披针形，长 6 ～ 10cm，宽 1 ～ 1.5cm，顶端尖，基部渐狭成柄，边缘具疏锯齿或全缘，中部和上部叶较小，线状披针形或线形，近无柄或无柄，全缘或少有具 1 ～ 2 个齿。头状花序多数，小，排列成顶生多分枝的大圆锥花序；花序梗细，总苞近圆柱状；总苞片 2 ～ 3 层，淡绿色，线状披针形或线形，顶端渐尖，边缘干膜质，无毛；花托平，具不明显的突起；雌花多数，舌状，白色，舌片小，稍超出花盘，线形，顶端具 2 个钝小齿；两性花淡黄色，花冠管状，长 2.5 ～ 3mm，上端具 4 或 5 个齿裂，管部上部被疏微毛。瘦果线状披针形，长 1.2 ～ 1.5mm，稍扁压，被贴微毛；冠毛污白色，1 层，糙毛状。花期 5 ～ 9 月。

生于村舍旁，见于马莲口沟。

亲蒿属 *Elachanthemum* Y. Ling et Y. R. Ling

亲蒿 *Elachanthemum intricatum* (Franch.) Y. Ling & Y. R. Ling

一生年草本，高 15 ～ 25cm。茎直立，自基部多分枝，紫红色，疏被柔毛。叶长 1 ～ 3cm，羽状分裂，裂片 7 片，其中 2 对生于叶的基部呈托叶状，先端具 3 片裂片，裂片线形，茎上部的叶 5 裂、3 裂或线形不裂，被绵毛；无叶柄。头状花序多数，在茎顶排列成疏松的伞房花序；总苞杯状半球形，总苞片 3 ～ 4 层，卵形或卵状椭圆形，具明显中肋，边缘宽膜质，外面密被白色长绵毛；小花花冠黄色，顶端裂片狭三角形。瘦果斜倒卵形，具 15 ～ 20 条细沟纹。花果期 9 ～ 10 月。

生于山麓草原化荒漠或干河床上，见于东坡山前洪积扇。

女蒿属 *Hippolytia* Poljakov

贺兰山女蒿 *Hippolytia kaschgarica* (Krasch.) Poljakov

亚灌木，高达 50cm。当年枝密被贴伏尘状柔毛。叶长椭圆形、披针形或椭圆形，长 1.5 ～ 2cm，羽状分裂，侧裂片 2 ～ 5 对，全缘或有单齿或 2 个齿，接花序下部的叶有时匙形，全缘，不裂；叶腹面毛稀或沿脉毛稍多，背面灰白色，密被贴伏柔毛。头状花序 3 ～ 10 个，排成束状伞房花序，花序梗被白色贴伏柔毛；总苞钟状，总苞片约有 4 层，有光泽，外层的披针形，中层的椭圆形，内层的倒披针形，中内层的边缘浅褐或白色膜质。两性小花有腺点。瘦果。花果期 8 ～ 10 月。

生于海拔 1500 ～ 2400m 的石质山坡或岩壁石缝中，见于甘沟、黄旗口沟、苏峪口沟、插旗口沟、汝箕沟、大口子沟等。

亚菊属 *Ajania* Poljakov

蓍状亚菊　*Ajania achilleoides* (Turcz.) Poljakov ex Grubov

小半灌木，高 15 ～ 25cm。茎由基部多分枝，基部木质，具纵棱，密被灰色短柔毛或叉状毛。茎下部和中部叶卵形或宽卵形，长 10 ～ 15mm，宽 5 ～ 10mm，二回羽状全裂，小裂片线形，先端钝，两面密被短柔毛；上部叶羽状全裂或不裂。头状花序在茎枝端排列成伞房状；总苞钟形或卵圆形，总苞片 3 ～ 4 层，黄色，有光泽，外层的卵形，中内层的卵形或矩圆状倒卵形，边缘膜质，淡褐色；雌花花冠细管状，两性花花冠管状，被腺点。瘦果褐色。花果期 8 ～ 9 月。

生于海拔 2000m 以下的山坡草地上，为东坡习见植物。

灌木亚菊 *Ajania fruticulosa* (Ledeb.) Poljakov

小半灌木，高 8 ～ 25cm。茎灰绿色或灰白色，基部麦秆黄色或淡红色，被白色短柔毛。中部叶长 0.8 ～ 3.2cm，宽 0.9 ～ 2cm，二回掌状或掌式羽状 3 ～ 5 全裂，一回侧裂片 1 对，通常三出，末回裂片线形或倒披针状线形，茎上部和下部的叶 3 ～ 5 全裂，两面被顺向贴状的短柔毛。头状花序多数，在茎顶排列成伞房花序；总苞钟形；总苞片 4 层，边缘白色或带浅褐色，膜质，外层总苞片卵形或卵状披针形，无毛或疏被短柔毛，中内层的椭圆形，无毛；边花雌性，约 5 个，花冠细管状，顶端 3 齿裂，盘花两性，花冠具腺点，顶端 5 齿裂。瘦果椭圆形。花果期 7 ～ 9 月。

生于山缘石质山坡上，见于苏峪口沟、甘沟、石炭井等。

铺散亚菊 *Ajania khartensis* (Dunn) C. Shih

多年生草本，高 10 ～ 30cm。茎多数，铺散，密被贴伏长柔毛。叶长 0.8 ～ 1.5cm，宽 0.5 ～ 1.5cm，二回掌状或几掌状 3 ～ 5 全裂，末回裂片椭圆形，茎上部和下部的叶通常 3 裂，基部具短柄。头状花序 3 ～ 6 个，在茎顶排列成伞房花序，稀在茎顶单生头状花序；总苞宽钟形，总苞片 4 层，边缘棕褐色宽膜质，背面被密或稀疏的短柔毛，外层的披针形，中内层的宽披针形至长椭圆形；边花雌性，6 ～ 8 朵，细管状，顶端 3 ～ 4 齿裂，盘花两性，管状，顶端 5 齿裂。瘦果椭圆形。花果期 8 ～ 9 月。

生于海拔 1400 ～ 2300m 的砾石质山坡上，见于苏峪口沟、黄旗口沟、甘沟、大口子沟等。

菊属 *Chrysanthemum* L.

小红菊　*Chrysanthemum chanetii* H. Léveillé

多年生草本，高 20 ～ 60cm。基生叶和茎下部叶宽卵形、近圆形或肾形，长 2.5 ～ 3.5cm，宽 2 ～ 3.5cm，通常 3 ～ 5 掌状或羽状浅裂或半裂，基部截形或浅心形，边缘具齿，两面被柔毛和腺点；叶柄长 3 ～ 5cm，具狭翅；上部叶小。头状花序多数或少数，在茎顶排列成疏的伞房状，稀单生于茎顶；总苞浅杯状，被白色长柔毛；总苞片 4 ～ 5 层，外层的线形，仅先端具膜质，中、内层的渐短，边缘膜质。舌状花粉红色、紫红色或白色，先端具 2 ～ 3 个小齿；管状花。瘦果倒卵形，先端截形，具纵肋。花果期 8 ～ 10 月。

生于海拔 1800 ～ 2800m 的沟谷、林下或草甸上，见于贺兰口沟、苏峪口沟、小口子沟、黄旗口沟等。

栉叶蒿属 *Neopallasia* Poljakov

栉叶蒿 *Neopallasia pectinata* (Pall.) Poljakov

一年生或二年生草本，高 15 ～ 50cm。茎直立，单一或自基部多分枝，带淡紫色，被白色绢毛。叶长椭圆形，长 1.5 ～ 3cm，宽 0.5 ～ 1cm，一至二回栉齿状羽状分裂，小裂片刺芒状，质稍硬，无毛。头状花序无梗或近无梗，卵形或宽卵形，单生或数个集于叶腋，再在茎上组成紧密的穗状花序或狭圆锥状花序；总苞片 3 ～ 4 层，椭圆状卵形，边缘宽膜质，无毛；边缘雌花 2 ～ 4 朵，花冠狭管状，能育；盘花两性，9 ～ 16 朵，花冠管状钟形，下部的能育，上部的不育。瘦果椭圆形，黑色，排列在圆锥状花序托的下部成 1 圈。花果期 7 ～ 9 月。

生于山麓草原化荒漠、荒漠草原或干河床上，为东坡习见植物。

蒿属 *Artemisia* L.

碱蒿 *Artemisia anethifolia* Weber ex Stechm.

一年生或二年生草本，高 20 ～ 50cm。茎多分枝，初被短绒毛，后脱落。基生叶长 3 ～ 4.5cm，宽 1.5 ～ 3cm，二至三回羽状全裂，裂片再羽状全裂，小裂片狭线形，长 3 ～ 8mm，宽 1 ～ 2mm，具长柄；茎中部叶长 2.5 ～ 3cm，宽 1 ～ 2cm，二回羽状全裂，每侧裂片 3 ～ 4 个，无叶柄或具短柄；茎上部叶与苞叶无柄。头状花序半球形或宽卵形，在枝上排列成穗状总状花序，在茎顶组成疏散宽展的圆锥花序；总苞片 3 ～ 4 层，外、中层的椭圆形或披针形，背面被灰白色蛛丝状毛，内层的卵形，边缘宽膜质，无毛。边花雌性，3 ～ 6 朵，花冠狭管状，黄色，盘花两性，18 ～ 26 朵，花冠管状，顶端 5 齿裂。瘦果椭圆状倒卵形。花果期 7 ～ 9 月。

生于山麓盐碱地和村舍附近，为东坡习见植物。

黄花蒿　*Artemisia annua* L.

一年生草本，高大。茎直立，多分枝，无毛。茎下部叶片宽卵形，三至四回带齿状羽状深裂，裂片具带齿状三角形裂齿，叶轴两侧具狭翅，叶柄基部具半抱茎的小托叶；茎中部叶二至三回带齿状羽状深裂；茎上部叶与叶一至二回羽状深裂。头状花序球形，总状、复总状花序或圆锥花序；总苞片 3 ～ 4 层，近等长，外层的卵形，中、内层的宽卵形；边花雌性，花冠狭管状，黄色，外面被腺点，盘花两性，花冠管状。瘦果长椭圆形。花果期 8 ～ 10 月。

生于海拔 2300m 以下的沟谷、山麓冲沟、村舍附近，为东坡习见植物。

艾　*Artemisia argyi* H. Lév. & Vaniot

多年生草本。茎下部叶近圆形，羽状深裂，裂片椭圆形，腹面被灰白色短柔毛，具小腺点，背面密被蛛丝状毛；茎中部叶三角状卵形，羽状深裂，裂片卵状披针形，叶基渐狭成短柄。头状花序椭圆形，排列穗状花序、复穗状花序或圆锥花序；总苞片 3 ～ 4 层，外层的小，卵形，背面密被灰白色蛛丝状毛，中层的长卵形；边花雌性，花冠狭管状，紫色，盘花两性，花冠管状，顶端紫色。瘦果长卵状椭圆形。花果期 7 ～ 10 月。

生于山麓村舍附近、渠边，见于山前洪积扇。

白莎蒿　*Artemisia blepharolepis* Bge.

一、二年生草本。茎单生，高达 60cm，分枝多，茎、枝密被灰白色细柔毛。叶两面密被灰白色柔毛；茎下部叶与中部叶卵形或长圆形，长 1.5 ～ 4cm，二回栉齿状羽状分裂，一回全裂，每侧裂片 5 ～ 8 片，裂片长卵形或近倒卵形，长 0.3 ～ 0.5cm，边缘稍反卷，二回栉齿状深裂，每裂片侧边有 5 ～ 8 个栉齿，基部有小型或栉齿状分裂的假托叶；上部叶与苞片叶栉齿状羽状深裂或浅裂或不裂。头状花序椭圆形或长椭圆形，具短梗及小苞叶，排成穗状短总状花序，在茎上组成开展圆锥花序；总苞片疏被灰白色柔毛；雌花 2 ～ 3 朵；两性花 3 ～ 6 朵。瘦果椭圆形。花果期 7 ～ 10 月。

生于北部荒漠化的山麓、干河床或覆沙地上，见于北部山麓。

沙蒿 *Artemisia desertorum* Spreng.

多年生草本。茎直立，上部分枝，具纵棱。茎下部叶长圆形，二回羽状全裂或深裂，小裂片线形，背面被灰黄色长柔毛；茎中部叶稍小，长卵形，一至二回羽状深裂；茎上部叶 3 ～ 5 深裂，无柄；苞叶线状披针形。头状花序卵球形，排成总状花序、复总状花序或圆锥花序；总苞片 3 ～ 4 层，外层的略小，外、中层的卵形，内层的长卵形，无毛；边花雌性，花冠狭圆锥状，顶端 2 齿裂；盘花两性，花冠管状，不育。瘦果长椭圆形。花果期 8 ～ 10 月。

生于山麓覆沙地、冲沟沙地或干河床，见于山体北段。

龙蒿 *Artemisia dracunculus* L.

多年生草本，高 40 ～ 120cm。茎直立，通常丛生，多分枝，褐色或绿色，具纵棱，微被短柔毛。茎下部叶花期凋落；茎中部叶线状披针形或线形，长 3 ～ 7cm，宽 2 ～ 3mm，先端渐尖，基部渐狭，全缘，两面被短柔毛，后无毛或近无毛；茎上部叶及苞叶略短小。头状花序球形、卵球形或近半球形，在枝上排列成复总状花序，在茎顶再组成宽展或稍狭窄的圆锥花序；总苞片 3 层，近等长，外层的略狭小，卵形，背面绿色，无毛，中、内层的圆卵形或卵形；边花雌性，6 ～ 10 朵，花冠狭管状或稍呈狭圆锥状，顶端 2 齿裂；盘花两性，8 ～ 14 朵，花冠管状，不育。瘦果倒卵状椭圆形。花果期 8 ～ 10 月。

生于海拔 1600 ～ 2300m 的石质山坡、沟谷或岩缝中，见于苏峪口沟、黄旗口沟、汝箕沟、大水沟等。

无毛牛尾蒿 *Artemisia dubia* var. *subdigitata* (Mattf.) Y. R. Ling

亚灌木状草本。茎丛生，高达 1.2m，分枝长 15cm 以上，常屈曲延伸；茎、枝、叶下面初被灰白色柔毛，后无毛。基生叶与茎下部叶卵形或长圆形，羽状 5 深裂，有时裂片有 1 ～ 2 片小裂片，无柄，中部叶卵形，羽状 5 深裂，裂片椭圆状披针形或披针形，基部成柄状，有披针形或线形假托叶；上部叶与苞片叶指状 3 深裂或不裂，裂片或不裂苞片叶椭圆状披针形或披针形。头状花序宽卵圆形或球形，基部有小苞叶，排成穗状总状花序及复总状花序，茎上组成开展、具多分枝的圆锥花序；总苞片无毛；雌花 6 ～ 8 朵；两性花 2 ～ 10 朵。瘦果小长圆形或倒卵圆形。花果期 8 ～ 10 月。

生于溪流湿地及干河床上，见于苏峪口沟、插旗口沟。

南牡蒿 *Artemisia eriopoda* Bunge

多年生草本，高 30 ～ 70cm。茎直立，单生或丛生，紫红色，基部被长柔毛，中上部无毛。基生叶和茎下部叶圆形、倒卵圆形或椭圆形，长 3 ～ 7cm，宽 2 ～ 5cm，羽状深裂或全裂，裂片宽倒卵形，先端掌状分裂，边缘具数个不规则的缺刻状浅裂或深裂片；茎中部叶椭圆形或近圆形，羽状全裂，裂片线状披针形，具 1 ～ 3 个裂齿，两面无毛；上部叶披针形，3 ～ 5 裂或不裂。头状花序多数，在茎枝端排列成扩展的圆锥状；总苞卵形；总苞片 3 ～ 4 层，无毛，有光泽；花黄色，雌花管状锥形，两性花管状钟形。瘦果褐色。花果期 7 ～ 10 月。

生于海拔 1300 ～ 2500m 的石质山坡、灌丛、林缘中，见于苏峪口沟、黄旗口沟、插旗口沟、汝箕沟等。

冷蒿 *Artemisia frigida* Willd.

多年生草本，高 40 ～ 70cm。茎基部木质，丛生，基部以上少分枝，被短茸毛。叶二至三回羽状全裂，长 1cm，宽达 1cm，下部裂片常 2 ～ 3 裂，顶部裂片又常羽状或掌状全裂，小裂片又常 3 ～ 5 裂，裂片多少条形，顶端稍尖，基部的裂片抱茎成托叶状；上部叶小，3 ～ 5 裂。头状花序较少数，排列成狭长的总状或复总状花序，有短梗及数个条形苞叶，下垂；总苞球形，花黄色；总苞片约有 3 层，卵形，被茸毛，有绿色中脉，边缘膜质；花序托有白色托毛；花筒状，内层的两性，外层的雌性。瘦果矩圆形，无毛。

生于海拔 1600 ～ 2500m 的山坡草地上，见于苏峪口沟、贺兰口沟、黄旗口沟、甘沟等。

甘肃蒿 *Artemisia gansuensis* Y. Ling & Y. R. Ling

半灌木状草本。茎常成小丛，高达 40cm。茎、枝、叶两面及总苞片初被灰白色微柔毛。基生叶与茎下部叶宽卵形或近圆形，长 2 ～ 3cm，二回羽状全裂，每侧裂片 2 ～ 4，裂片 3 全裂，小裂片窄线形，先端具小尖头，叶柄短；中部叶宽卵形或近圆形，一至二回羽状全裂，每侧裂片 2 个，小裂片窄线形，近无柄；上部叶与苞片叶无柄，5 或 3 全裂。头状花序卵状钟形或宽卵圆形，基部小苞叶极小，排成穗状总状花序，在茎上组成中等开展圆锥花序；雌花 3 ～ 6 朵；两性花 4 ～ 8 朵。瘦果倒卵圆形。花果期 8 ～ 10 月。

生于海拔 1880 ～ 2300m 的石质山坡、沟谷中，见于黄旗口沟、苏峪口沟。

细裂叶莲蒿 *Artemisia stechmanniana* Besser

亚灌木状草本。茎丛生。茎、枝初被灰白色绒毛。叶腹面初被灰白色柔毛，背面密被灰或淡灰黄色蛛丝状柔毛；茎下部、中部与营养枝叶长 2 ～ 4cm，二至三回栉齿状羽状分裂，一至二回羽状全裂，每侧裂片 4 ～ 5 片，小裂片先端尖，边缘常具数个小栉齿，叶柄基部有栉齿状假托叶；上部叶一至二回栉齿状羽状分裂；苞片叶栉齿状羽状分裂、披针形或披针状线形。头状花序近球形，排成穗状花序或穗状总状花序，在茎上组成总状窄圆锥花序；外层总苞片背面被灰白色柔毛或近无毛，花序托半球形；雌花 10 ～ 12 朵；两性花 40 ～ 60 朵。瘦果长圆形。花果期 8 ～ 10 月。

生于海拔 1600 ～ 2500m 的山坡林缘、灌丛中，为东坡习见植物。

华北米蒿 *Artemisia giraldii* Pamp.

多年生草本。茎直立，基部木质，暗紫红色。茎中部叶卵形，二回羽状全缘，侧裂片长椭圆形，小裂片全缘或有锯齿，羽轴有锯齿状小裂片，疏被毛或无毛，有腺点。头状花序球形，下垂，多数在茎枝上排列成狭窄或稍开展的圆锥状；总苞片 3 层，外层的卵状矩圆形，内层的宽椭圆形，边缘宽膜质，近无毛；雌花狭管状，两性花管状，具腺毛。瘦果卵状矩圆形。花果期 8 ～ 10 月。

生于沟谷河床上，见于黄旗口沟、甘沟、汝箕沟等。

白莲蒿 *Artemisia gmelinii* Weber ex Stechm.

半灌木状草本。茎多数，常组成小丛，高 50 ～ 100cm，褐色或灰褐色，具纵棱，下部木质，分枝多而长。茎下部与中部叶长 2 ～ 10cm，宽 2 ～ 8cm，二至三回栉齿状羽状分裂，基部有小型栉齿状分裂的假托叶；上部叶略小，一至二回栉齿状羽状分裂；苞片叶栉齿状羽状分裂或不分裂，为线形或线状披针形。头状花序近球形，下垂；总苞片 3 ～ 4 层，外层总苞片近膜质或膜质，背面无毛；雌花 10 ～ 12 朵，花冠狭管状或狭圆锥状，檐部具 2 裂齿，花柱线形，伸出花冠外；两性花 20 ～ 40 朵，花冠管状，花药椭圆状披针形，上端附属物尖，花柱与花冠管近等长，先端二叉，叉端有短睫毛。瘦果狭椭圆状卵形或狭圆锥形。花果期 8 ～ 10 月。

生于海拔 1600 ～ 2500m 的石质山坡、林缘灌丛中，为东坡习见植物。

白叶蒿　*Artemisia leucophylla* (Turcz. ex Bess.) C. B. Clarke

多年生草本。茎、枝微被蛛丝状柔毛。叶腹面被蛛丝状绒毛，兼疏生白色腺点，背面密被灰白色蛛丝状绒毛；茎下部叶椭圆形或长卵形，一至二回羽状深裂或全裂，每侧裂片 3 片，裂片宽菱形、椭圆形或长圆形，羽状分裂，每侧具 1 ～ 3 个小裂片或浅裂齿，叶柄长 1 ～ 2cm，两侧偶有小裂齿；中部与上部叶羽状全裂，每侧具裂片 2 ～ 3 片，裂片线状披针形、线形、椭圆状披针形或披针形，无柄；苞片叶 3 ～ 5 全裂或不裂。头状花序宽卵圆形或长圆形，基部常有小苞片，数片成簇或单生，排成穗状花序，在茎上半部组成稍密集窄圆锥花序；总苞片背面绿或带紫红色，被蛛丝状毛；雌花 5 ～ 8 朵；两性花 6 ～ 13 朵，檐部及花冠上部红褐色。瘦果倒卵圆形。花果期 7 ～ 10 月。

生于海拔 1900 ～ 2300m 的山坡沟谷中，见于苏峪口沟。

蒙古蒿　*Artemisia mongolica* (Fisch. ex Besser) Nakai

多年生草本。茎少数或单生，分枝多，茎、枝初密被灰白色蛛丝状柔毛。叶腹面初被蛛丝状柔毛，背面密被灰白色蛛丝状绒毛，下部叶卵形或宽卵形，二回羽状全裂或深裂，第一回全裂，每侧裂片 2 ～ 3 片，羽状深裂或浅裂齿；中部叶卵形、近圆形或椭圆状卵形，一至二回羽状分裂，第一回全裂，每侧裂片 2 ～ 3 片，裂片椭圆形、椭圆状披针形或披针形，羽状全裂，稀深裂或 3 裂，小裂片披针形、线形或线状披针形，叶基部渐窄成短柄；上部叶与苞片叶卵形或长卵形，羽状全裂、5 或 3 全裂，无裂齿或 1 ～ 3 个浅裂齿，无柄。头状花序多数，椭圆形，小苞叶线形，排成穗状花序，在茎上组成窄或中等开展圆锥花序；总苞片背面密被灰白色蛛丝状毛；雌花 5 ～ 10 朵；两性花 8 ～ 15 朵，檐部紫红色。瘦果长圆状倒卵圆形。花果期 8 ～ 10 月。

生于山麓边缘村舍及山谷河滩、沙质地上，为东坡习见植物。

黑沙蒿　*Artemisia ordosica* Krasch.

半灌木。茎直立，丛生，老枝灰白色，幼枝淡紫红色。叶黄绿色，半肉质，无毛，茎下部叶二回羽状全裂，小裂片狭线形；茎中部叶卵形，一回羽状全裂，裂片狭线形；茎上部叶 3 ～ 5 全裂。头状花序卵形，排成总状花序、复总状花序或圆锥花序；总苞片 3 ～ 4 层，外层和中层总苞片卵形，背面黄绿色，无毛，边缘膜质，内层长卵形；边花雌性，花冠狭圆锥状，顶端 2 齿裂，盘花两性，花冠管状，不育。瘦果倒卵状长椭圆形。花果期 8 ～ 10 月。

生于山麓覆沙地、冲沟沙地上，见于东坡北端各沟道。

褐苞蒿　*Artemisia phaeolepis* Krasch.

多年生草本。茎上部初密被平贴柔毛，不分枝或茎中部具少数着生头状花序细短分枝。叶椭圆形或长圆形，腹面近无毛，微有小凹点，背面初微被灰白色长柔毛，基生叶与茎下部叶二至三回栉齿状羽状分裂；中部叶二回齿状羽状分裂，长 2 ～ 6cm，第一回为羽状全裂，每侧有裂片 5 ～ 7 个，裂片两侧具多片栉齿状或短披针形小裂片；苞片叶披针形或线形，全缘或有少数栉齿。头状花序少数，半球形，下垂，排成总状花序或穗状总状花序，在茎上排成总状窄圆锥花序；总苞片 3 ～ 4 层，内、外层近等长，具褐色的宽膜质边缘。花序托半球形，雌花 12 ～ 18 朵，两性花 40 ～ 80 朵。瘦果长圆形或长圆状倒卵圆形。花果期 7 ～ 10 月。

生于海拔 1800 ～ 2400m 的林缘、灌丛草甸中，见于黄旗口沟。

猪毛蒿　*Artemisia scoparia* Waldst. & Kit.

一年生或二年生草本。主根长圆锥形。茎直立，单一，红褐色，被灰黄色绢质柔毛。基生叶近圆形，二至三回羽状全裂，两面被灰白色绢质柔毛；下部叶长卵形，二至三回羽状全裂，小裂片狭线形；茎中部叶长圆形，一至二回羽状全裂，小裂片细线形。头状花序近球形，排成复总状花序或圆锥花序；总苞片 2 ～ 3 层，外层的卵形，无毛，中、内层的长卵形；边花雌性，花冠狭圆锥形，盘花两性，花冠管状，不育。瘦果倒卵状长椭圆形。花果期 7 ～ 10 月。

生于海拔 1300 ～ 2500m 的山坡、灌丛、林缘石缝中，见于苏峪口沟、黄旗口沟、插旗口沟、汝箕沟等。

裂叶蒿 *Artemisia tanacetifolia* L.

多年生草本，高 20 ～ 60cm。茎直立，单生或数个丛生，下部近无毛，上部疏被蛛丝状毛，中部以上分枝。基生叶和茎下部叶长圆形或椭圆形，长 4 ～ 8cm，宽 2 ～ 6cm，二回羽状全裂，侧裂片椭圆形，小裂片矩圆状披针形或线状披针形，长 1.5 ～ 3mm，宽 0.5 ～ 1mm，全缘或具小锯齿，叶轴具疏生栉齿状小裂片，两面疏被短伏毛并密被腺点；叶柄长 5 ～ 12cm；上部叶渐小，羽状全裂或不裂。头状花序半球形或球形，下垂，多数在茎枝上排列成狭窄的圆锥状；总苞片 3 ～ 4 层，无毛，有光泽，外层宽卵形，狭膜质边缘，内层宽椭圆形，淡黄褐色，宽膜质边缘；雌花冠细管状，两性花管状，无毛或被柔毛和腺点。瘦果暗褐色。花果期 7 ～ 9 月。

生于海拔 1800 ～ 2500m 的沟谷河溪边、湿地、山地草甸中，见于大水沟、插旗口沟、黄旗口沟。

辽东蒿　*Artemisia verbenacea* (Kom.) Kitag.

多年生草本。茎高达 70cm，上部具短小分枝，茎、枝初被灰白色蛛丝状短绒毛。叶腹面初被灰白色蛛丝状绒毛及稀疏的白色腺点，背面密被灰白色蛛丝状绵毛；茎下部叶卵圆形或近圆形，长 2 ～ 4cm，一至二回羽状深裂，稀全裂，每侧裂片 2 ～ 3 片，裂片椭圆形，先端具 2 ～ 3 浅裂齿；中部叶宽卵形，一回全裂，每侧裂片 3 片，小裂片长椭圆形或椭圆状披针形，两侧常有短小裂齿或裂片，基部具假托叶；上部叶羽状全裂，苞片叶 3 ～ 5 全裂。头状花序长圆形或长卵圆形，有小苞叶，排成穗状花序，在茎上常组成疏离、稍开展或窄圆锥花序；总苞片背面密被灰白色蛛丝状绵毛；雌花 5 ～ 8 朵；两性花 8 ～ 20 朵。瘦果长圆形或倒卵状椭圆形。花果期 8 ～ 10 月。

生于海拔 1400 ～ 2400m 的沟谷溪边湿地中，见于插旗口沟、苏峪口沟。

大籽蒿　*Artemisia sieversiana* Ehrhart ex Willd.

一、二年生草本。茎单生，高达 1.5m，纵棱明显，分枝多；茎、枝被灰白色微柔毛。下部与中部叶宽卵形或宽卵圆形，两面被微柔毛，长 4 ～ 8cm，二至三回羽状全裂，稀深裂，每侧裂片 2 ～ 3 片，小裂片线形或线状披针形，长 0.2 ～ 1cm，宽 1 ～ 2mm；上部叶及苞片叶羽状全裂或不裂。头状花序大，多数排成圆锥花序，总苞半球形或近球形，具短梗，基部常有线形小苞叶，在分枝排成总状花序或复总状花序，并在茎上组成开展或稍窄的圆锥花序；总苞片背面被灰白色微柔毛或近无毛；花序托凸起，半球形，有白色托毛。雌花 20 ～ 30 朵；两性花 80 ～ 120 朵。瘦果长圆形。花果期 6 ～ 10 月。

生于海拔 2300m 以下的山坡、沟谷，为东坡习见植物。

旋覆花属 *Inula* L.

旋覆花 *Inula japonica* Thunb.

多年生草本，高 30 ～ 50cm。茎直立，单生，具纵沟棱。叶互生，中部叶最大，长 3 ～ 9cm，宽 0.8 ～ 2.5cm，先端渐尖，且具圆形小耳，半抱茎，腹面绿色，疏被平伏柔毛，背面淡绿色，疏被柔毛及腺点。头状花序较大，数个排列成疏散的伞房花序；总苞半球形，总苞片约有 5 层，外层的披针形或线状披针形，草质，边缘具缘毛，内层的线形，中肋绿色，具宽的淡黄色膜质边缘，具腺点及短缘毛；边花舌状，黄色，具 3 ～ 4 条浅棕色的脉纹，先端 3 齿裂；中央盘花多数，管状，黄色，顶端具 5 齿。冠毛 1 层，与管状花等长。瘦果圆柱形，疏被短毛。花期 6 ～ 9 月，果期 9 ～ 10 月。

生于山地沟谷湿地，为宁夏贺兰山习见植物。

线叶旋覆花 *Inula linariifolia* Turcz.

多年生草本，高 25 ～ 50cm。茎直立，单生或 2 ～ 3 个丛生，上部分枝，具纵沟，被短柔毛，上部混有腺毛。基生叶和下部叶条状披针形，有时圆状披针形，长可达 15cm，宽 5 ～ 10mm，先端渐尖，下部渐狭成长柄，边缘常反卷，有不明显的小锯齿，质较厚，腹面无毛，背面被蛛丝状柔毛，有腺点；中、上部叶条状披针形至条形，渐狭小，渐无柄。头状花序直径 1.5 ～ 35cm，在枝端单生或 3 ～ 5 个排列成伞房状；总苞半球形；总苞片 4 层，外层的较短，披针形，先端尖，上部草质，被腺点和短柔毛，下部革质，内层的条形，干膜质，有缘毛；舌片矩圆状条形。瘦果具细沟，被微毛；冠毛 1 层，白色，与管状花冠等长。花果期 6 ～ 10 月。

生于山麓水田及沟渠中，见于汝箕沟。

蓼子朴　*Inula salsoloides* (Turcz.) Ostenf.

多年生草本，高 20 ～ 40cm。茎自基部开始多分枝，具纵沟棱，被短粗毛。叶互生，长 5 ～ 8mm，宽 1 ～ 2mm，先端钝或稍尖，基部略心形或圆形小耳，半抱茎，全缘，常反卷，背面被腺点及长硬毛。头状花序单生于枝端；总苞倒卵形；总苞片 4 ～ 5 层，外层的披针形，内层的先端尖，最内层的线形，黄绿色，干膜质，边缘密生短缘毛；边缘雌花舌状，舌片线状长椭圆形，淡黄色，顶端具 3 个小齿，花柱分枝细长；中央盘花管状。冠毛与管状花等长或稍长。瘦果圆柱形，被腺毛和疏粗毛。花期 6 ～ 8 月，果期 8 ～ 10 月。

生于山麓盐碱湿地中，见于汝箕沟。

花花柴属 *Karelinia* Less.

花花柴 *Karelinia caspia* (Pall.) Less.

多年生草本，高 50 ～ 100cm。茎直立，粗壮，多分枝，圆柱形，中空。叶互生，长 1.5 ～ 6.5cm，宽 0.5 ～ 2.5cm，先端钝或圆形，基部有戟形或圆形小耳，抱茎，全缘。头状花序 3 ～ 7 个，生于枝端；总苞卵圆形或短圆柱形，总苞片约有 5 层，外层的卵圆形，顶端圆形，内层的披针形，顶端稍尖，长是外层的 3 ～ 4 倍，外面被短毡状毛，边缘具长缘毛；小花黄色或紫红色，雌花花冠长细管状；花柱顶端稍尖；两性花花冠细管状，上部稍宽；花药超出花冠；花柱分枝较短，顶端尖。雌花冠毛有微糙毛，两性花冠毛顶端稍粗，有细齿。瘦果圆柱形，具 4 ～ 5 条纵棱，无毛。花期 7 ～ 9 月，果期 9 ～ 10 月。

生于山麓盐碱滩涂，见于石炭井附近。

鬼针草属 *Bidens* L.

小花鬼针草 *Bidens parviflora* Willd.

一年生草本，高 30 ～ 60cm。茎直立，具分枝，有纵棱，疏被柔毛。叶对生或上部叶互生，长 3 ～ 7cm，宽 2 ～ 5cm，二至三回羽状分裂，第一回羽状全裂，裂片再次羽状深裂，小裂片具 1 ～ 2 个粗齿或再作第 3 次分裂，最终裂片线形或线状披针形，腹面无毛，背面沿脉被短硬毛；叶柄腹面及边缘被短柔毛。头状花序单生于茎或枝的顶端；总苞筒形，基部被长柔毛，外层总苞片线形或线状披针形，边缘疏具短缘毛，内层的长椭圆形或披针形，先端尖，背部黄褐色，边缘膜质；花全为管状，两性，顶端 4 裂。瘦果线形，略具 4 条棱，被短毛，顶端具 2 个生倒刺毛的芒。花期 6 ～ 8 月，果期 8 ～ 9 月。

生于浅山沟谷、干河床或路旁，为东坡习见植物。

狼耙草　*Bidens tripartita* L.

一年生草本。茎无毛。叶对生，下部叶不裂，具锯齿；中部叶具柄，叶柄长 0.8 ～ 2.5cm，有窄翅，叶无毛或背面有极稀硬毛，长 4 ～ 13cm，长椭圆状披针形，3 ～ 5 深裂，两侧裂片披针形或窄披针形，顶生裂片披针形或长椭圆状披针形；上部叶披针形，3 裂或不裂。头状花序单生于茎枝端，花序梗较长；总苞盘状，外层总苞片 5 ～ 9 片，线形或匙状倒披针形，叶状，内层总苞片长椭圆形或卵状披针形，膜质，褐色，具透明或淡黄色的边缘。无舌状花，全为筒状两性花，冠檐 4 裂。瘦果扁，楔形或倒卵状楔形，边缘有倒刺毛，顶端具 2 个芒刺，两侧有倒刺毛。

生于山麓村舍、道路旁，见于小口子沟。

苍耳属 *Xanthium* L.

苍耳 *Xanthium strumarium* L.

一年生草本，高 30 ～ 80cm。叶互生，长 4 ～ 9cm，宽 5 ～ 10cm，先端尖或钝，边缘具不明显的 3 ～ 5 浅裂，裂片边缘具不整齐的齿牙；叶柄常带暗紫色，疏被短伏毛。总苞片披针状长椭圆形，被短柔毛，雄花多数，花冠钟形，边缘具 5 齿；雌性头状花序椭圆形或卵状椭圆形，外层总苞片小，被短柔毛，内层总苞片结合成囊状，后变硬，外面被钩状刺。花期 7 ～ 8 月，果期 8 ～ 9 月。

生于山麓农田、村舍附近，为东坡习见植物。

牛膝菊属 *Galinsoga* Ruiz & Pav.

粗毛牛膝菊 *Galinsoga quadriradiata* Ruiz & Pav.

一年生草本，高 8 ～ 62cm。茎纤细。叶对生，卵形或长椭圆状卵形，叶片长 20 ～ 60mm，宽 15 ～ 45mm；基部圆形、宽或狭楔形，顶端渐尖或钝，基出三脉或不明显五出脉，叶边缘有粗锯齿或犬齿。头状花序半球形，有长花梗，多数在茎枝顶端排成疏松的伞房花序。总苞半球形或宽钟状；总苞片 1 ～ 2 层，约 5 片，外层短，内层卵形或卵圆形，顶端圆钝，白色，膜质。舌状花 4 ～ 5 朵，舌片白色，顶端 3 齿裂，筒部细管状，外面被稠密的白色短柔毛；管状花黄色，小花 15 ～ 35 朵，下部被稠密的白色短柔毛。瘦果三棱形，黑色或黑褐色，常压扁，被白色微毛。花果期 7 ～ 10 月。

生于山麓路边、花坛附近，见于小口子沟。

七十二　荚迷科 Viburnaceae

本科共有 4 属约 220 种，主要分布于北温带。中国有 4 属 81 种，其中 1 属 49 种为中国特有。宁夏贺兰山产 1 属 1 种。

荚迷属 *Viburnum* L.

蒙古荚蒾　*Viburnum mongolicum* (Pall.) Rehder

灌木，高 2 ～ 3m。叶片卵形、卵状椭圆形至椭圆形，长 2 ～ 5cm，宽 1.2 ～ 3.5cm，先端圆钝或急尖，基部圆形，稀宽楔形，边缘具浅锯齿，腹面绿色，疏被平伏柔毛，背面浅绿色，疏被星状毛；叶柄被星状毛；复伞状聚伞花序顶生，总花梗被星状毛；花萼管状，萼齿 5 个，三角形或宽三角形；花冠钟形，黄绿色，花冠 5 裂，裂片半圆形；雄蕊 5 枚，着生于花冠筒基部，与花冠等长或稍短。核果椭圆形，核扁，背面具 2 个浅槽，腹面具 3 个浅槽。花期 6 月，果期 6 ～ 8 月。

生于海拔 1500 ～ 2300m 的阴坡、半阴坡和沟谷灌丛中，见于苏峪口沟、贺兰口沟、小口子沟、黄旗口沟。

七十三　忍冬科 Caprifoliaceae

本科共有 42 属约 890 种，世界广布，主要分布于北半球温带。中国有 21 属 143 种，南北地区广布，以西南地区种类最多。宁夏贺兰山产 2 属 4 种。

忍冬属 *Lonicera* L.

金花忍冬　*Lonicera chrysantha* Turcz.

落叶灌木。幼枝、叶柄和总花梗常被开展糙毛、微糙毛和腺。叶纸质，菱状卵形、菱状披针形，长 4 ～ 8cm，先端渐尖或尾尖，两面脉被糙伏毛。总花梗细；苞片线形或窄线状披针形，常高出萼筒。小苞片分离，长为萼筒的 1/3 ～ 2/3；相邻两萼筒分离，常无毛而具腺，萼齿圆卵形、半圆形或卵形；花冠白色至黄色；雄蕊和花柱短于花冠，花丝中部以下有密毛；花柱被柔毛。果熟时红色，圆形。花期 5 ～ 6 月，果期 7 ～ 9 月。

生于海拔 2000 ～ 2300m 沟谷、阴坡灌丛及杂木林中，见于小口子沟、插旗口沟等。

葱皮忍冬　*Lonicera ferdinandi* Franch.

灌木，高 1 ～ 1.5m。叶对生，卵形或卵状矩圆形，长 2 ～ 8.5cm，宽 1 ～ 4.5cm，先端渐尖或长渐尖，基部圆形或微心形，腹面绿色，被平伏柔毛，背面浅绿色，被硬毛；叶柄密被硬毛。花对生于幼枝上部叶腋；苞片卵形，具缘毛，小苞片合生成壶状花杯，完全包围子房，厚革质，外面被毛，里面无毛；相邻的 2 个花萼分离，萼齿小，三角形，被毛；花冠黄色；雄蕊 5 枚，与花冠近等长；花柱被毛，伸出花冠。浆果红色。花期 6 月，果期 7 ～ 8 月。

生于海拔 1700 ～ 2000m 的沟谷、灌丛及杂木林中，见于小口子沟。

小叶忍冬　*Lonicera microphylla* Willd. ex Roem. & Schult.

灌木，高 1.0 ～ 1.5m。幼枝浅棕色，无毛，老枝灰白色，条状剥落。叶对生，倒卵形或倒卵状椭圆形，长 1 ～ 2cm，宽 0.6 ～ 1cm，先端圆形或急尖，基部楔形，腹面绿色，无毛或几无毛，背面灰绿色，被短柔毛，后渐脱落，边缘具疏缘毛，叶柄无毛。花对生；苞片线形，较花萼长；相邻的 2 个花萼大部至几乎全部合生，萼檐环状；花冠淡黄色；雄蕊 5 枚，稍伸出花冠；花柱被柔毛，伸出花冠。浆果近球形，红色。花期 6 月，果期 7 ～ 8 月。

生于海拔 1600 ～ 2600m 的阴坡或半阴坡杂木林中，为东坡习见植物。

缬草属 *Valeriana* L.

小缬草 *Valeriana tangutica* Batalin

多年生细弱草本，高 13 ～ 27cm。基生叶矩圆形或卵形，长 4 ～ 7cm，羽状全裂，顶裂片远较侧裂片大，卵形或菱状卵形，先端钝或急尖，侧生裂片 1 ～ 2 对，疏离或上部 1 对侧裂片与顶裂片靠近，质薄；茎生叶 2 对，疏离，较小，5 深裂，顶裂片大，侧裂片小，先端尖或钝，无柄。伞房状聚伞花序顶生，总苞片线状披针形，边缘具 1 ～ 2 片缺刻状裂片，苞片线形；花萼内卷；花冠漏斗形，白色；雄蕊 3 枚，着生于花冠筒中部，花药稍伸出。瘦果卵状披针形，扁，一面 1 条脉，一面 3 条脉，顶端具多数羽毛状宿萼。花期 6 ～ 7 月，果期 7 ～ 8 月。

生于海拔 2000 ～ 2700m 的阴湿山坡、云杉林缘或岩缝中，见于苏峪口沟、大口子沟、贺兰口沟等。

七十四　伞形科 Apiaceae

本科共有 300 ～ 440（455）属 3000 ～ 3750 种，广布于温带地区，主产于欧亚，尤其是中亚。中国有 99 属 600 余种，全国各地均有分布。宁夏贺兰山产 8 属 10 种。

柴胡属 *Bupleurum* L.

短茎柴胡　*Bupleurum pusillum* Krylov

多年生矮小草本，高 5 ～ 10cm。茎丛生，直立或斜伸，具纵条棱，无毛。基生叶多数，长椭圆状披针形或长椭圆状倒披针形，长 1.5 ～ 4cm，宽 2 ～ 3.5mm，先端急尖，基部渐狭成细柄，扩展成鞘，常带紫红色；茎生叶少数，长椭圆形，基部抱茎，无柄。复伞形花序顶生；总苞片 1 片或无，倒卵状椭圆形，先端急尖，伞辐 3 ～ 6 个，不等长；小总苞片 5 ～ 7 片，狭倒卵形或长椭圆形，先端急尖，具小尖头；小伞形花序具花 5 ～ 15 朵，花瓣黄色。果实卵状椭圆形，棕色。花期 8 ～ 9 月，果期 9 ～ 10 月。

生于海拔 2000 ～ 2500m 的石质山坡或岩缝中，见于苏峪口沟。

红柴胡 *Bupleurum scorzonerifolium* Willd.

多年生草本，高 25 ～ 50cm。茎直立，单生或少数丛生，上部具分枝，稍呈“之”字形弯曲，具纵条棱，基部具纤维状残留叶鞘。基生叶多数，线形或线状披针形，长 10 ～ 30cm，宽 2 ～ 4mm，先端长渐尖，基部收缩成长叶柄；茎生叶小，常内卷，无柄。复伞形花序常腋生；总苞片 1 ～ 5 片，狭卵形至披针形，不等大，先端尖，边缘膜质，伞辐 3 ～ 7 个，纤细，不等长；小总苞片 4 ～ 6 片，线状披针形，先端锐尖，边缘膜质，等长或稍长于小伞形花序；小伞形花序具花 5 ～ 15 朵，花瓣黄色。果实椭圆形。花期 7 ～ 8 月，果期 8 ～ 9 月。

生于海拔 1600 ～ 2300m 的砾石质坡地，见于贺兰口沟、苏峪口沟、小口子沟、黄旗口沟等。

小叶黑柴胡 *Bupleurum smithii* var. *parvifolium* R. H. Shan & Yin Li

多年生草本，高 15 ～ 30cm。茎常数枝丛生，直立或斜上，上部有时具少数短分枝。基生叶密，狭矩圆形、矩圆披针形或倒披针形，长 4 ～ 7cm，宽 4 ～ 9mm，顶端急尖或圆钝有小凸尖，基部渐狭，抱茎，有白色边缘，具 7 ～ 9 条纵脉；叶柄长为叶片的 1/2 ～ 3/5；茎中部叶狭矩圆形或倒披针形，无柄或有短柄。复伞形花序，总花梗多长于伞幅；无总苞片或有 1 ～ 2 片；伞幅 4 ～ 9 个，不等长；小总苞片 5 ～ 7 片，卵形至宽卵形，黄绿色；花梗约有 20 个；花黄色。双悬果卵形。花期 7 ～ 8 月，果期 8 ～ 9 月。

生于海拔 2600 ～ 2800m 的亚高山灌丛草甸或裸岩石缝中，见于贺兰山山脊两侧。

水芹属 *Oenanthe* L.

水芹　*Oenanthe javanica* (Blume) DC.

多年生草本，高 20 ～ 60cm。茎直立。叶三角形或卵状三角形，长 8 ～ 15cm，宽 6 ～ 12cm，二回羽状全裂，一回羽片狭卵形或卵状披针形，具柄，末回羽片卵形、狭卵形至卵状披针形，边缘具不整齐的钝锯齿，两面无毛；茎下部叶与基生叶具长柄，基部近 1/2 扩展成叶鞘，茎上部叶柄短，几乎全部成叶鞘。复伞形花序顶生，无总苞片，伞辐 5 ～ 10 个，不等长；小总苞片 2 ～ 8 片，披针形或线形，先端尖；小伞形花序具花 10 ～ 25 朵；萼齿宽卵状三角形；花瓣白色，宽倒卵形。果实长椭圆形。花期 7 月，果期 8 月。

生于海拔 1400 ～ 2300m 的沟谷溪边或湿地，见于黄旗口沟、小口子沟、拜寺口沟、插旗口沟等。

岩茴香属 *Rupiphila* Pimenov & Lavrova

岩茴香　*Rupiphila tachiroei* (Franch. & Sav.) Pimenov & Lavrova

多年生草本，高 15 ～ 30cm。茎单一或数条簇生，较纤细，常呈“之”字形弯曲，上部分枝，基部有叶鞘残迹。基生叶具长柄，基部略扩大成鞘；叶片轮廓卵形，长 8 ～ 10cm，宽 5 ～ 7cm，三回羽状全裂，末回裂片线形，具 1 条脉；茎生叶少数，向上渐简化。复伞形花序少数；总苞片 2 ～ 4 片，线状披针形，常早落；伞辐 6 ～ 10 个；小总苞片 5 ～ 8 片，线状披针形；萼齿显著，钻形；花瓣白色，长卵形至卵形，先端具内折小舌片，基部具爪；花柱基圆锥形，花柱较长，后期向下反曲。分生果卵状长圆形。花期 7 ～ 8 月，果期 8 ～ 9 月。

生于海拔 2000 ～ 3200m 的沟谷或岩缝，见于苏峪口沟、黄旗口沟、大水沟等。

迷果芹属 *Sphallerocarpus* Bess. ex DC.

迷果芹 *Sphallerocarpus gracilis* (Besser) Koso-Pol.

一年生或二年生草本，高 30 ～ 60cm。茎直立，多分枝，具纵条棱。叶卵形或狭卵形，长 5 ～ 8cm，宽 4 ～ 5cm，二回羽状全裂，一回羽片具柄，小羽片无柄或具短柄，羽状深裂，两面无毛；基生叶及茎下部叶具长柄，长 5 ～ 8cm，基部扩展成鞘，被白色长柔毛；茎上部叶具短柄。复伞形花序顶生或与叶对生；通常无总苞片；伞辐 5 ～ 7 个，小总苞片通常 5 片，卵形或倒卵状椭圆形；小伞形花序具花 10 ～ 15 朵；萼齿小，不显著；花瓣白色。果实椭圆形或卵状椭圆形。花期 6 ～ 7 月，果期 7 ～ 8 月。

生于海拔 1200 ～ 2600m 的山麓沟谷、溪流边或草甸中，见于苏峪口沟、贺兰口沟、黄旗口沟、马莲口沟、汝箕沟等。

葛缕子属 *Carum* L.

葛缕子　*Carum carvi* L.

多年生草本，高 30 ～ 70cm。茎通常单生，稀 2 ～ 8 个。基生叶及茎下部叶的叶柄与叶片近等长，或略短于叶片，叶片轮廓长圆状披针形，长 5 ～ 10cm，宽 2 ～ 3cm，二至三回羽状分裂，末回裂片线形或线状披针形，茎中、上部叶与基生叶同形，较小，无柄或有短柄。无总苞片，稀 1 ～ 3 片，线形；伞辐 5 ～ 10 个，极不等长，无小总苞或偶有 1 ～ 3 片，线形；小伞形花序有花 5 ～ 15 朵，花杂性，无萼齿，花瓣白色，或带淡红色，花柄不等长，花柱长约为花柱基的 2 倍。果实长卵形。花果期 5 ～ 8 月。

生于海拔 1900 ～ 2500m 的沟谷溪水边或湿地中，见于苏峪口沟、贺兰口沟、大水沟等。

蛇床属 *Cnidium* Cuss.

碱蛇床　*Cnidium salinum* Turcz.

多年生草本，高达 50cm。茎单生。基生叶柄长达 10cm，叶长圆状卵形，长约 6cm，一至二回羽状分裂，小裂片倒卵形或倒披针形，先端 2 ～ 3 浅裂或深裂，基部较窄或楔形；茎生叶小裂片线状披针形或镰形；茎顶部叶柄短，鞘状，裂片简化。复伞形花序具长梗，总苞片线形，早落；伞辐 10 ～ 15 个，小总苞片 4 ～ 6 片，线形，边缘稍粗糙。花瓣白色或带粉红色，宽卵形；花柱基垫状。果实长圆状卵形。花期 7 ～ 8 月，果期 8 ～ 9 月。

生于海拔 1400 ～ 2300m 的沟谷溪流边湿地中，见于黄旗口沟、小口子沟、拜寺口沟、插旗口沟、马莲口沟等。

西风芹属 *Seseli* L.

内蒙西风芹 *Seseli intramongolicum* Ma

多年生草本，高 30 ～ 60cm。茎单一或呈丛生状，直立。基生叶多数，叶柄长 5 ～ 9cm，基部有卵形具膜质边缘的叶鞘抱茎；叶片轮廓长圆形或长圆状卵形，二回羽状全裂，长 2 ～ 9cm，宽 1 ～ 3cm，第一回羽片 3 ～ 5 对，下部羽片有柄，向上渐无柄，末回裂片线形，顶端有小尖头，边缘反曲，光滑无毛；茎生叶较小，无柄，仅有宽阔叶鞘；裂片少而狭长。复伞形花序；伞辐 2 ～ 5 个；无总苞片，小伞形花序有花 7 ～ 15 朵；小总苞片 7 ～ 10 片，卵状披针形；萼齿三角形；花瓣近圆形，小舌片近长方形，内曲，白色，中脉黄棕色；子房密被乳头状毛；花柱细，外曲，花柱基圆锥形，基底呈皱波状。分生果长圆形。花期 7 ～ 8 月，果期 8 ～ 9 月。

生于海拔 1300 ～ 2700m 的石质山坡、崖缝中，为东坡习见植物。

贺兰芹属 *Helania* L. Q. Zhao & Y. Z. Zhao

贺兰芹　*Helania radialipetala* L. Q. Zhao & Y. Z. Zhao

多年生草本，高 20 ～ 50cm。全株具香气。茎直立，圆柱形，具纵条纹，上部少分枝。叶片卵状三角形，长 5 ～ 17cm，宽 3 ～ 8cm，复伞形花序顶生或侧生，总萼片 1 ～ 7 片，条形，有时顶端叶状羽状分裂，果期常脱落；伞辐 5 ～ 12 个，近等长，边缘粗糙；小总苞片 5 ～ 10 片，线形，边缘粗糙；小伞形花序具花 15 ～ 25 朵；花梗不等长，内侧粗糙；萼齿线形；花瓣白色或淡粉红色；花瓣先端具小舌片，内卷呈凹缺状；花柱基半球形，花柱 2 个，果期向下反折，长约为果的 1/2。果实背腹压扁，椭圆形，背棱狭翼状，侧棱具狭翅；胚乳腹面平直。花果期 7 ～ 9 月。

生于林缘或沟谷草坡上，见于苏峪口沟、汝箕沟。

参考文献

1. 马德滋，刘惠兰，胡福秀 . 宁夏植物志 .2 版（上卷）[M]. 银川：宁夏人民出版社，2007.

2. 黄璐琦，李小伟 . 贺兰山植物资源图志 [M]. 福州：福建科学技术出版社，2017.

3. 朱宗元，梁存柱，李志刚 . 贺兰山植物志 [M]. 银川：阳光出版社，2012.

4. 李小伟，吕小旭，黄文广 . 宁夏植物图鉴：第 2 卷 [M]. 北京：科学出版社，2020.

5. 李小伟，吕小旭，朱强 . 宁夏植物图鉴：第 3 卷 [M]. 北京：科学出版社，2020.

6. 李小伟，黄文广，窦建德 . 宁夏植物图鉴：第 4 卷 [M]. 北京：科学出版社，2021.

7. 陈默君，贾慎修 . 中国饲用植物 [M]. 北京：中国农业出版社，2002.

8. 中国科学院中国植物志编辑委员会 . 中国植物志：第 9 卷 [M]. 北京：科学出版社，1996.

9. 中国科学院中国植物志编辑委员会 . 中国植物志：第 12 卷 [M]. 北京：科学出版社，2000.

10. 中国科学院中国植物志编辑委员会 . 中国植物志：第 39 卷 [M]. 北京：科学出版社，1988.

11. WU Z Y, RAVEN P H. Flora of China: Vol. 10[M]. Beijing: Science Press and Missouri Botanical Garden, 2010.

12. WU Z Y, RAVEN P H. Flora of China: Vol. 22[M]. Beijing: Science Press and Missouri Botanical Garden, 2006.

13. WU Z Y, RAVEN P H. Flora of China: Vol.23[M]. Beijing: Science Press and Missouri Botanical Garden, 2010.

14. 卢生莲，吴珍兰 . 中国针茅属植物的地理分布 [J]. 植物分类学报，1996（3）：242-253.

15. 李克昌，郭思加 . 宁夏主要饲用及有毒有害植物 [M]. 银川：阳光出版社，2012.

16. 宁夏农业勘查设计院 . 宁夏植被 [M]. 银川：宁夏人民出版社，1988.

17. 赵一之，马文红，赵利清 . 贺兰山维管植物检索表 [M]. 呼和浩特：内蒙古大学出版社，2016.

18. 李小伟，王继飞，李静尧 . 贺兰山林木种质资源 [M]. 银川：阳光出版社，2022.

19. 梁存柱，朱宗元，李志刚 . 贺兰山植被 [M]. 银川：阳光出版社，2012.

20. 吴征镒，周浙昆，孙航，等 . 种子植物分布区类型及其起源和分化 [M]. 昆明：云南科技出版社，2006.

图片提供说明

第 24 页石松，第 68 页热河黄精，第 263 页南山堇菜，周繇；第 28 页犬问荆，第 59 页贺兰韭，第 127 页丛生隐子草，第 202 页细叶百脉根，第 213 页腺毛委陵菜，第 306 页矮大黄，第 322 页山蚂蚱草，第 467 页线叶旋覆花，刘冰；第 67 页北天门冬，第 332 页平卧轴藜，任飞；第 92 页狼针茅，第 97 页西北针茅，第 373 页黄花软紫草，达来；第 93 页异针茅，第 128 页中华隐子草，朱鑫鑫；第 49 页角果藻，第 78 页扁囊薹草，第 90 页细叶臭草，第 101 页朝阳芨芨草，第 102 页京芒草，第 103 页羽茅，第 231 页蒙古栒子，第 281 页小花花旗杆，第 282 页多年生花旗杆，第 304 页箭头蓼，第 305 页拳参，第 335 页东亚市藜，第 375 页反折假鹤虱，林秦文；第 255 页密齿柳，詹振枫；第 257 页崖柳，郑宝江；第 313 页锐枝木蓼，周鑫鑫；第 391 页长果水苦荬，刘焱；第 456 页龙蒿，徐建国；正文中其他图片由李小伟提供。